高等职业教育机电类专业“十二五”规划教材

工程制图与识图

张海霞　郭　敏　主　编
季学毅　副主编
李舒燕　主　审

中国铁道出版社
CHINA RAILWAY PUBLISHING HOUSE

内容简介

本书总结了教学一线教师在工程图学教学中长期积累的丰富经验以及近年来的教学研究及改革成果，同时汲取了兄弟院校同类教材的优点，力求满足21世纪人才培养目标对工程图学的新要求。

本书包括制图基本知识、简单物体三视图的绘制、基本体投影及截切、组合体三视图的绘制、机件的常用表达方法、标准件和常用件、零件图、装配图等内容，循序渐进，使学生掌握完整的图学基本理论和机械制图的基础知识。

本书以提高学生就业能力为目标，将传授实用的、有效的知识和技能贯穿于所编写的教材中。并力求突出岗位所需求的知识点、能力点、能力训练的步骤、评价标准等。可作为高职高专院校近机类专业工程识图的基础教材，也可作为学生自学的参考书。

图书在版编目（CIP）数据

工程制图与识图/张海霞，郭敏主编. — 北京：中国铁道出版社，2012.8

高等职业教育机电类专业“十二五”规划教材

ISBN 978-7-113-14894-2

Ⅰ. ①工… Ⅱ. ①张… ②郭… Ⅲ. ①工程制图－高等职业教育－教材②工程制图－识别－高等职业教育－教材 Ⅳ. ①TB23

中国版本图书馆CIP数据核字(2012)第131002号

书　　名：工程制图与识图
作　　者：张海霞　郭　敏　主编

策　　划：祁　云　　　　**读者热线**：400-668-0820
责任编辑：祁　云　马洪霞
封面设计：刘　颖
封面制作：刘　颖
责任印制：李　佳

出版发行：中国铁道出版社（100054，北京市西城区右安门西街8号）
网　　址：http://www.51eds.com
印　　刷：航远印刷有限公司
版　　次：2012年8月第1版　　2012年8月第1次印刷
开　　本：787mm×1092mm　1/16　**印张**：10.25　**字数**：240千
印　　数：1～3 000册
书　　号：ISBN 978-7-113-14894-2
定　　价：21.00元

前　言

FOREWORD

为构建工程制图课程的教学内容体系、提高教学质量，适应社会经济发展和科学技术进步对人才培养的需要，我们在总结各高职高专院校多年工程制图课程教学改革经验和成果的基础上，组织了有经验的教师编写此书。

1．课程的研究对象

工程制图是一门研究绘制和阅读机械图样、图解空间几何问题的理论和方法的技术基础学科。主要内容包括正投影理论和国家标准《技术制图》、《机械制图》的有关规定。

2．课程的任务和要求

准确表达物体的形状、尺寸及其技术要求的图纸，称为图样。图样是制造机器、仪器和进行工程施工的主要依据。在机械制造业中，机器设备是根据图样加工制造的。如果要生产一部机器，首先必须画出表达该机器的装配图和所有零件的零件图，然后根据零件图制造出全部零件，再按装配图装配成机器。在工程技术中，人们通过图样来表达设计对象和设计思想。图样不单是指导生产的重要技术文件，而且是进行技术交流的重要工具。因此，图样是每一个工程技术人员必须掌握的“工程技术语言”。

课程的学习要求：

掌握正投影法的基本理论，并能利用投影法在平面上表示空间几何形体，图解空间几何问题；

培养阅读和绘制机械图样的能力，并研究如何在图样上标注尺寸；

培养用仪器绘图的能力；

培养空间逻辑思维与形象思维的能力；

培养分析问题和解决问题的能力；

培养认真负责的工作态度和严谨细致的工作作风。

3．课程的学习方法

“工程制图与识图”课程是一门既有系统理论，又比较注重实践的技术基础课。本课程的各部分内容既紧密联系，又各有特点。根据“工程制图与识图”课程的学习要求及各部分内容的特点，这里简要介绍一下学习方法：准备一套合乎要求的制图工具，并认真完成作业；按照正确的制图方法和步骤来画；认真听课，及时复习，要掌握形体分析法、线面分析法和投影分析方法，提高独立分析和解决看图、画图等问题的能力；注意画图与看图相结合，物体与图样相结合，要多画多看，逐步培养空间逻辑思维与形象思维的能力；严格遵守机械制图的国家标准，并具备查阅有关标准和资料的能力。

4．课程的内容组织安排上的特点

本教材突出实用性，以提高学生就业能力为目标，将传授实用的、有效的知识和技能贯穿于所编写的教材中。

本教材注重了简洁性。在编撰过程中，本着打牢基础、实际应用的原则，将诸多的相关知识进行整合，使学生在校期间即掌握就业最为有用的知识。

本教材突出了创新性。编写过程中对理论体系、组织结构和阐述方式方面均作了一些尝试，既注重理论性，又重视科学性、实用性。内容上有一定的深度和广度，基础知识较为全面；内容编排强调技能训练和能力培养；注意调动学生的主体意识，启发创新思维，突出教学的针对性、实践性与可操作性。

本教材由武汉船舶职业技术学院张海霞、郭敏任主编，季学毅任副主编。郭敏编写了项目一、项目二、前言；张海霞编写了项目三、项目四、项目五、项目六、项目七；季学毅编写了项目八。张海霞对全书进行了统稿。

本教材由武汉船舶职业技术学院李舒燕教授任主审，提出了许多宝贵意见，在此谨表感谢。

本书的编写工作，得到了谭银元、李舒燕、李奉香、易敏等院校领导、教师的帮助。在此表示感谢；同时也参考了一些国内同类著作，在此特向有关作者致谢！

由于时间仓促，编者水平有限，疏漏错误之处难以尽免，恳请读者批评指正。

编　者

2012年5月

CONTENTS | # 目 录

项目一 制图基本知识

【能力目标】培养学生掌握正确的作图方法和正确地使用绘图工具的能力；能够遵守国家标准的各项规定绘制平面图；能够分析和标注平面图尺寸。

【重点难点】重点是图线画法和应用，平面图形的画法和尺寸标注；难点是平面图形的尺寸标注。

【学习指导】学习时注意理解国家标准中的各种规定，画粗实线时要将笔芯修削成规范的矩形，绘制平面图形作业时要先打底稿，后加深，先加深圆弧后加深直线。

1.1 机械制图国家标准简介

机械图样是设计和生产中重要的技术文件，为便于组织生产管理和进行技术交流，国家标准《技术制图》和《机械制图》对机械图样做了统一的技术规定。我国发布的标准明确规定，每一个工程技术人员必须以严肃认真的态度遵守国家标准。

1.1.1 图纸幅面及格式（GB/T 14689—2008）

1. 图纸幅面

为了便于图样的绘制、使用及保管，应优先采用表 1-1 所规定的图纸幅面。

2. 图框格式

无论图样是否装订，均应在图纸上用粗实线绘出图框。其格式分为不保留装订边和保留有装订边两种。

图框距图纸边界的尺寸按表 1-1 选取，但同一产品的图样只能采用一种格式。需要装订的图样一般采用 A3 幅面横装或 A4 装订幅面竖装。

表 1-1 图纸幅面及图框尺寸 （单位：mm）

<table>
<tr><th>幅面代号</th><th>A0</th><th>A1</th><th>A2</th><th>A3</th><th>A4</th></tr>
<tr><td>$B \times L$</td><td>841×1 189</td><td>594×841</td><td>420×594</td><td>297×420</td><td>210×297</td></tr>
<tr><td>a</td><td colspan="5">25</td></tr>
<tr><td>c</td><td colspan="3">10</td><td colspan="2">5</td></tr>
<tr><td>e</td><td colspan="2">20</td><td colspan="3">10</td></tr>
</table>

图 1-1 所示为保留装订边的图框格式。图 1-2 所示为不保留装订边的图框格式。

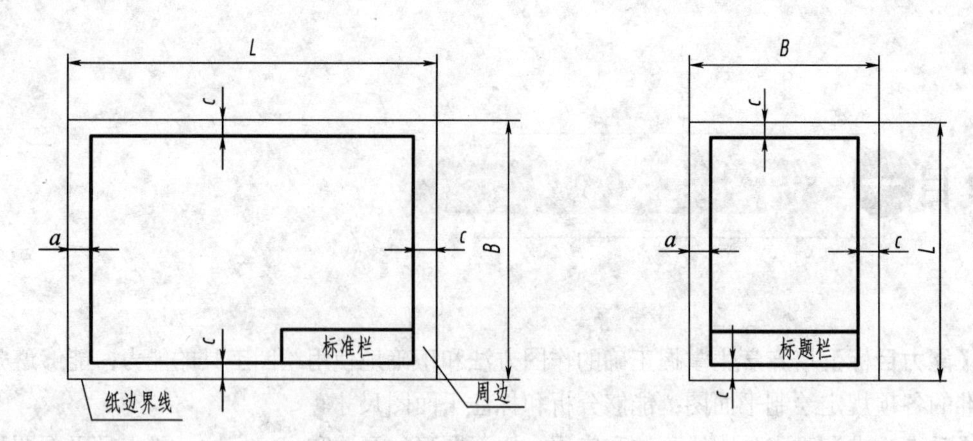

图 1-1　保留装订边的图框格式

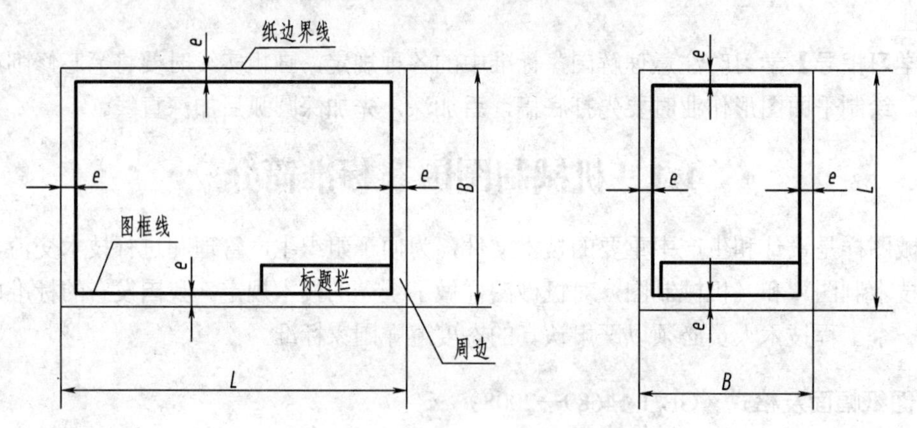

图 1-2　不保留装订边的图框格式

3. 标题栏（GB/T 10609.1—2008）

每一张图纸上都必须画出标题栏，其位置应在图纸的右下角，如图 1-1 和图 1-2 所示。标题栏的外框用粗实线绘制，其右边和底边与图框线重合，其余用细实线绘制。学校的制图的格式作业建议采用图 1-3 所示的格式。标题栏的格式和尺寸，国家标准中已有规定，如图 1-4 所示。

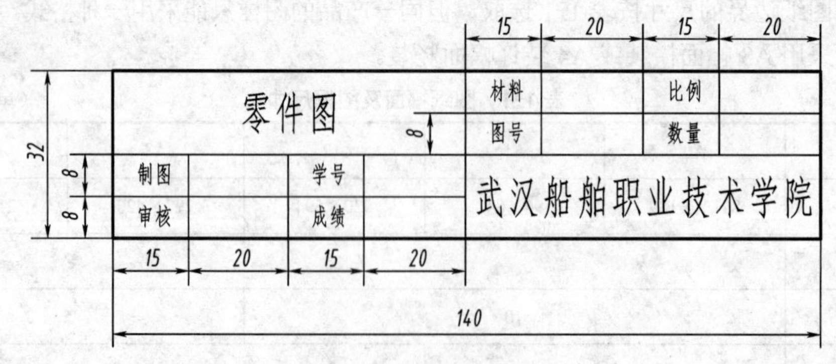

图 1-3　简化标题栏

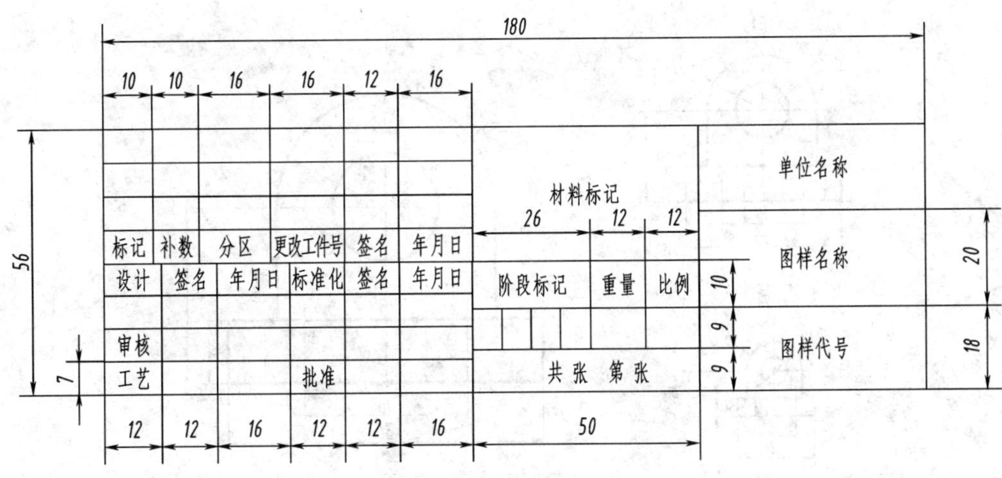

图 1-4 标题栏的格式、尺寸

1.1.2 比例（GB/T 14690—1993）

比例是指图样中图形与其实物相应要素的线性尺寸之比。

绘制图样和表时，应采用国家标准 GB/T 14690—1993《技术制图》规定的比例。表 1-2 和表 1-3 所示为国家标准 GB/T 14690—1993 规定的比例值，分为原值比例、放大比例、缩小比例 3 种。应优先选用表 1-2 中的比例值，必要时，也允许选用表 1-3 中的比例值。

表 1-2 比例系列—优先选择系列

种类	比例
原值比例	1:1
放大比例	5:1 2:1 5×10^n:1 2×10^n:1 1×10^n:1
缩小比例	1:2 1:5 1:10 1:2×10^n 1:5×10^n 1:1×10^n

注：n 为正整数。

表 1-3 比例系列—允许选择系列

种类	比例
放大比例	4:1 2.5:1 4×10^n:1 2.5×10^n:1
缩小比例	1:1.5 1:2.5 1:3 1:4 1:6 1:1.5×10^n 1:2.5×10^n 1:3×10^n 1:4×10^n 1:6×10^n

注：n 为正整数。

绘制图样时，应尽可能按机件的实际大小画出（即尽量采用 1:1 的比例），以便直接从图样上看出机件的真实大小。对于大而简单的机件，可采用缩小比例，而对于小而复杂的机件，则选用放大比例。

图样无论采用何种比例绘制，在标注尺寸时，都必须按机件的实际尺寸标注，如图 1-5 所示。

绘制同一机件的各个视图应采用相同的比例，并在标题栏的比例栏中填写。比例一般应标注在标题栏中的比例栏内，必要时可在视图名称的下方或右侧标注比例，如图 1-6 所示。

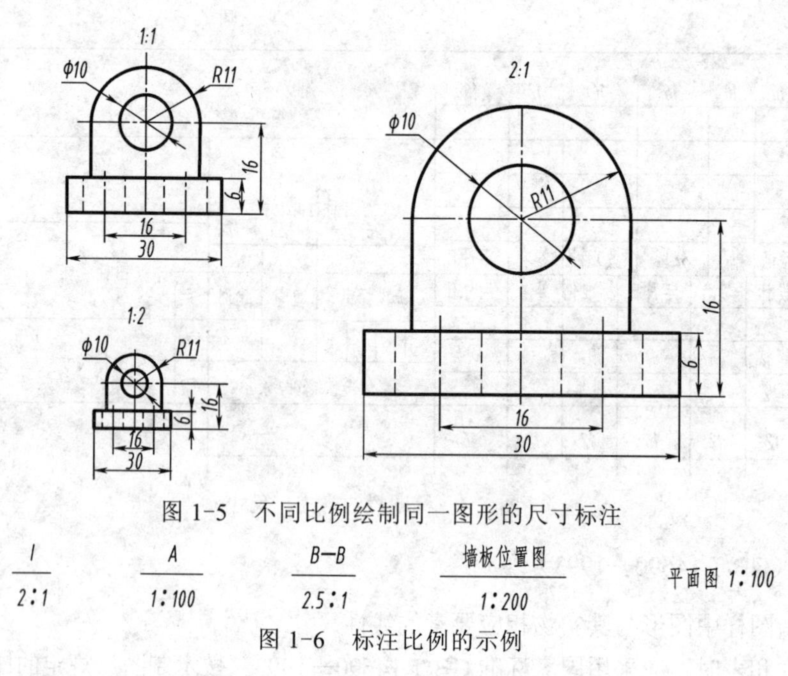

图 1-5　不同比例绘制同一图形的尺寸标注

I	A	B—B	墙板位置图	平面图 1∶100
2∶1	1∶100	2.5∶1	1∶200	

图 1-6　标注比例的示例

1.1.3　字体（GB/T 14691—1993）

国家标准 GB/T 14691—1993《技术制图 字体》规定，图样和有关技术文件中书写的汉字、数字和字母必须做到：字体端正、笔画清楚、排列整齐、间隔均匀。

国家标准中以字体的高度代表字体的号数，共规定了 8 种字号，有 1.8 mm、2.5 mm、3.5 mm、5 mm、7 mm、10 mm、14 mm、20 mm。若书写更大的字，字体高度应按$\sqrt{2}$的比率递增。

1. 汉字

图样中的汉字应写成长仿宋体，并采用国家正式公布的简化字，如图 1-7 所示。汉字的高度不小于 3.5 mm，字宽为 $h/\sqrt{2}$。高∶宽≈3∶2；字与字间隔约为字高的 1/4，行与行的间隔约为字高的 1/3，笔画宽度约为字高的 1/10。长仿宋体的书写要领：横平竖直、起落有锋、结构均匀、写满方格。

10 号字

字体工整笔画清楚间隔均匀排列整齐

7 号字

横平竖直注意起落结构均匀填满方格

5 号字

技术制图机械电子汽车航舶土木建筑矿山井坑港口纺织服装

3.5 号字

螺纹齿轮端子接线飞行指导驾驶舱位挖填施工引水通风闸阀坝棉麻化纤

图 1-7　长仿宋体汉字示例

2. 字母和数字

字母和数字分 A 型和 B 型两种。A 型字体的笔画宽度为字高的 1 / 14，B 型字体的笔画宽度为字高的 1/10，在同一张图样上，只允许采用同一种类型的字体。

字母和数字可写成斜体或直体。斜体字的字头向右倾斜，与水平基准线成 75°。图 1-8 所示为汉字、数字和字母示例。

图样中书写规定：用作指数、分数、极限偏差、注脚等的数字及字母，一般应采用小一号的字体，如图 1-9 所示。

1 2 3 4 5 6 7 8 9 0
ABCDEFGHIJKLMNOPQRSTUVWXYZ
abcdefghijklmnopqrstuvwxyz
I II III IV V VI VII VIII IX X

图 1-8　数字及字母的斜体字示例

R3　M24-6H　Φ60H7　Φ30g6
$\Phi 20^{+0.021}_{0}$　$\Phi 25^{-0.007}_{-0.020}$　Q235　HT200

图 1-9　图样中数字及字母书写规定

1.1.4　图线（GB/T 17450—1998）

1. 图线的线型及应用

国家标准 GB/T 17450—1998《技术制图　图线》中规定的机械图样中常用的图线名称、线型、线宽及其应用。表 1-4 所示为机械图样中常用的线型及应用。图线分为粗细两种，宽度应按图的大小和复杂程度等因素综合考虑选定粗实线的宽度。常用粗实线的宽度建议采用 0.7 mm 或 1 mm，细线的宽度约为 $d/2$。

表 1-4　机械图样中常用的线型及应用

图线名称	图线型式及其代号	图线宽度	应用范围	应用举例
粗实线	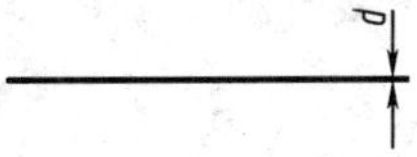 d	d=0.5~2	可见轮廓线	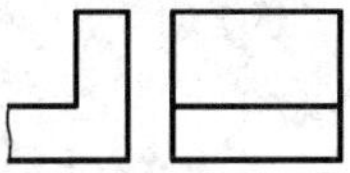
细实线		$d/2$	（1）尺寸线和尺寸界线； （2）剖面线； （3）重合剖面的轮廓线	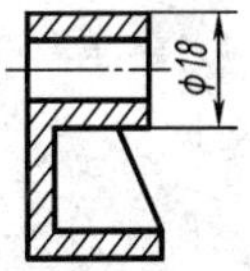 φ18
波浪线		$d/2$	（1）断裂处的边界线； （2）视图剖视的分界线	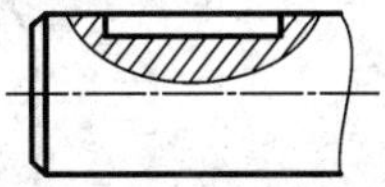
双折线	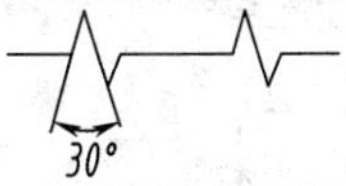 30°	$d/2$	断裂处的边界线	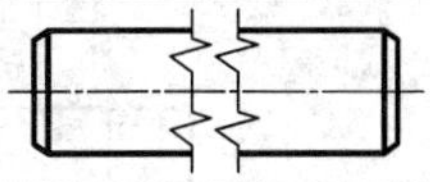
细虚线	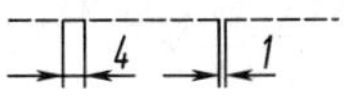 4　1	$d/2$	不可见轮廓线	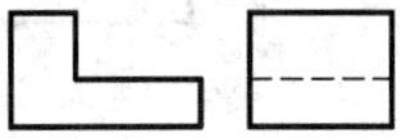
细点画线	 15　3	$d/2$	（1）轴线； （2）对称中心线； （3）轨迹线	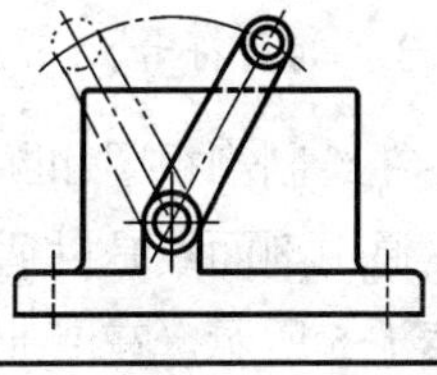
双点画线	 15　5	$d/2$	（1）相邻辅助零件的轮廓线； （2）极限位置的轮廓线	

2. 图线的画法规定和示例

图线的画法规定如下：

（1）在同一图样中，同类图线的宽度应基本一致。虚线、点画线及双点画线的线段长度和间隔各自相等。

（2）两平行线之间最小距离不得小于 0.7 mm。

（3）画圆的中心线时，点画线的两端应超出轮廓线 2～5 mm；首末两端应是画而不是点；圆心应是线段的交点，较小圆的中心线可用细实线代替。

（4）虚线或点画线与其图线相交时，应在线段处相交，而不是在间隙处相交。

（5）虚线在实线的延长线上时，虚线与实线之间应留出间隙，当有两种或更多的图线重合时，选择绘制顺序：可见轮廓线→不可见轮廓线→尺寸线→各种用途的细实线→轴线和对称中心线→假想线。

图 1-10 和图 1-11 所示为图线的画法示例。

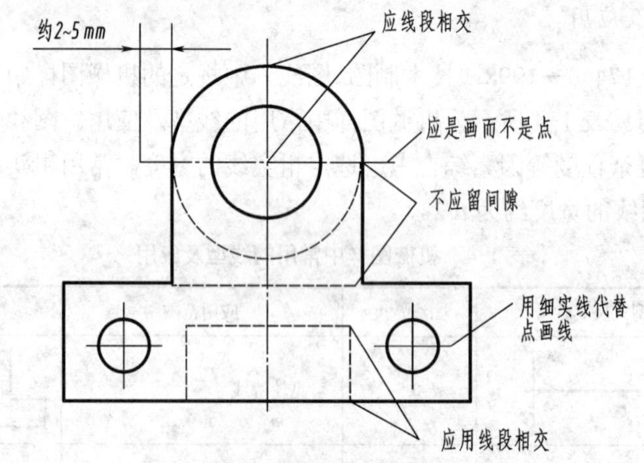

图 1-10　正确绘制图线示例一

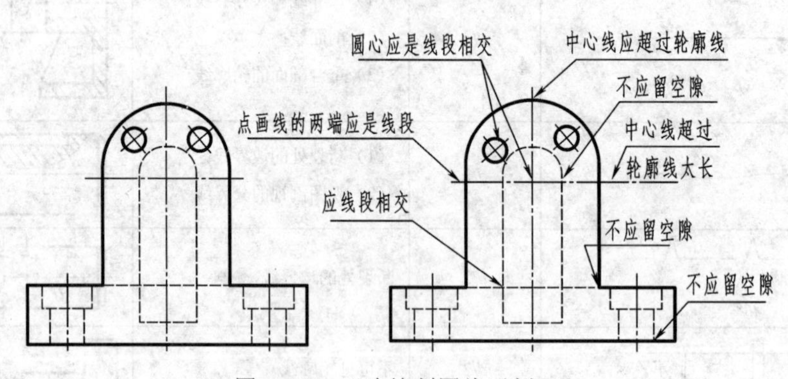

图 1-11　正确绘制图线示例二

3. 剖面符号

在绘制剖视图和断面图时，通常应在剖面区域画出剖面线或剖面符号。

通用剖面线是以适当角度的细实线绘制的，它与主要轮廓或剖面区域的对称线成 45°，如表 1-5 所示。在专业图中，为了简化制图，往往采用通用的剖面线表示量大面广的材料，如机械图中的金属剖面区域及建筑制图中表示普通砖的剖面区域。若需表示材料的类别，应在相应的标准中去找，也可在图样上以图例的方式说明。

表 1-5　规定的剖面符号

材料		剖面符号	材料	剖面符号
金属材料（已有规定剖面符号者除外）			木质胶合板（不分层数）	
线圈绕组元件			基础周围的泥土	
转子、电枢、变压器和电抗器等迭钢片			混凝土	
非金属片材料			钢筋混凝土	
型砂、填砂、粉末冶金、砂轮、陶瓷刀片、硬质合金刀片等			砖	
玻璃及供观察用的其他透明材料			格网（筛网过滤网等）	
木材	纵剖面		液体	
	横剖面			

1.2　尺寸标注

1.2.1　尺寸标注的基本规则

尺寸标注的基本规则如下：

（1）机件的真实大小应以图样上所注的尺寸数值为依据，与图形的大小及绘图的准确性无关。

（2）图样中的尺寸以 mm（毫米）为单位时，不需标注其计量单位的代号或名称，否则需标注其计量单位的代号或名称。

（3）图样中所标注的尺寸，为该图样所示机件的最后完工尺寸，否则应另附说明。

（4）机件的每一尺寸，在图样上一般只标注一次，并应标注在反映该结构最清晰的图形上。

1.2.2　尺寸组成

一个完整的尺寸标注，由尺寸界线、尺寸线、尺寸数字和箭头四部分组成，如图 1-12 所示。

1．尺寸界线

尺寸界线表示尺寸的起止。一般用细实线画出并垂直于尺寸线，尺寸界线的一端应与轮廓线接触另一端应伸出尺寸线。有时也可借用轮廓线、中心线等作为尺寸界线。图 1-13 为尺寸界线的画法。

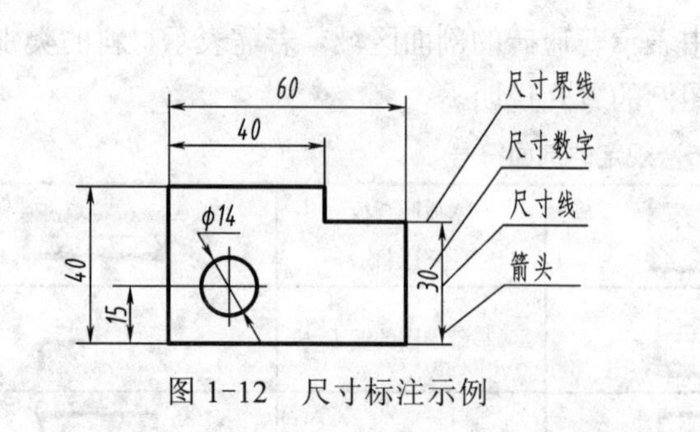

图 1-12　尺寸标注示例

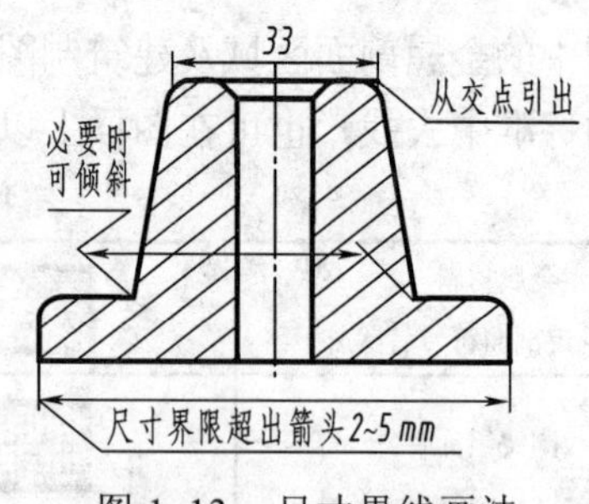

图 1-13　尺寸界线画法

2. 尺寸线

尺寸线用细实线单独绘制，不能借用其他图线代替，也不能画在图线的延长线上。标注线性尺寸时，尺寸线必须与所标注的线段平行，当有几条相互平行的尺寸线时，大尺寸要注在小尺寸外面，以免尺寸线与尺寸界线相交。且平行尺寸线间的间距尽量保持一致，一般为 5～10 mm。尺寸界线超出尺寸线 2～3 mm。尺寸线的正确和错误画法如图 1-14 所示。

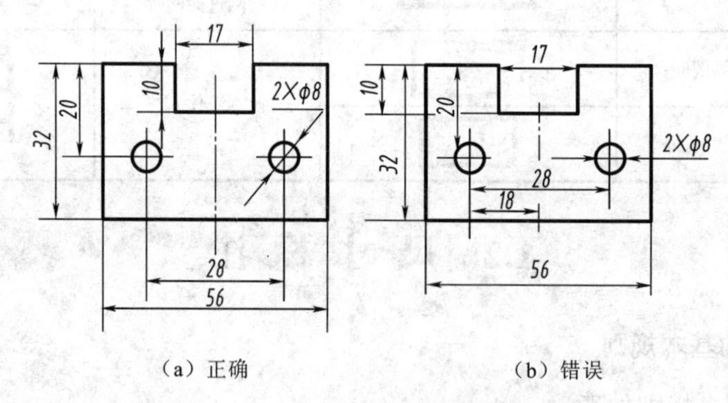

（a）正确　　（b）错误

图 1-14　尺寸线的正确和错误画法

3. 箭头

尺寸线的终端为箭头，箭头的画法如图 1-15 所示。当尺寸线终端采用斜线形式时，尺寸线与尺寸界线必须相互垂直，并且同一图样中只能采用一种尺寸线终端形式。

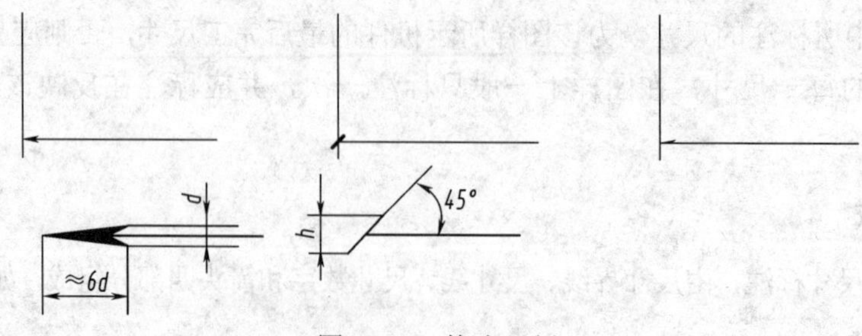

图 1-15　箭头示例

当采用箭头终端形式，遇到位置不够画出箭头时，允许用圆点或斜线代替箭头，如图 1-16 所示。

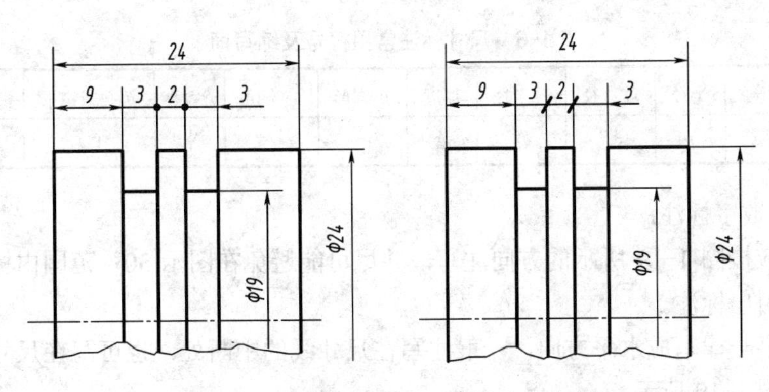

图 1-16 用圆点或斜线代替箭头示例

4. 尺寸数字

（1）线性尺寸的数字注写位置：一般应注写在尺寸线的上方，也允许注写在尺寸线的中断处。但在同一图样上其标注形式应一致。水平尺寸的数字字头向上；铅垂尺寸的数字字头朝左；倾斜尺寸的数字字头应有朝上的趋势。

（2）线性尺寸数字的方向：一般按图 1-17（a）所示方向注写，并尽可能避免在图示 30°范围内标注尺寸。当无法避免时，允许按图 1-17（b）所示标注。

（3）不允许被任何图线所通过：尺寸数字不允许被任何图线所通过，否则需要将图线断开，如图 1-18 所示。

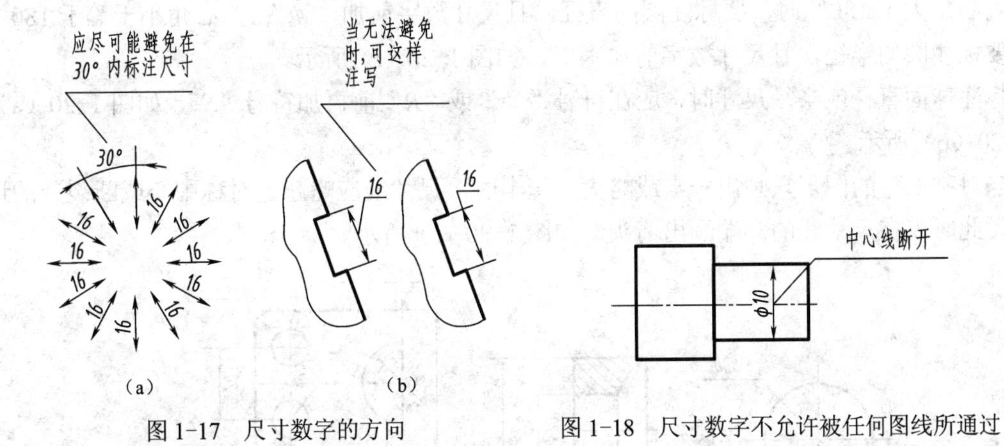

图 1-17 尺寸数字的方向

图 1-18 尺寸数字不允许被任何图线所通过

5. 标注示例

国家标准还规定了一些注写在尺寸数字周围的标注尺寸的符号，用以区分不同类型的尺寸：

ϕ表示直径；*R* 表示半径；*S* 表示球体；δ表示板状零件厚度；□表示正方形；±表示正负偏差；×表示参数分隔符，如 M10×1 等-表示连字符，如 M10×1-7H 等。表 1-6 为尺寸标注常用符号及缩写词。

表 1-6　尺寸标注常用符号及缩写词

名词	直径	半径	球直径	球半径	厚度	正方形	45°倒角	深度	沉孔或锪平	埋头孔	均布
符号或缩写词	*ϕ*	*R*	*Sϕ*	*SR*	*δ*	□	*C*	↧	⌴	⌵	*EQS*

（1）度的数字标注：

尺寸数字应按图 1-19 所示的方向注写，并尽可能避免在图示 30° 范围内标注尺寸，当无法避免时应引出标注。

角度的数字一律写成水平方向，一般注写在尺寸线的中断处，也可写在尺寸线的上方或引出标注，如图 1-19 所示。

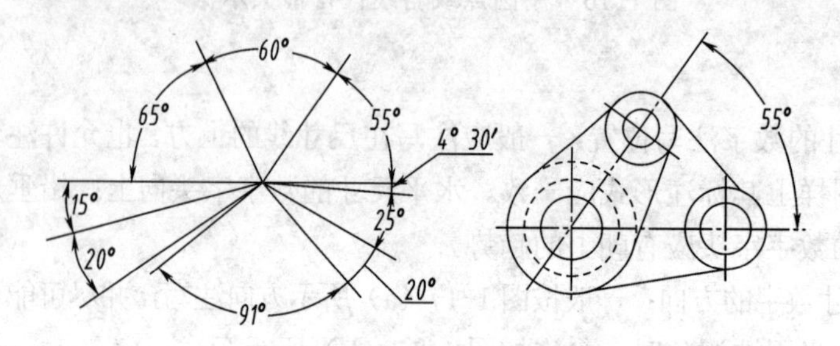

图 1-19　角度数字的注写

（2）圆的直径、半径以及球体、对称机件的注法：

圆心角大于 180° 时，要标注圆的直径，且尺寸数字前加“*ϕ*”；圆心角小于等于 180° 时，要标注圆的半径，且尺寸数字前加“*R*”，如图 1-20（c）所示。

标注球面直径或半径尺寸时，应在符号“*ϕ*”或“*R*”前再加符号“*S*”，如图 1-20（a）、图 1-20（b）所示。

当对称机件的图形只画出一半或略大于一半时，尺寸线应略超过对称中心或断裂处的边界线，此时仅在尺寸线的一端画出箭头，如图 1-20（c）所示。

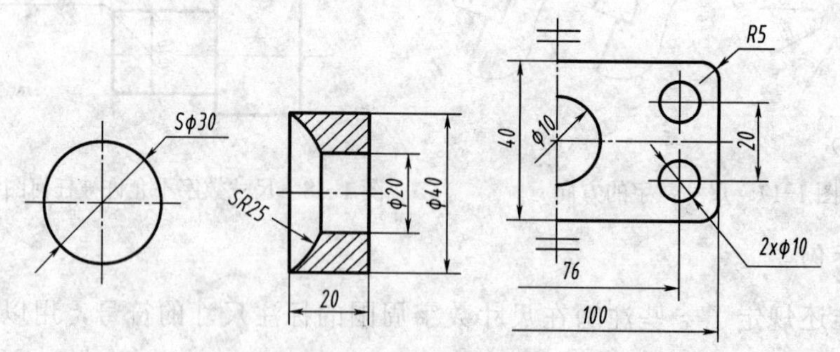

（a）球体直径标注　（b）球体半径标注、圆直径标注　（c）对称尺寸、直径、半径标注

图 1-20　直径和半径、球体尺寸标注

（3）大圆弧的注法：当圆弧的半径过大，或在图样范围内无法标出其圆心位置时，可按图 1-21（a）的形式标注，若不需要标出圆心位置时，可按图 1-21（b）的形式标注。标注球面的直径或半径时，应在符号“*ϕ*”或“*R*”前再加注符号“*S*”。

(4) 小尺寸标注：若尺寸界线之间没有足够位置画箭头及写数字时，箭头可画在外面，允许用小圆点代替两个连续尺寸间的箭头。

在图形上直径较小的圆或圆弧，在没有足够的位置画箭头或注写数字时，可按图 1-22 的形式标注。标注小圆弧半径的尺寸线，不论其是否画到圆心，但其方向必须通过圆心，如图 1-22 所示。

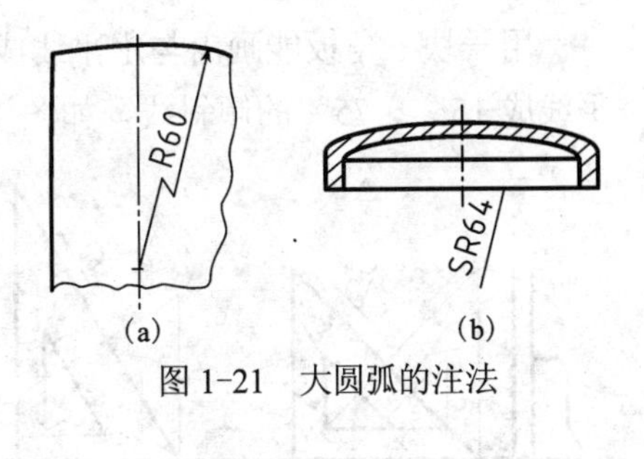

图 1-21 大圆弧的注法

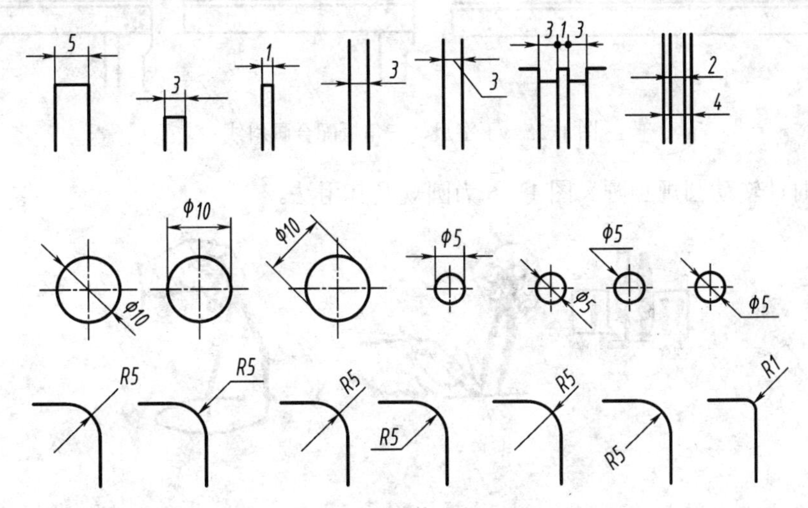

图 1-22 小尺寸标注

1.3 尺规绘图工具的使用方法

1.3.1 图板、丁字尺和三角板等的应用

图板是供画图时使用的垫板，要求表面平坦光洁，左右两导边必须平直。

丁字尺由尺头和尺身组成，是用来画水平线的长尺。使用时，应使尺头紧靠图板左侧的导边，沿尺身的工作边自左向右画出水平线，如图 1-23 所示。

三角板除了直接用来画直线外，也可配合丁字尺画垂直线，如图 1-24 所示。

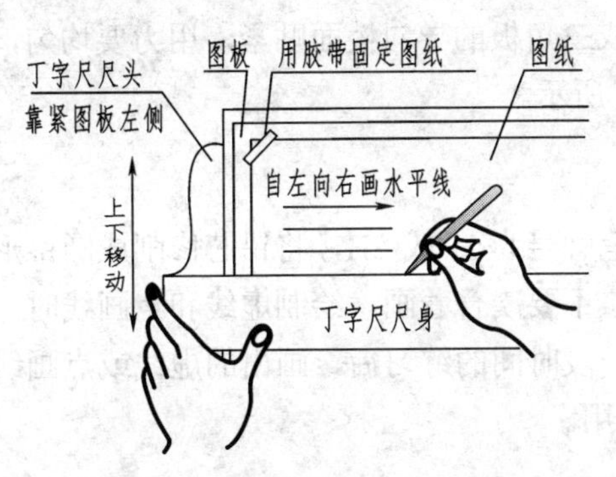

图 1-23 使用丁字尺画水平线

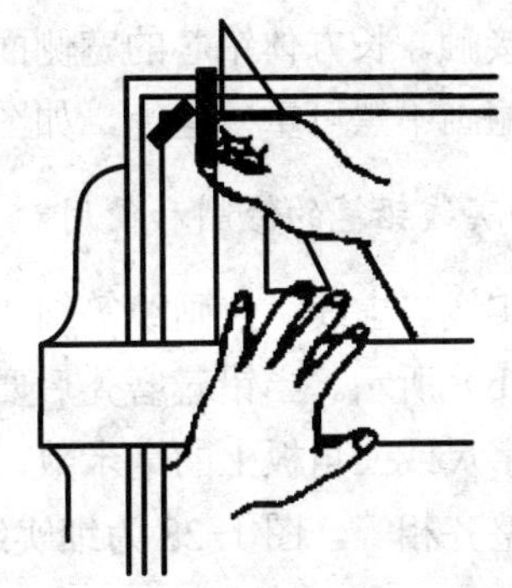

图 1-24 使用丁字尺、三角板配合画垂直线

用一块三角板能画出与水平线成30°、45°、60°的倾斜线；用两块三角板能画出与水平线成15°、75°的倾斜线，如图1-25所示。

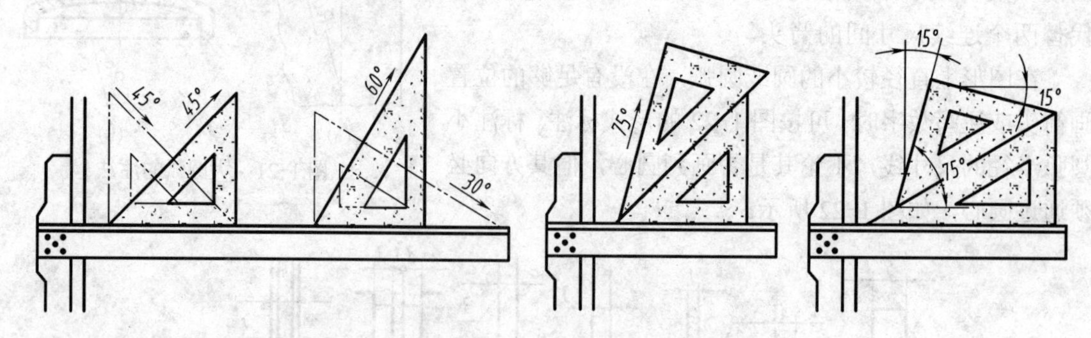

图1-25　丁字尺、三角板配合画斜线

匀速顺时针转动圆规画圆。图1-26为圆规及其用法。

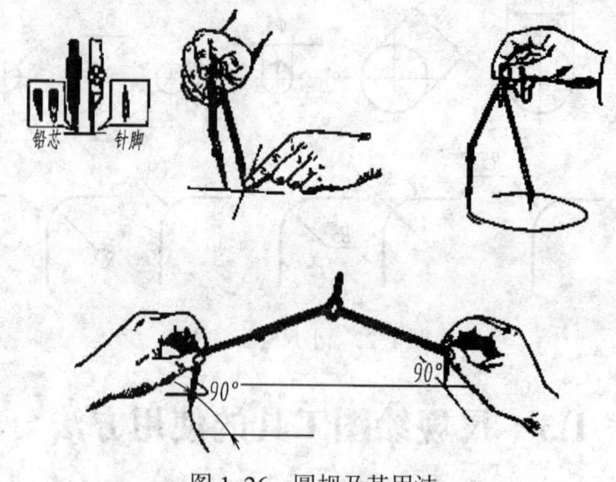

图1-26　圆规及其用法

1.3.2　铅笔的修削

1. 粗实线铅笔的修削和使用

粗实线是图样中最重要的图线，要把粗实线画的均匀整齐，关键是正确地修削和使用铅笔。绘制粗实线的铅笔以B和2B的铅笔为宜。将铅芯修削成长方体形，使用时用矩形的短棱和纸面接触，长方体铅芯的宽侧面和丁字尺或三角板的导向棱面贴紧，用力要均匀，速度要慢，一遍画不黑可重复运笔，如图1-27（a）所示。

2. 细实线铅笔的修削和使用

画细实线、虚线、点画线等细线所用的铅笔牌号为H或2H，将铅芯修削成圆锥形，如图1-27（b）所示。当铅芯磨秃后要及时修削，不要凑合着画。绘制虚线和点画线时，初学者要数丁字尺或三角板上的毫米数，这样经过一段时间的练习后，画出的虚线或点画线的线段长才能整齐相等。图1-28为细实线铅笔的使用。

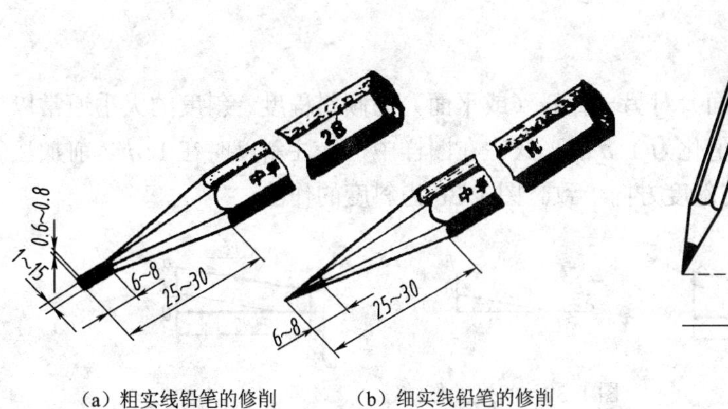

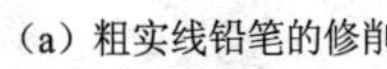
（a）粗实线铅笔的修削　　（b）细实线铅笔的修削

图 1-27　铅笔的修削和使用

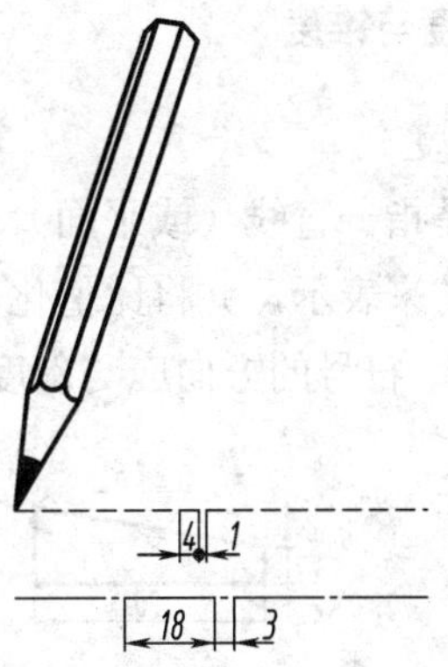

图 1-28　细实线铅笔的使用

3. 粗实线铅芯的修削和使用

画粗实线圆所用的铅芯为 HB 铅芯。使用时要调整圆规腿的关节，使铅芯和纸面垂直，侧棱和纸面均匀接触，画圆时用力要均匀，速度要慢，一遍画不黑可反方向重复一遍。

1.4 几 何 作 图

1.4.1 正六边形的画法

如图 1-29 所示，以已知圆的直径两端点 A、D 为圆心，以已知圆半径 R 为半径画弧与圆周相交，即得等分点 B、F 和 C、E，顺次连接各点，可得正六边形。

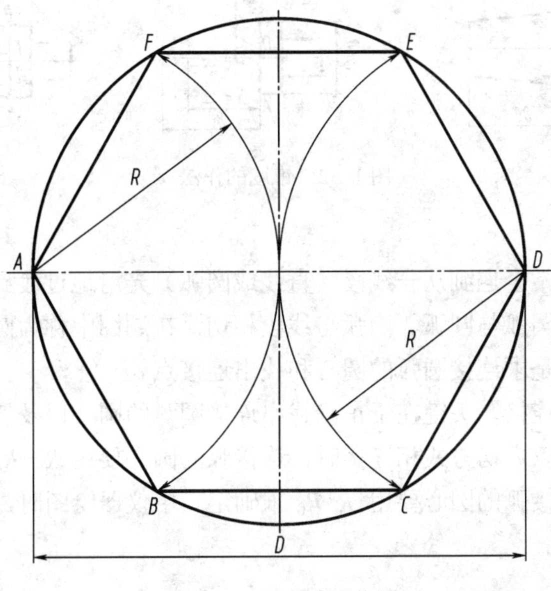

图 1-29　正六边形作图

1.4.2 斜度与锥度

1. 斜度

斜度是指一直线（或平面）对另一直线（或平面）的倾斜程度。斜度的大小通常以二者夹角的正切来表示，并将比值化为 1:*n* 的形式。在图样中，标注斜度时在 1:*n* 之前加注斜度符号“∠”，符号的方向应与斜度方向一致。图 1-30 为斜度的作法。

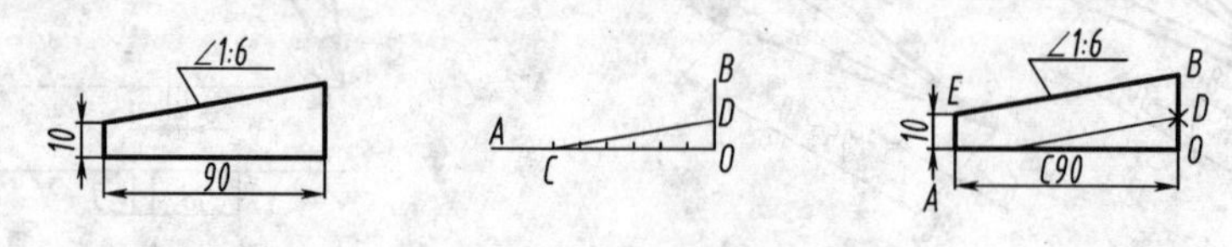

图 1-30　斜度的作法

2. 锥度

锥度是正圆锥的底圆直径 *D* 与锥高 *L* 之比。在图样上标注时一般写成 1:*n* 的形式。标注锥度时，在比例前用锥度图形符号“◁”或者“▷”表示，以“◁1:*n*”或“▷1:*n*”形式注在与引出线相连的基准线上，基准线应与圆锥轴线平行，锥度图形符号方向应与锥度方向一致，如图 1-31 所示。

图 1-32 为锥度的作法。

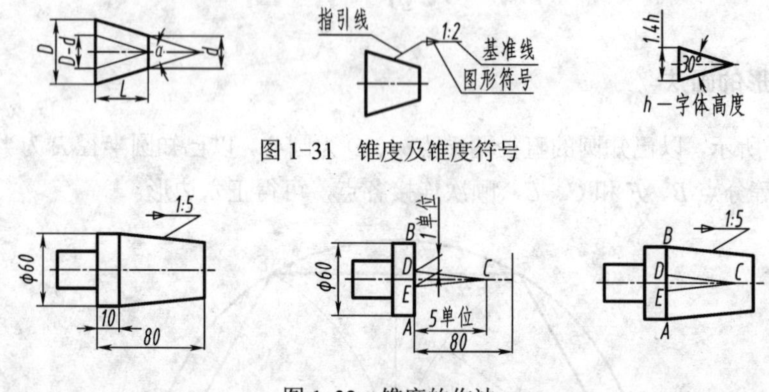

图 1-31　锥度及锥度符号

图 1-32　锥度的作法

1.4.3 圆弧连接

在绘制平面图时，常会遇到从一线段（直线或圆弧）光滑地过渡到另一线段的情况。这种光滑地过渡就是要求圆弧与圆弧、圆弧与线段相切，在制图中称为圆弧连接，这种作图切点称为连接点。方法就是求连接圆弧的圆心和找出连接点。

圆弧与圆弧的光滑连接，关键在于正确找出连接圆弧的圆心以及切点的位置。由初等几何知识可知：当两圆弧以内切方式相连接时，连接弧的圆心要用 $R-R_0$ 来确定；当两圆弧以外切方式相连接时，连接弧的圆心要用 $R+R_0$ 来确定。用仪器绘图时，各种圆弧连接的画法如表 1-7 所示。

表 1-7 圆弧连接

连接要求	作图方法和步骤		
	求圆心	求切点	画连接弧
连接相交两直线	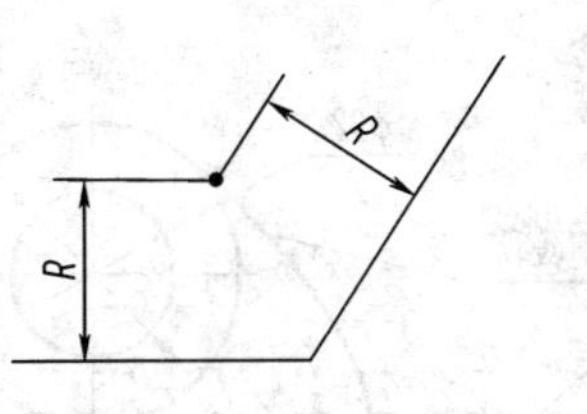	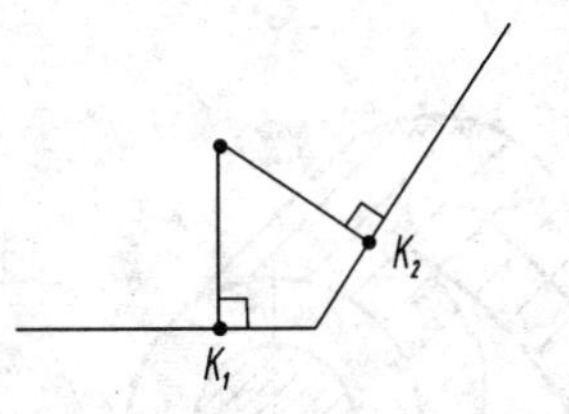	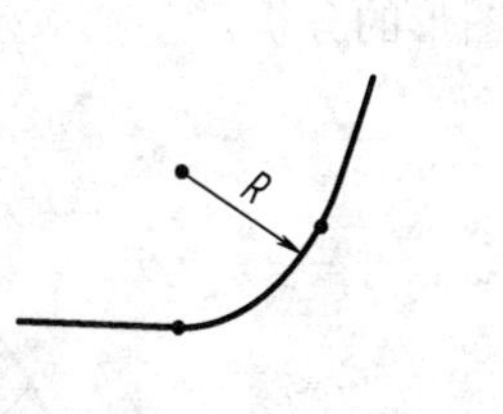
连接一直线和一圆弧	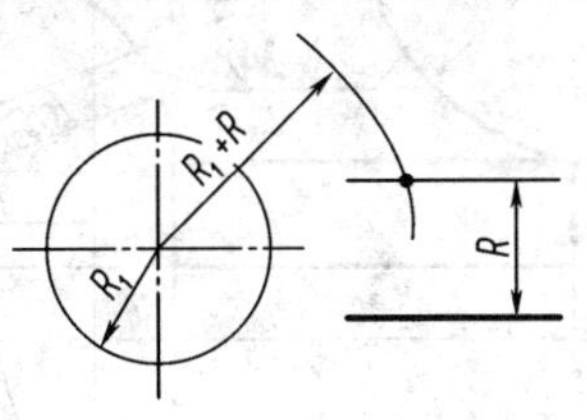	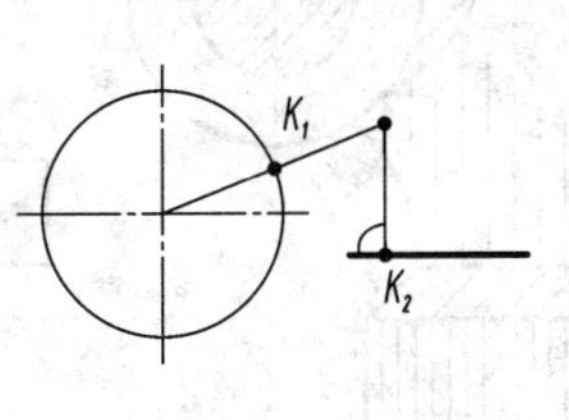	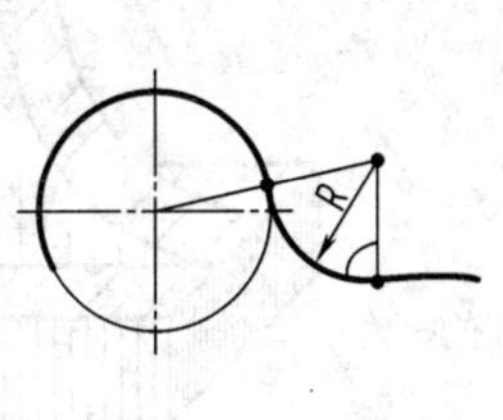
外接两圆弧	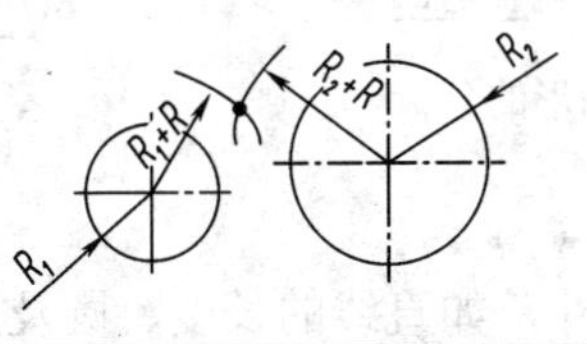	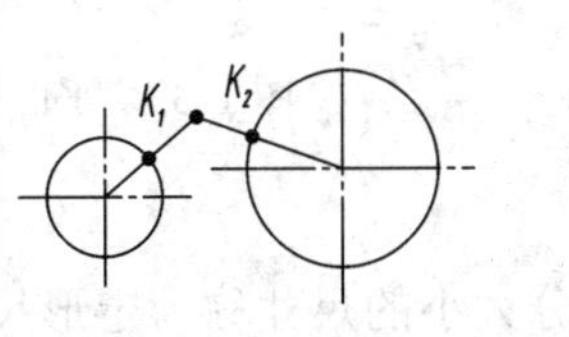	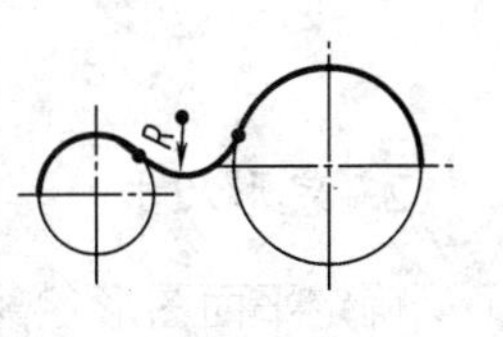
内接两圆弧	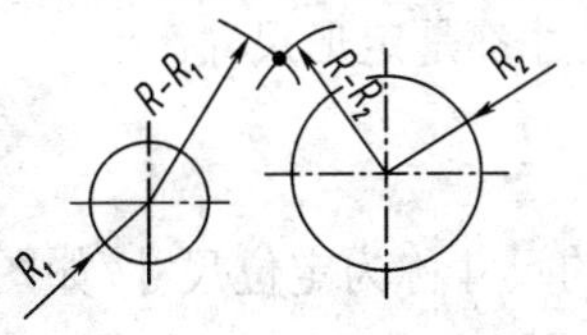	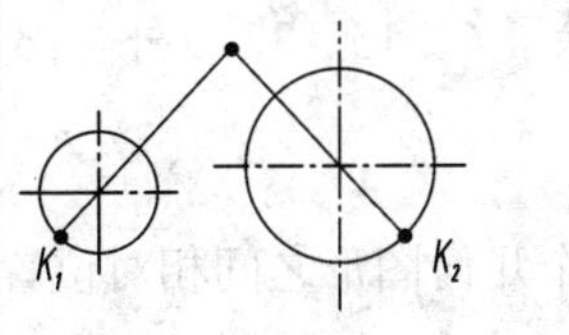	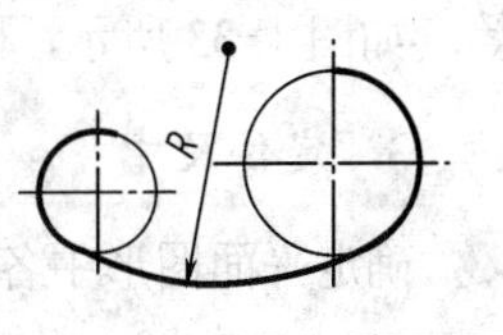
内外接两圆弧	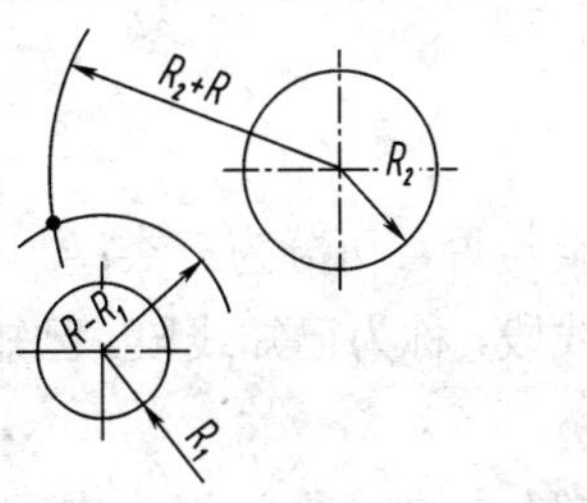	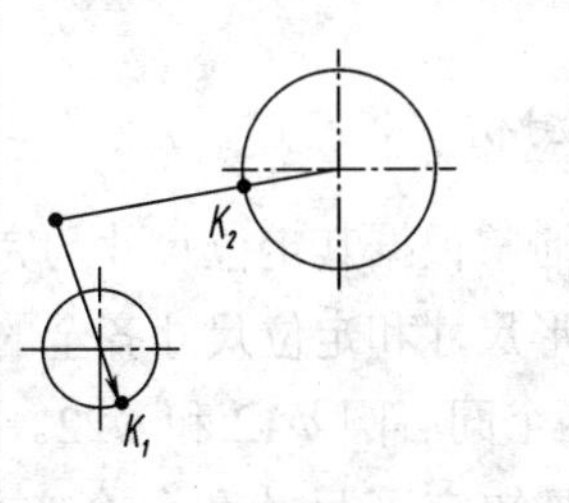	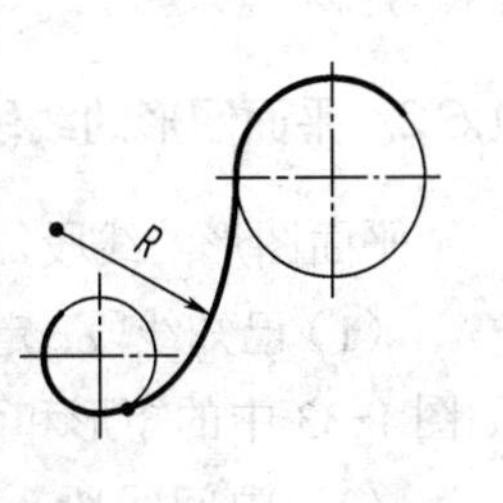

1.5 平面图形的尺寸分析及画图步骤

1.5.1 平面图形的尺寸分析

平面图形的尺寸按其作用不同，分为定形尺寸和定位尺寸两类。对平面图形的尺寸进行分析，可以检查尺寸的完整性以及确定各线段的作图顺序。要想确定平面图形中线段的上下、左右的相对位置，必须引入工程制图中称为基准的概念。

1. 尺寸基准

在平面图形中确定尺寸位置的几何元素称为尺寸基准，简称基准。一般平面图形中常用作基准的有：对称图形的对称线；较大圆的中心线；较长的轮廓直线。图 1-33 为的平面图形的分析。

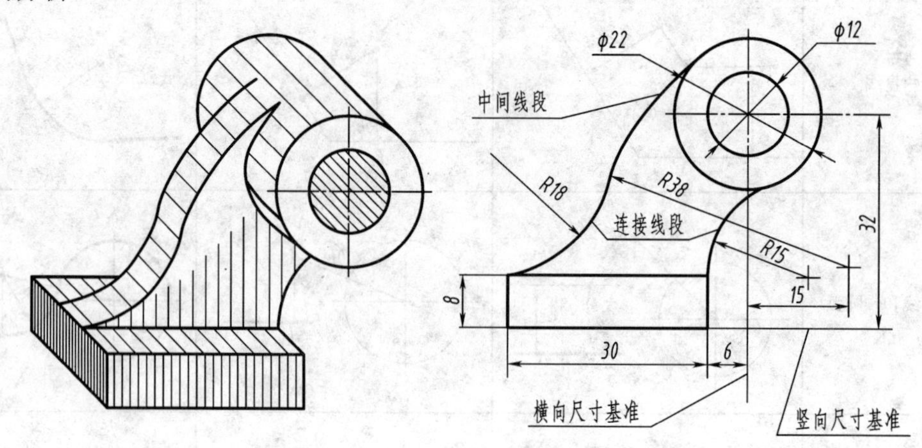

图 1-33　平面图形的分析

2. 定形尺寸

确定平面图形各部分大小的尺寸称为定形尺寸，如直线的长度、圆及圆弧的直径或半径等。如图 1-33 所示，除了 6、15、32 以外全部尺寸都是定形尺寸。

3. 定位尺寸

确定平面图形中各个几何图形之间相对位置的尺寸称为定位尺寸，如图 1-33 中的尺寸 6、15、32。

1.5.2　平面图形的线段分析

平面图形的线段，通常根据其定位尺寸的完整与否，可分为三类：

（1）已知线段：定形尺寸和定位尺寸齐全的线段，称为已知线段。已知线段能直接画出，如图 1-33 中的矩形和两个同心圆 $\phi12$ 和 $\phi22$。

（2）中间线段：已知定形尺寸和一个定位尺寸的线段，称为中间线段，如图 1-33 中的圆弧 $R38$。中间线段必须借助于一个线段相切才能画出，如图 1-33 中圆弧 $R38$ 与圆 $\phi22$ 的内切关系。

（3）连接线段：只有定形尺寸，没有定位尺寸的线段称为连接线段，如图 1-33 中的圆弧 $R18$ 和圆弧 $R15$。连接线段必须借助于与两个线段相连的条件才能画出，如图 1-33 中的圆弧 $R18$ 和圆弧 $R38$ 外切；圆弧 $R15$ 与圆 $\phi22$ 外切及它们与直线相切关系。

1.5.3　平面图形的画法

画平面图形时，应先画出横、竖两个方向的作图基准线及已知线段，再画中间线段，最后画连接线段，如表 1-8 所示。

表 1-8 平面图形作图步骤

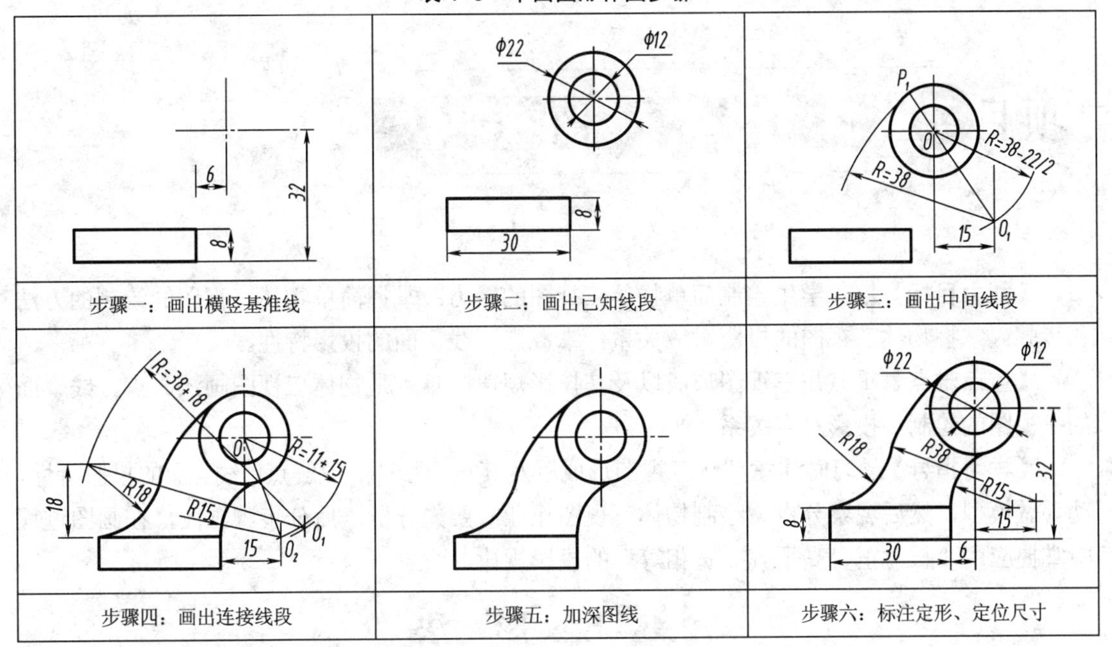

1.5.4 尺规绘图的方法及步骤

（1）绘图前的准备工作。准备绘图工具和仪器，首先将铅笔及圆规上铅芯按线型削好，然后将丁字尺、图板、三角板等擦干净。根据图形的复杂程度，确定绘图比例及图纸幅面大小，将选好的图纸铺在图板的左下方，用丁字尺对准图纸的水平边，然后用胶带纸固定。

（2）画底稿图。底稿图用 H 或 2H 的铅笔画，铅芯削成圆锥状。首先画图框和标题栏，然后进行布图，注意留有标注尺寸的位置。再依次画轴线、中心线及轮廓线。

（3）标注尺寸。首先将尺寸界线、尺寸线、箭头全部画好，然后再注写尺寸数值。

（4）加深。在加深前，应仔细校核图形是否有画错、漏画的图线，并及时修正错误，擦去多余图线。加深的顺序一般是自上而下，由左向右；先加深粗实线，后描细实线；先加深曲线，后加深直线。

（5）填写标准栏各项内容。

项目二 简单物体三视图绘制

【能力目标】培养学生绘制简单物体三视图的能力；掌握简单物体三视图的绘制的方法和步骤；掌握物体三视图的投影对应关系；掌握点、线、面的投影特性。

【重点难点】重点是三视图形成以及其投影规律。难点是物体三视图画法、点、线、面的三视图的绘制和投影对应关系。

【学习指导】学习时注意理解三视图形成以及其投影规律、理解点、线、面的投影特性，动手做模型，然后观察分析。绘制物体三视图作业时要先分析，后分步骤画图，在画图过程中掌握应用“长对正、高平齐、宽相等”的投影规律。

2.1 投 影 法

在工程设计中常用各种投影方法绘制工程图样。

2.1.1 投影法概念

空间物体在光线的照射下，会在地面或墙壁上留下物体的影子。投影法就是根据这一自然现象，并经过科学抽象总结而得出的。如图 2-1、图 2-2 和图 2-3 所示，投射线通过物体向选定的平面进行投射，并在该面上得到图形的方法称为投影法，所得到的图形称为投影，选定的平面称为投影面。

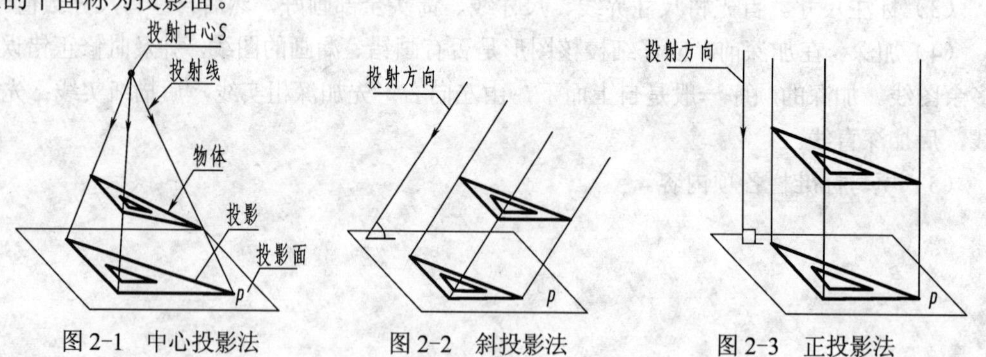

图 2-1 中心投影法　　图 2-2 斜投影法　　图 2-3 正投影法

2.1.2 投影法的分类

工程上常用的投影法分为两类：中心投影法和平行投影法。

1. 中心投影法

如图 2-1 所示，投射线汇交于一点的投影方法称为中心投影法。用中心投影法得到的投影称为中心投影。

由中心投影法得到的物体投影的大小与物体相对投影面所处的位置有关，因此中心投影法不能反映物体表面的真实形状和大小，但图形富有立体感，该方法多用于绘制建筑物的直观图，又称透视图。

2. 平行投影法

投射线互相平行的投影法称为平行投影法。平行投影法分为两类：

（1）斜投影法。投射线相互平行且与投影面倾斜的投影法称为斜投影法，如图 2-2 所示。

（2）正投影法。投射线相互平行且与投影面垂直的投影法称为正投影法，如图 2-3 所示。

由于用正投影法能在投影面上正确地表达空间物体的结构形状和大小，且作图也比较简便，因此技术图样采用正投影法绘制。

2.1.3 正投影的基本特征

1. 真实性

当平面图形（或直线）平行于投影面时，其投影反映实形（或实长），如图 2-4 所示。

2. 积聚性

当平面图形（或直线）垂直于投影面时，其投影将积聚为一直线（或一点），如图 2-5 所示。

3. 类似性

当平面图形（或直线）倾斜于投影面时，其投影为类似形。如平面多边形的投影仍为多边形，且其边数、凹凸特性及有关边之间的平行特性等保持不变；直线的投影仍为直线，但小于实长，如图 2-6 所示。

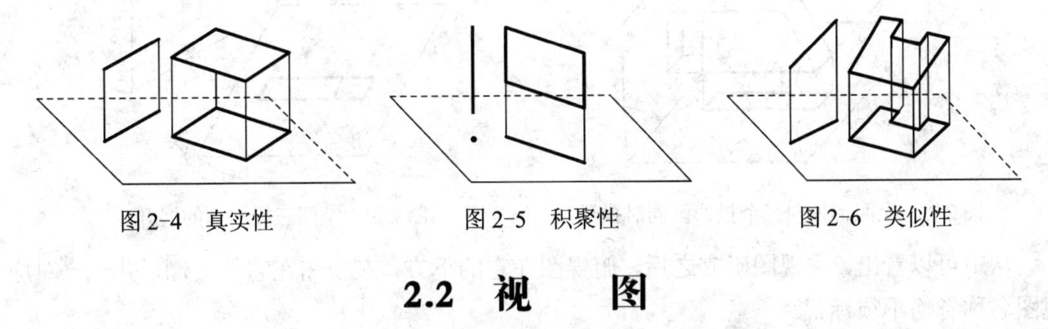

图 2-4 真实性　　图 2-5 积聚性　　图 2-6 类似性

2.2 视　图

按正投影原理，用规定的线型（可见轮廓用粗实线，不可见轮廓用虚线，对称线、轴线用点画线）画出物体可见与不可见结构的轮廓所得的图形就是视图。

2.2.1 三面视图

首先，建立两互相垂直的三个投影面（见图 2-7），它们分别处于水平和竖直位置。其中正立的投影面为“正面”，用字母 *V* 来表示；水平的投影面为“水平面”，用字母 *H* 表示；左侧的投影面为“侧面”，用字母 *W* 来表示。这三个互相垂直的投影面构成三投影面体系。

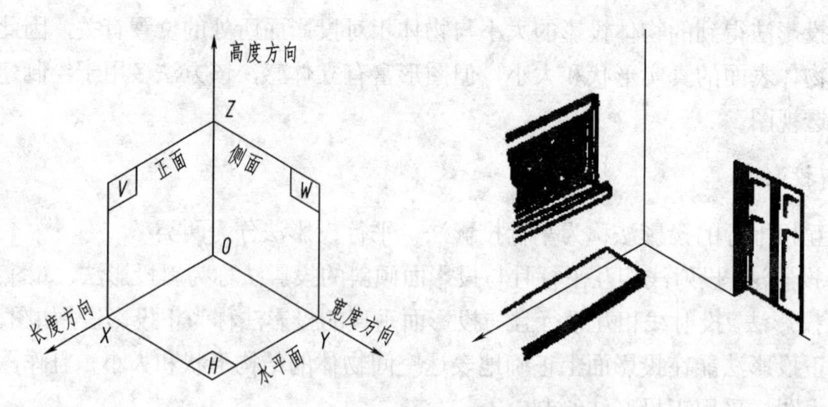

图 2-7　三视图与三坐标的关系

相互垂直的两个投影面之间的交线，称为投影轴。称正面、水平面的交线为 X 轴，定为长度方向；水平面、侧面的交线为 Y 轴，定为宽度方向；正面、侧面的交线为 Z 轴，定为高度方向，如图 2-7 所示 。

将空间形体放置在三投影面体系中，根据正投影原理，同时分别向各投影面投影，如图 2-8 所示。分别得到三个视图，其中正面上的视图，称为“主视图”；在水平面上的视图，称为“俯视图”；在侧面上的视图，称为“左视图”。

展开三个视图处于同一平面，现假设 V 面不动，而 H 和 W 面分别绕 OX、OZ 轴旋转 90°，使三面体系展开处于同一平面，与 V 面重合，如图 2-9 所示。

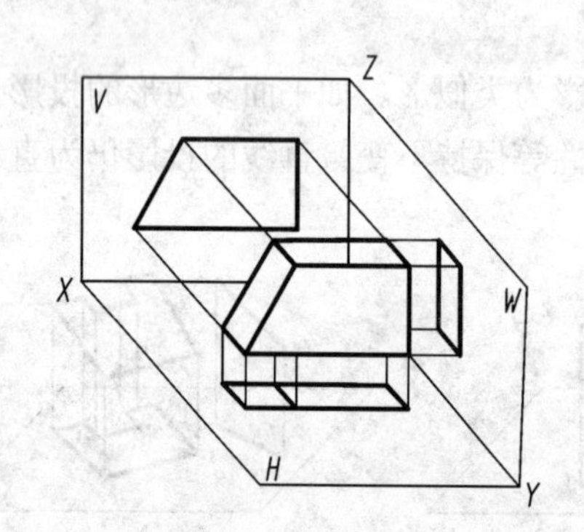

图 2-8　空间形体向三个投影区同时投影

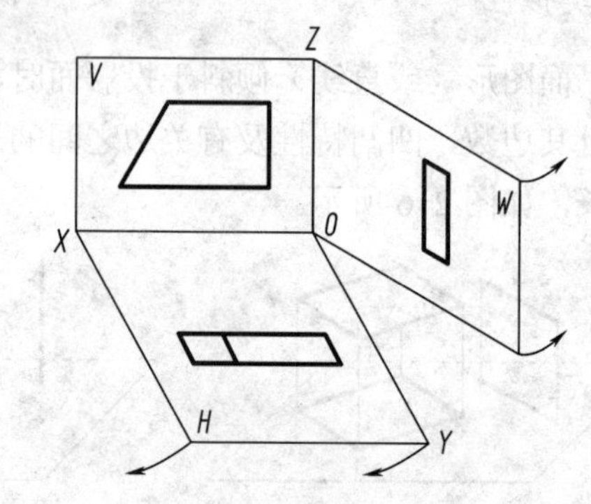

图 2-9　空间三投影面的展开

从中可以看出，主视图确立之后，俯视图在它的下方，左视图在它的右侧，并一一对应。视图名称省略不须标记。

从图 2-9 中也可以看出，视图展开的边框省略，得到的视图称为三视图，如图 2-10 所示。

2.2.2　三面视图的投影对应关系

形体可以在长、宽、高三个方面进行度量。

在三视图中，主视图反映了形体的左右（长度）和上下（高度）方向；俯视图反映了形体的左右（长度）和前后（宽度）方向；左视图反映了形体的上下（高度）和前后（宽度）方向。

在图 2-10 中每个视图都只反映了三度空间中的两个向量，故一个视图并不能够将空间形体的外形及结构特征完全表达清楚，只有从不同方向利用正投影原理，将空间形体向三个投影面投影，在投影面上得到的三个视图，即三视图，可以将空间形体的外形结构表达清楚，如图 2-11、图 2-12 所示。

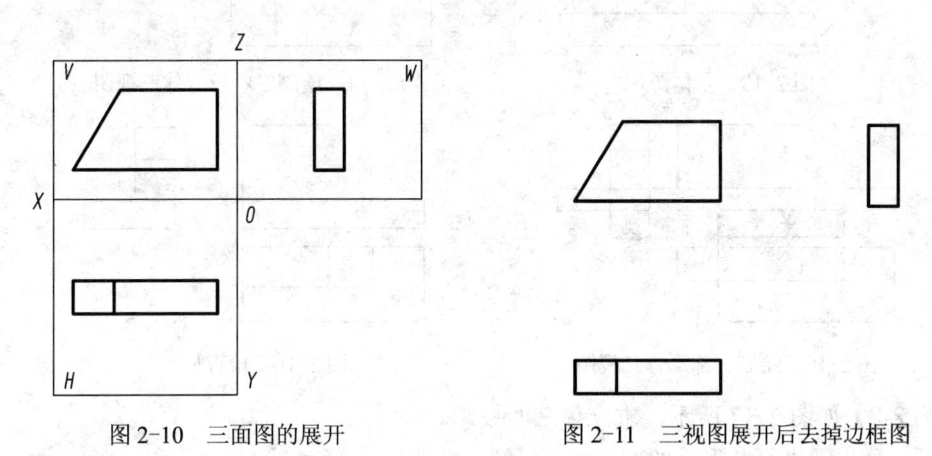

图 2-10　三面图的展开　　　　图 2-11　三视图展开后去掉边框图

从图 2-8 到图 2-12 的演变过程和分析可知三视图之间，主、俯视图反映的长度相等且对正；主、左视图反映的高度相等且平齐；俯、左视图反映的宽度相等，为此得出：

三视图的投影规律为

主、左视图高平齐；

主、俯视图长对正；

俯、左视图宽相等。

该三条规律即三视图之间的三等关系，也是画图和读图时都必须遵循的原则，要充分理解、掌握并运用。由于高平齐、长对正的关系，反映比较直观，利于掌握。而俯、左视图却是在展开受影面为平面后，表现形式不直观，但实质上保持着俯、左两个视图之间前对前、后对后、宽度相等的对应关系，在学习及运用中要加深理解。

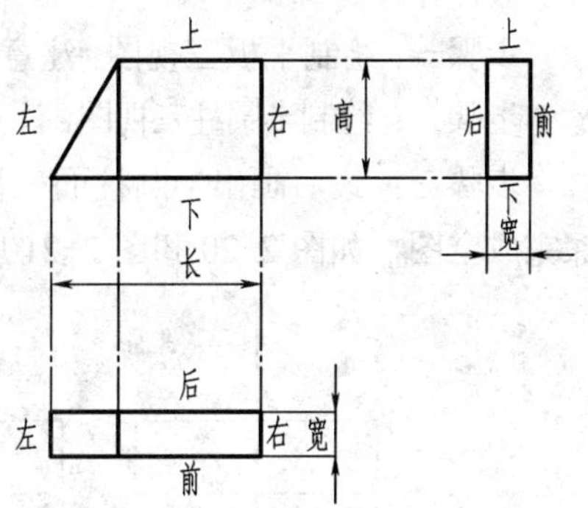

图 2-12　三视图投影规律

2.2.3　三面视图绘制

【例 2-1】如图 2-13 所示，求立体三面投影。

分析：分步骤进行各形体绘图。

具体作图步骤如下：

步骤一：绘制底座长方体三视图，注意投影规律应用，如图 2-14 所示。

步骤二：绘制上部形体三视图，注意投影规律应用，如图 2-15 所示。

步骤三：检查加深，如图 2-16 所示。

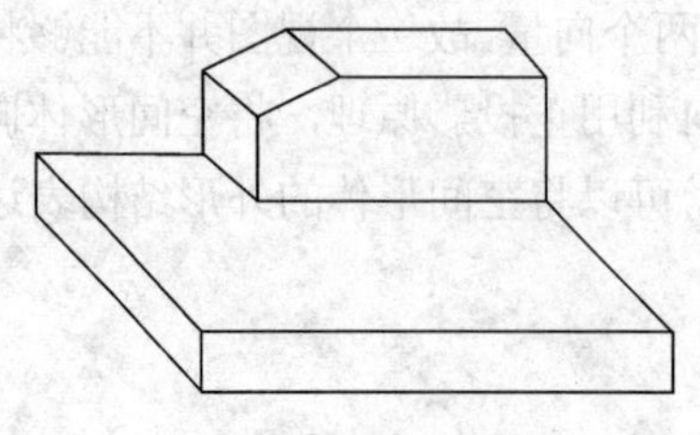

图 2-13　立体图

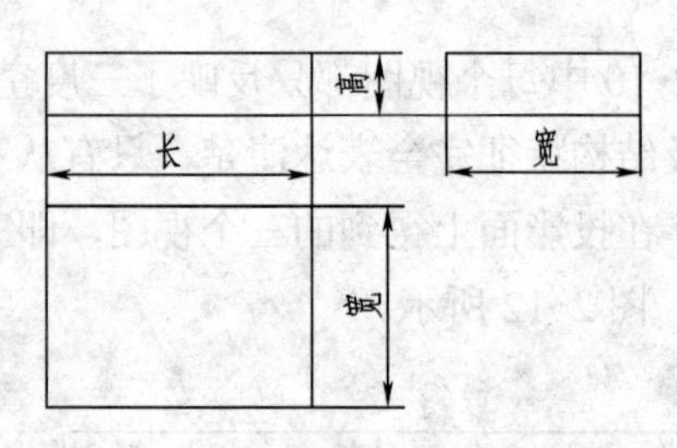

图 2-14　绘制底座长方体三视图

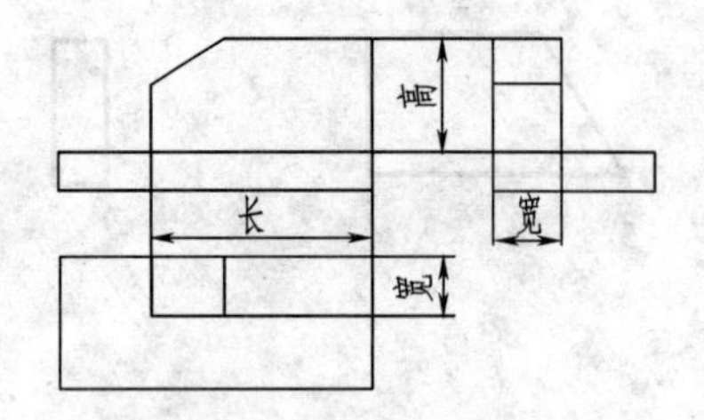

图 2-15　绘制上部形体三视图

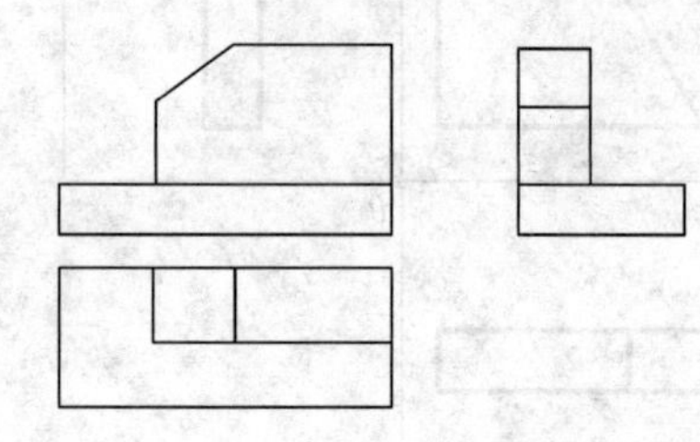

图 2-16　检查加深

【例 2-2】如图 2-17 所示，求立体三面投影。

分析：分步骤进行各形体绘图。

具体作图步骤如下：

步骤一：绘制平板三视图，注意投影规律应用，如图 2-18 所示。

步骤二：绘制半圆柱三视图，注意投影规律应用，如图 2-19 所示。

步骤三：最后画出半圆柱面三视图，检查，擦去多余图线，加深完成全图，如图 2-20 和图 2-21 所示。

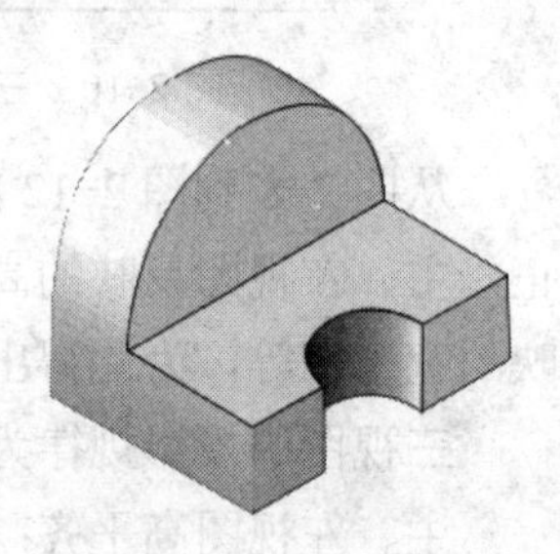

图 2-17　立体图

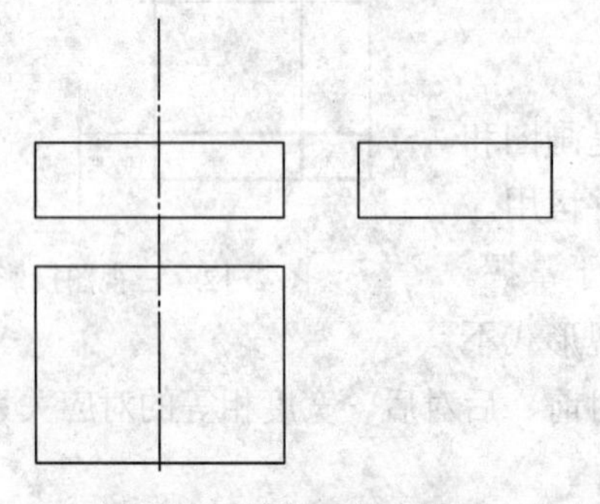

图 2-18　绘制平板三视图

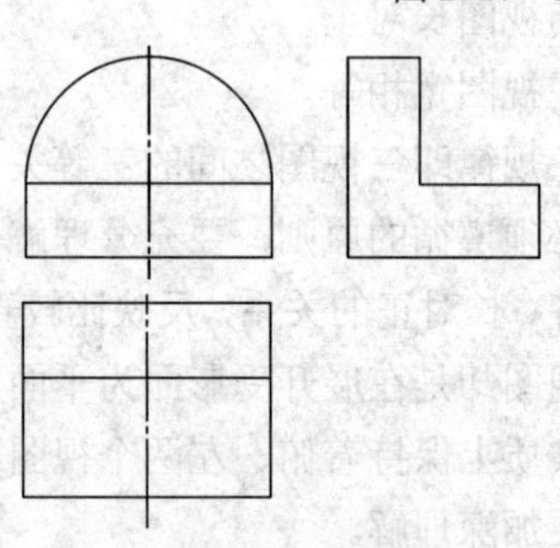

图 2-19　绘制半圆柱三视图

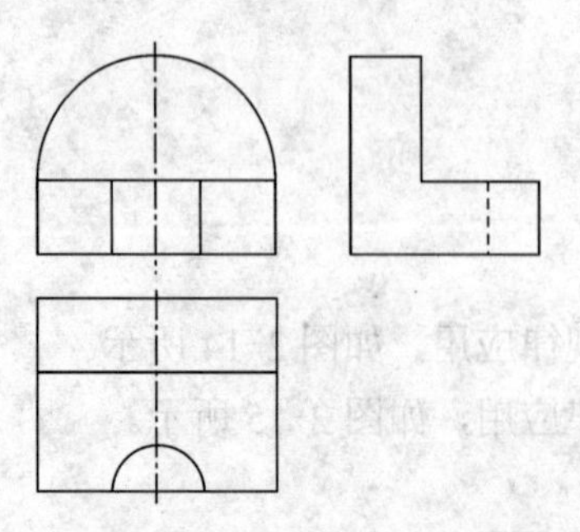

图 2-20　绘制半圆柱面三视图

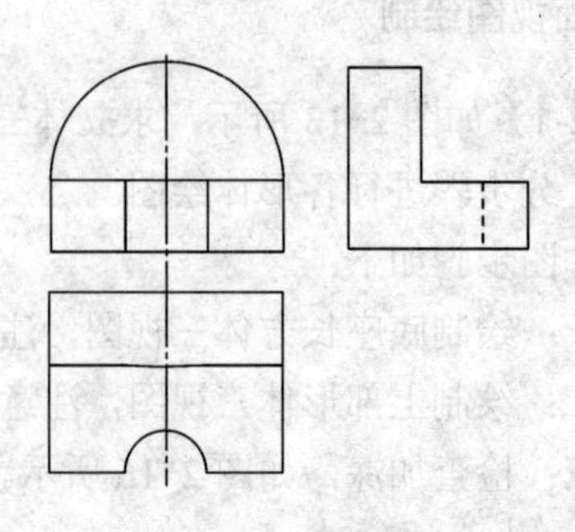

图 2-21　检查加深

2.3 三视图绘制举例

【例 2-3】如图 2-22 所示，求立体三面投影。

分析：

画图方法：首先对物体作形体分析，然后根据物体的生成过程从基础形体入手，由大到小逐步完成。画图时要注意两个顺序：（1）组成物体的基本形体的画图顺序；（2）同一个形体三个视图的画图顺序。三个视图中要先画形状特征最明显的那个视图。初学者常常是看到一条线就画一笔，将一个视图画完了，其他两个视图还没有动笔，这样不容易将视图画正确，更不容易绘制复杂立体的三视图。

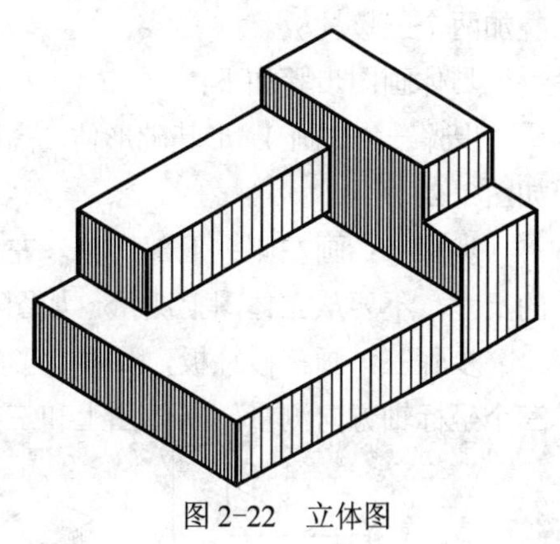

图 2-22 立体图

形体分析：此物体的基础形体是一个长方体，然后叠加一个侧板，侧板和长方体的右面对齐，再叠加一个后板，后板和长方体的后面对齐，最后在侧板上切去一角。

具体画图步骤如下：

步骤一：画底板注意布图，先画俯视图，后画主、左视图如图 2-23 所示。

步骤二：画右侧板。它与底板的前、后、右三面都共面，此三处无交线，如图 2-24 所示。

步骤三：画后侧板。它与底板的后面共面，和侧板不等高，如图 2-25 所示。

步骤四：画右侧板切角。要先画左视图，再画主、俯视图，如图 2-26 所示。

步骤五：检查，擦去多余图线，加深完成全图，如图 2-26 所示。

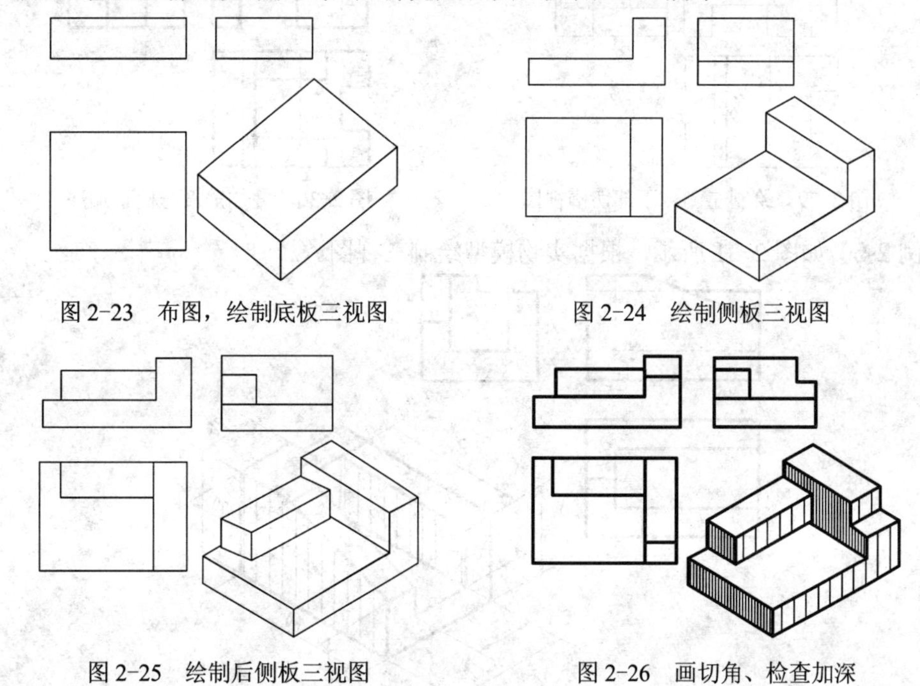

图 2-23 布图，绘制底板三视图

图 2-24 绘制侧板三视图

图 2-25 绘制后侧板三视图

图 2-26 画切角、检查加深

【例 2-4】如图 2-27 所示，已知主视图，参考立体图补画俯、左视图。

分析：

形体分析：此物体的基础形体是一个 L 形立体，在左侧和下部各切去一个矩形通槽，再叠加两个三棱柱板。

具体画图步骤如下：

步骤一：先画 L 形基础形体，高度、长度尺寸与主视图对齐，宽度尺寸从立体图上量取，如图 2-28 所示。

步骤二：画左侧、下部切槽。左侧切槽先画俯视图，下部切槽先画左视图。主视图上有的尺寸，不要从立体图上测量，如图 2-29 所示。

步骤三：画三棱柱板，如图 2-30 所示。注意从立体图上测量尺寸时，必须沿 *X*、*Y*、*Z* 三个坐标轴方向测量，立体图上和三个坐标轴不平行的线段不反映实长。

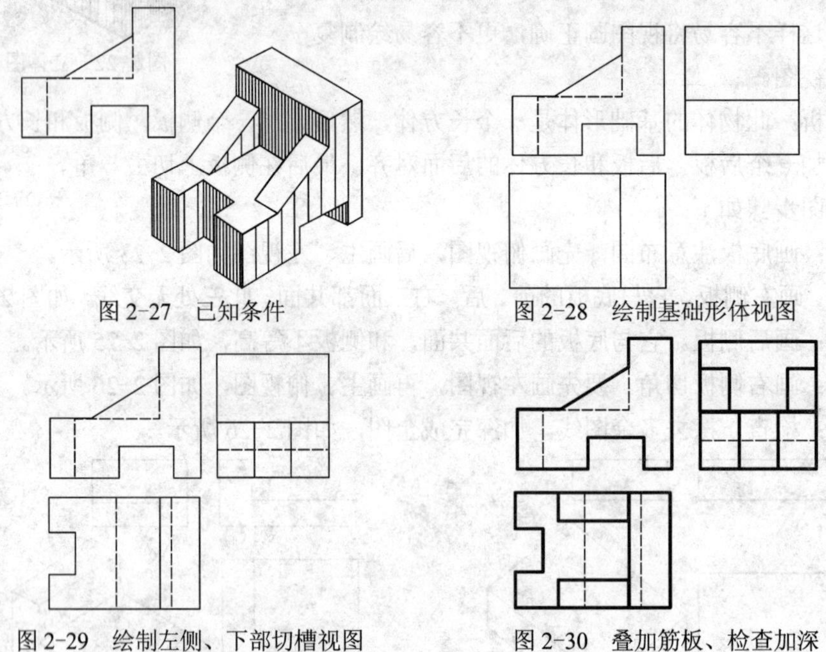

图 2-27　已知条件

图 2-28　绘制基础形体视图

图 2-29　绘制左侧、下部切槽视图

图 2-30　叠加筋板、检查加深

【例 2-5】如图 2-31 所示，根据实物模型绘制三视图。

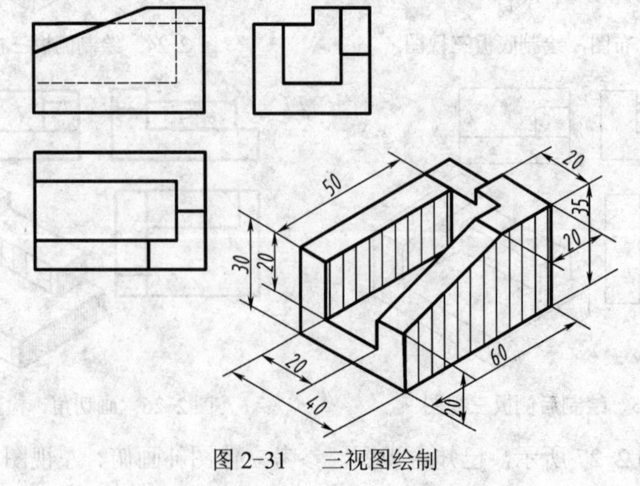

图 2-31　三视图绘制

分析：根据模型的大小和复杂程度选择合适的比例，再根据三个视图的大小选择图纸，将图纸固定在图板上，先打底稿，然后加深。打底稿时可先不分线型，均画成实线，底稿线要浅，自己能看清即可。

具体的画图步骤如下：

步骤一：绘制长方体的主视图、左视图和俯视图。

步骤二：画切槽的俯、左视图，主视图。

步骤三：画后面的切角，切角先画左视图，再画俯视图和主视图。

步骤四：最后画前面的三棱柱切角，先画切角的主视图，再画俯视图和左视图。

需要特别注意的是，虚线的画法。注意虚线的位置。

2.4 立体的表面构成要素的投影分析

在前面已研究了物体与视图之间的对应关系，但为了迅速而准确地表达空间形体，必须进一步研究构成形体的最基本的几何元素（点、线、面）的投影规律。

2.4.1 立体表面点的投影

1. 立体表面点的投影以及投影规律

如图 2-32（a）所示，过空间点 A 的投射线与投影面 P 的交点 a' ，即为点 A 在 P 面上的投影。如图 2-32（b）所示，过空间点 B_1、B_2、B_3 的投射线与投影面 P 的交点均为点 b' 。可见，点在一个投影面上的投影不能确定点的空间位置，若要确定点的空间位置，需要空间点在两个投影面上的投影。

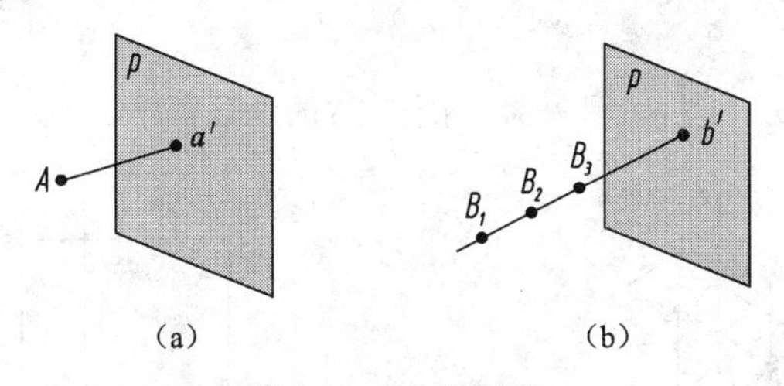

图 2-32 点的投影

三个相互垂直的投影面构成三投影面体系，如图 2-33 所示。

三个投影面分别为：

正面投影面（简称正面），用 V 表示；

水平投影面（简称水平面），用 H 表示；

侧面投影面（简称侧面），用 W 表示。

相互重复的两个投影面之间的交线，称为投影轴。三条投影轴分别为：

OX 轴（简称 X 轴），是 V 面与 H 面的交线；

OY 轴（简称 Y 轴），是 H 面与 W 面的交线；

OZ 轴（简称 Z 轴），是 V 面与 W 面的交线。

三个投影轴互相垂直相交于点 O，称为原点。

空间点用大写字母表示，如 A、B、C。

点的投影用小写字母表示：

水平投影用相应的小写字母表示，如 a、b、c；

正面投影用相应的小写字母加撇表示，如 a' 、b' 、c' ；

侧面投影用相应的小写字母加两撇表示，如 a''、b''、c''。

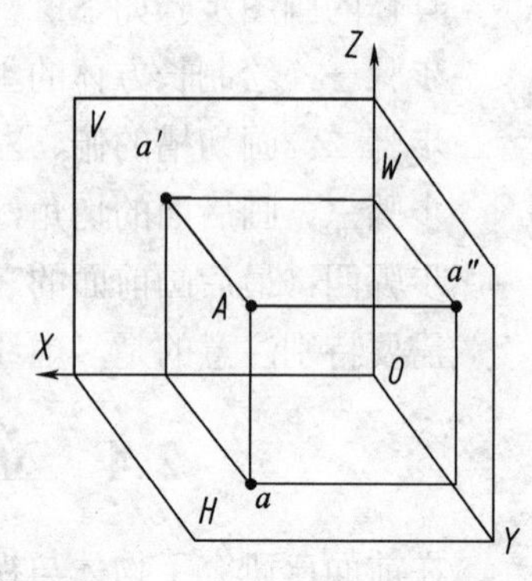

图 2-33　点在投影面上的投影

【例 2-6】如图 2-34（a）所示，已知三棱锥的正面和水平投影，求作顶点 S 的侧面投影并连成三棱锥。

分析：仔细分析图 2-34，可以先想象出整个三棱锥的空间模型，进而分析该题的解法。

根据三视图的投影规律高平齐、宽相等直接作图，如图 2-34（b）、（c）所示。如果在图 2-34 中只保留点 S，则点 S 投影如图 2-35 所示。三投影面体系展开后，点的三个投影在同一平面内，得到了点的三面投影图。应注意的是，投影面展开后，同一条 OY 轴旋转后出现了两个位置。

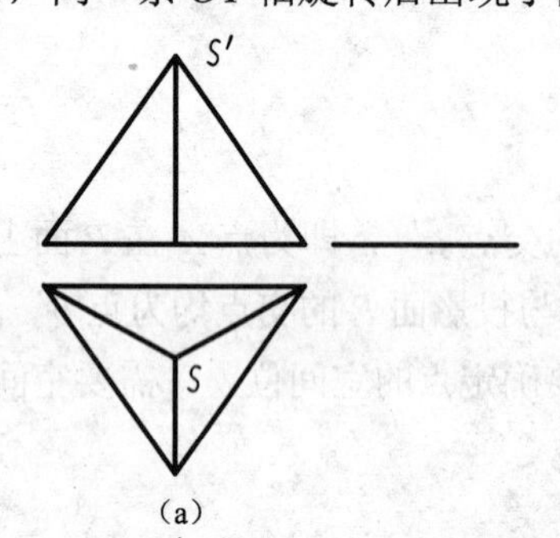

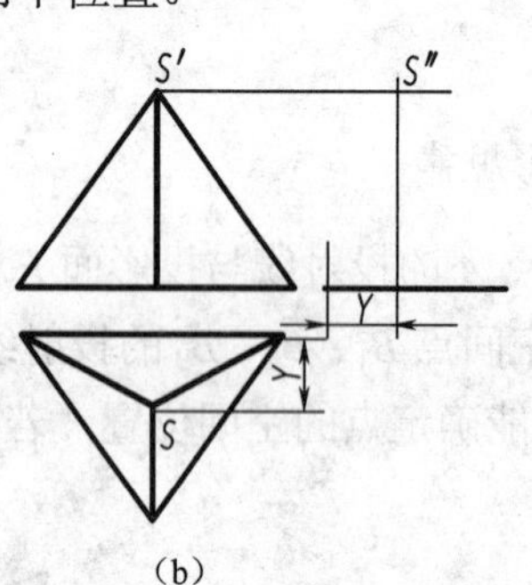

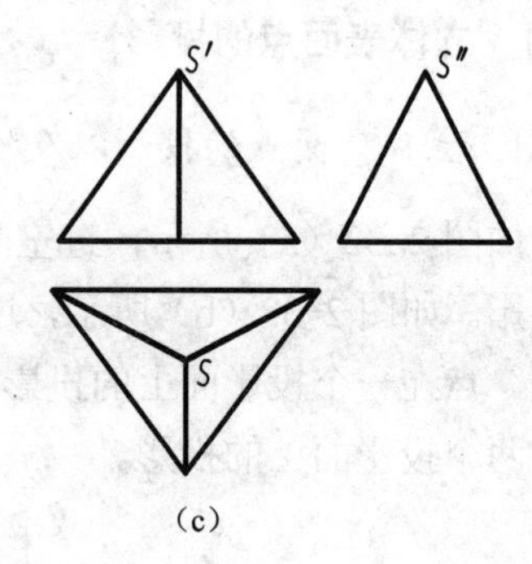

图 2-34　求作点 S 的投影

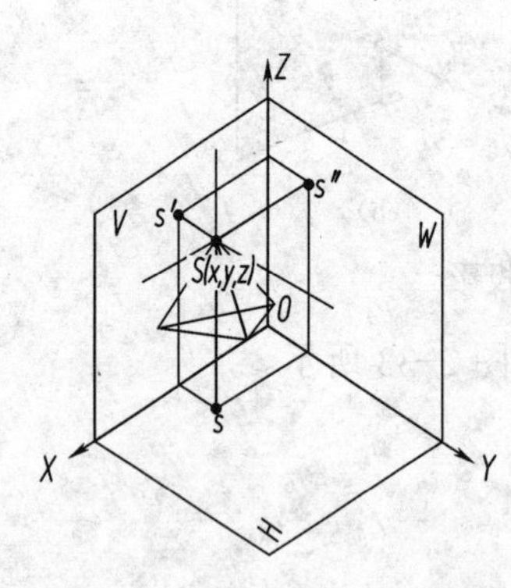

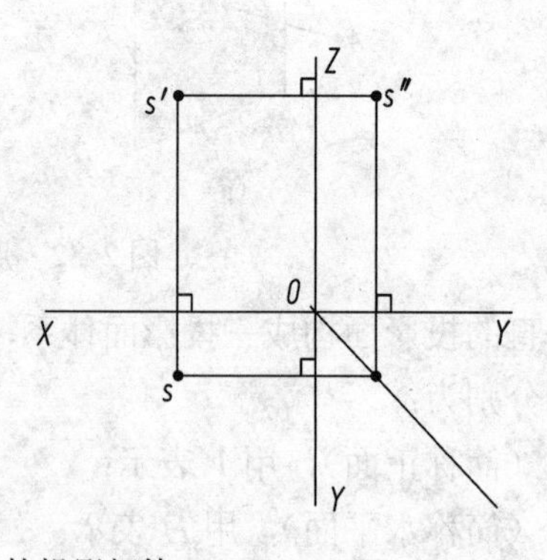

图 2-35　点的投影规律

由此可见，点是构成一切形体的基本元素，它存在于形体的任一表面或棱线上，是作图的最小单元。

空间点的投影和基本几何体的投影一样，也必须满足“长对正”、“高平齐”、“宽相等”的投影规律。将这一规律运用于点的投影上，可表述如下：

（1）点的正面投影和水平投影的连线垂直于 OX 轴，即“长对正”。如 $ss' \perp OX$。

（2）点的正面投影和侧面投影的连线垂直于 OZ 轴，即“高平齐”。如 $s's''\perp OZ$。

（3）点的水平投影到 OX 轴的距离等于点的侧面投影到 OZ 轴的距离，即“宽相等”。

根据上述投影规律，可以由点的任意两个面投影求点的第三面投影。

【例 2-7】 如图 2-36（a）所示，已知点 A 的两面投影 a 及 a'，试作出其第三面投影 a''。

解法一：通过作 45° 线使 $a''a_Z=aa_X$，如图 2-36（b）所示。

解法一：用分规直接量取 $a''a_Z=aa_X$，如图 2-36（c）所示。

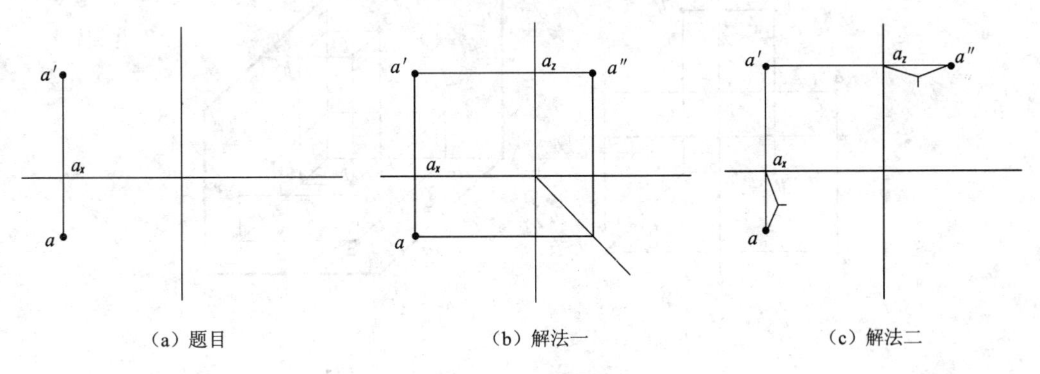

（a）题目　　（b）解法一　　（c）解法二

图 2-36　点的投影

【例 2-8】 如图 2-37（a）所示，已知点 B 的两面投影 b' 及 b''，试作出其第三面投影 b。

分析：如图 2-37（b）所示，由于点的正面投影的空间位置是唯一确定的，按点的投影规律可求得的水平投影。

具体作图步骤如下：

步骤一：过 b' 作 OX 轴的垂直线。

步骤二：过 b'' 作 OY_W 轴的垂直线与 45° 分角线相交，并过交点作 OY_H 轴垂线与 $b'b_x$ 的延长线相交于 b，则点 b 即为所求。

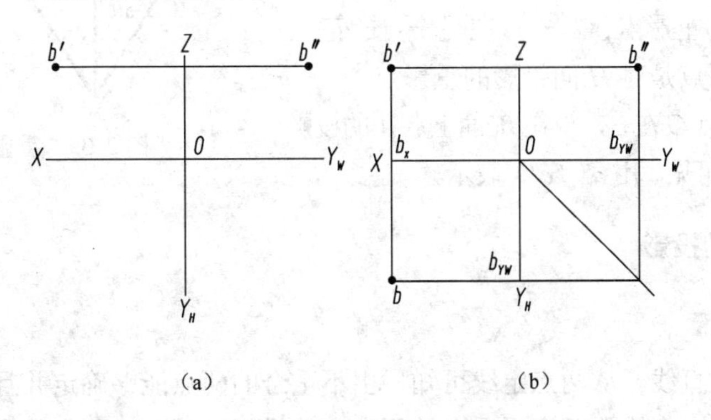

（a）　　（b）

图 2-37　已知点的两面投影作出其第三面投影

2. 点的相对位置与重影点

（1）两点的相对位置

两点的相对位置是指空间两点的上下、前后、左右位置关系。这种位置关系可以通过两点的同面投影（同一个投影面上的投影）的坐标大小来判断。即

x 坐标大的在左；

y 坐标大的在前；

z 坐标大的在上。

如图 2-38 所示，由于 $x_a>x_b$，故点 A 在点 B 的左方；由于 $y_a>y_b$，故点 A 在点 B 前方；由于 $z_a<z_b$，故点在 A 在点 B 的下方。

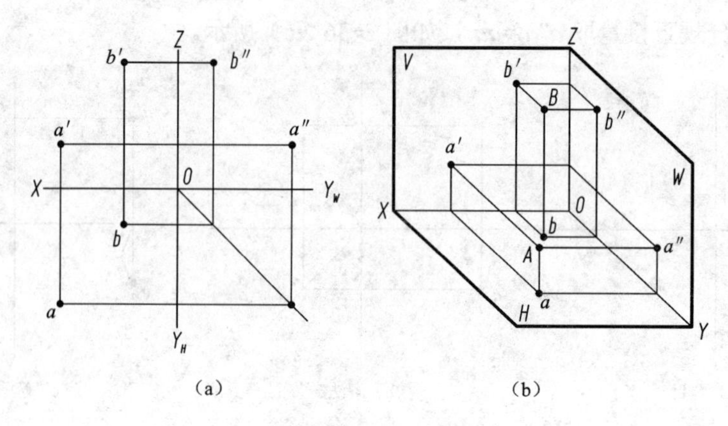

图 2-38　两点的相对位置

（2）重影点

当空间两点位于一个投影面的同一条投射线上时，它们在该投影面上的投影重合，则称此空间两点为该投影面的重影点。如图 2-39 所示，由于点 C 与点 A 在 W 面上的投影重合，因此，称点 C 与点 A 为 W 面的重影点。

同理，若一点在另一点的正前方或正后方时，则两点是对 V 面投影的重影点；若一点在另一点的正上方或正下方时，则两点是对 H 面投影的重影点。

由于点 A 在左、点 C 在右，放在 W 面上点 A 的投影可见、点 C 的投影不可见，用 a''（c''）表示。

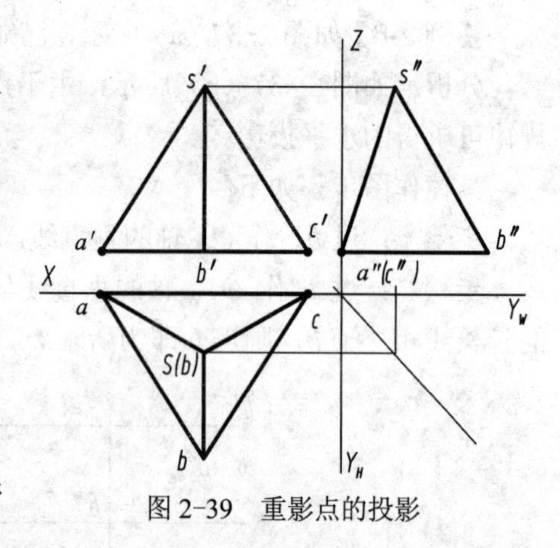

图 2-39　重影点的投影

2.4.2　立体表面线的投影

1. 直线的投影

立体上的棱线是直线。从两点定线可知，由不重合的两点能够确定并且唯一确定一条直线。因此，只要能作出直线上任意不重合的两个点的投影，则连接两点的同面投影，就可得到直线的投影。

如已知直线上和两点的三面投影图，连接两点的各同面投影，即连 ab、$a'b'$　、$a''b''$，就得到直线 AB 的三面投影图，图 2-40（a）为直观图。图 2-40（b）为点 A、B 的投影，图 2-40（c）为直线 AB 的投影。

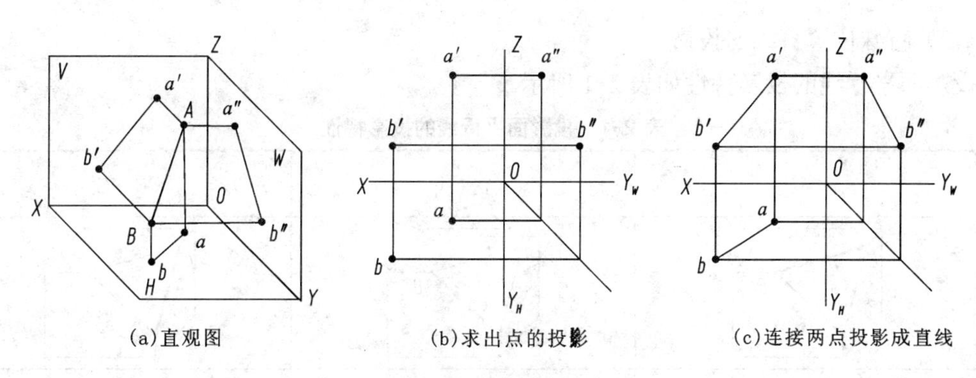

(a)直观图　　(b)求出点的投影　　(c)连接两点投影成直线

图 2-40　直线的投影

由图 2-40 可见，直线的投影仍遵循“长对正”、“高平齐”、“宽相等”的投影规律，这里的长、宽、高指的是直线两端点的相应坐标差。

2. 直线的投影特性

直线对一个投影面的投影特性有三种：

积聚性——直线垂直于投影面，投影重合为一点，如图 2-41（a）所示；

等长线——直线平行于投影面，投影反映线段实长，如图 2-41（b）所示；

类似性——直线倾斜于投影面，投影比空间线段短，如图 2-41（c）所示。

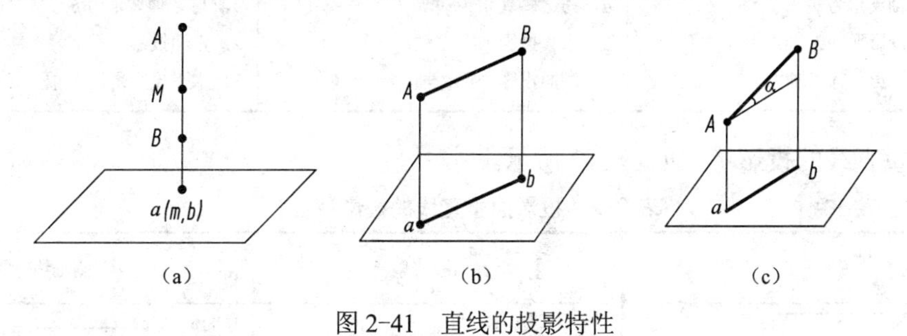

(a)　　(b)　　(c)

图 2-41　直线的投影特性

3. 直线与投影体系的关系

（1）直线分类

在三投影面体系中，按直线与投影面的相对位置，可分为三类：投影面平行线、投影面垂直线和一般位置直线。其中投影面平行线和投影面垂直线统称为特殊位置直线。直线与投影体系的关系可分为：

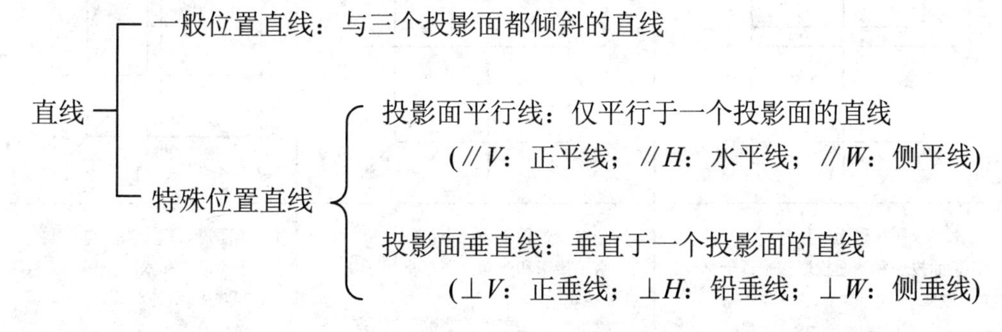

（2）特殊位置直线的投影

投影面平行线的投影特性如表 2-1 所示。

表 2-1　投影面平行线的投影特性

名称	水平线	正平线	侧平线
立体图			
投影图			
投影特性	1．水平投影反映实长，与 X 轴夹角为 β，与 Y 轴夹角为 γ； 2．正面投影平行 X 轴； 3．侧面投影平行 Y 轴	1．正面投影反映实长，与 X 轴夹角为 α，与 Z 轴夹角为 γ； 2．水平投影平行 X 轴； 3．侧面投影平行 Z 轴	1．侧面投影反映实长，与 Y 轴夹角为 α，与 Z 轴夹角为 β； 2．正面投影平行 Z 轴； 3．水平投影平行 Y 轴

投影面重直线的投影特性如表 2-2 所示。

表 2-2　投影面垂直线的投影特性

名称	铅垂线	正垂线	侧垂线
立体图			
投影图			
投影特性	1．水平投影积聚为一点； 2．正面投影和侧面投影都平行于 Z 轴，并反映实长	1．正面投影积聚为一点； 2．水平投影和侧面投影都平行于 Y 轴，并反映实长	1．侧面投影积聚为一点； 2．正面投影和水平投影都平行于 X 轴，并反映实长

（3）一般位置直线

与三个投影面都倾斜的直线称为一般位置直线，如图 2-42 所示。

一般位置直线投影特性如下：

① 直线的三个投影都倾斜于投影轴，其与投影轴的夹角，均不反映空间直线与投影面的夹角。

② 三个投影的长度均比空间线段短。

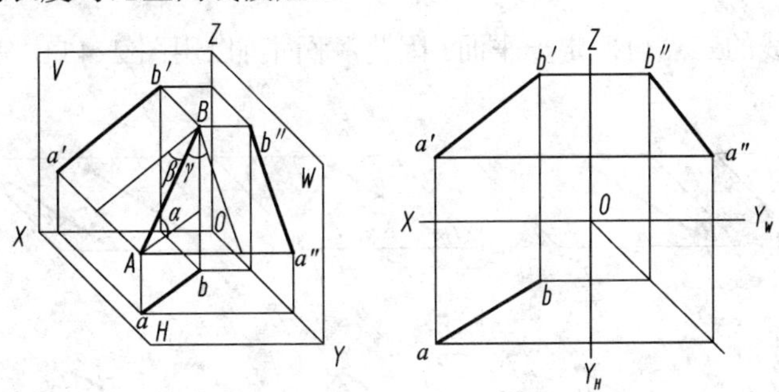

图 2-42　一般位置直线的投影

4. 直线上点的投影

点在直线上，则点的投影必在该直线的同面投影上；反之，点的各个投影分别位于直线的同面投影上，则该点一定在该直线上。

如图 2-43 所示，点 K 在直线 AB 上，则 k 必在 ab 上，k' 必在 $a'b'$ 上，k'' 必在 $a''b''$ 上（侧面投影在图中没有画出）。

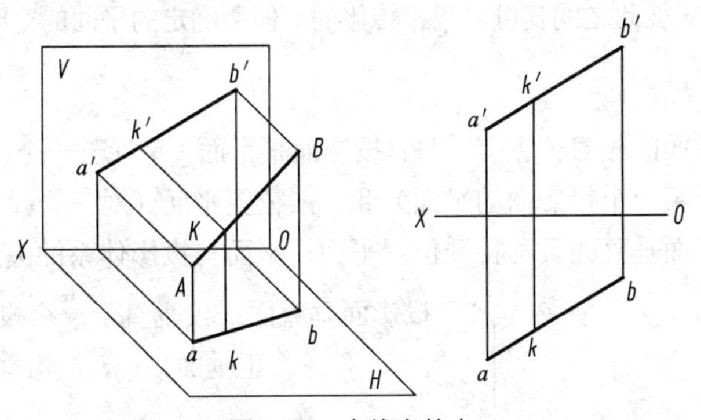

图 2-43　直线上的点

【例 2-9】如图 2-44 所示，求作点 C，使 $C \in AB$，$AC : CB = 1 : 2$。

分析：根据定比性，$ac : cb = a'b' : c'b' = 1 : 2$，只要将 ab 或 $a'b'$ 分成 3（1+2）等分即可求出 c 和 c'。

具体作图步骤如下：

步骤一：引辅助线 ab_1；

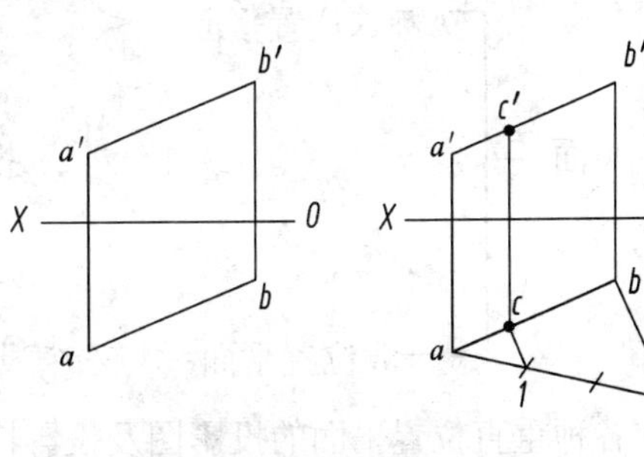

图 2-44　求直线上的点

步骤二：ab_1 上截取三等分；

步骤三：连 b_1b，过 1 作 b_1 的平行线得 c；

步骤四：由 c 求出 c' 。

2.4.3 立体表面平面的投影

1. 面的表示法

不属于同一直线的三点可确定一平面。因此，平面可以用图 2-45 中任何一组几何要素的投影来表示。

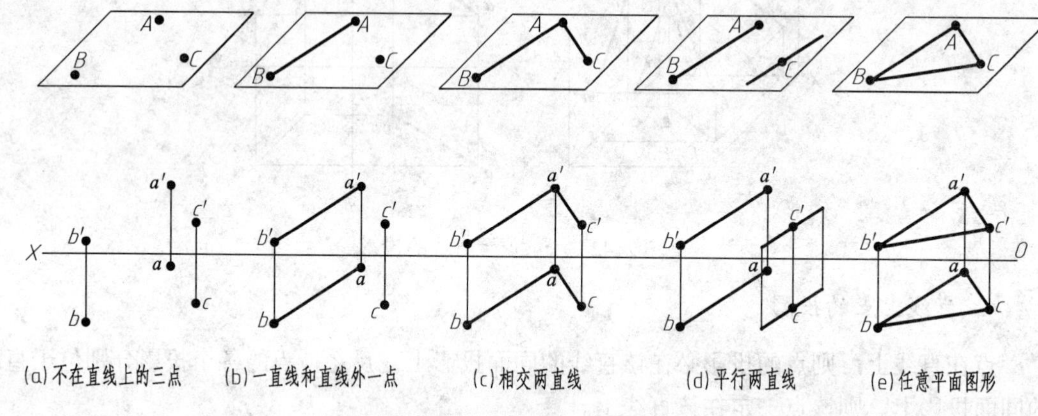

图 2-45　用几何元素表示平面

在投影图上，可用图 2-44 中五组几何元素中的任意一组来表示一个平面的投影。这些几何元素表示平面五种形式彼此之间是可以互相转化的，但所确定的平面的空间位置不变。

2. 面的投影特性

空间平面与投影面的相对位置有三种：投影面平行面（平行于一个投影面的平面）、投影面垂直面（仅垂直于某一个投影面的平面）和一般位置平面（对三个投影面都倾斜的平面）。投影面平行面和投影面垂直面又称特殊位置平面。平面与投影体系的关系可分为：

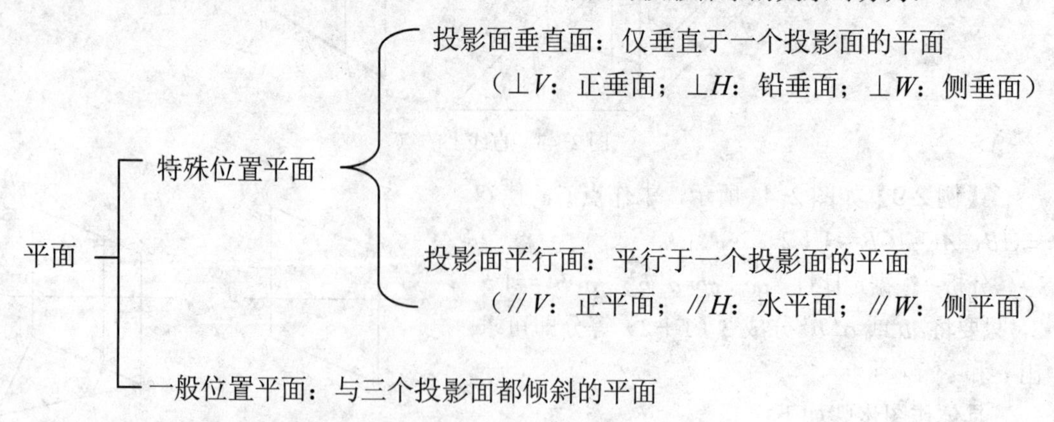

各种重直位置平面的投影图及投影特性如表 2-3 所示。

表 2-3　投影面垂直面

种　类	轴测图	投影图	投影特性
铅垂面	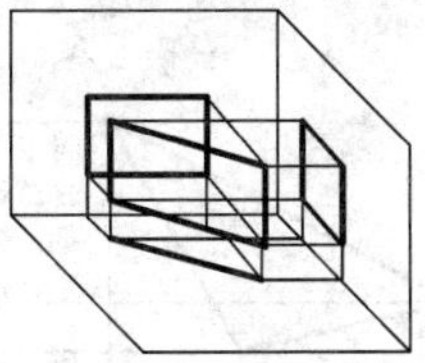	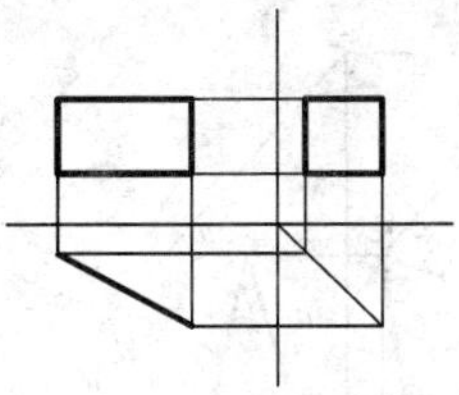	一个投影积聚成与轴倾斜的直线且反映该面的两倾角，另两投影与实形相似
正垂面	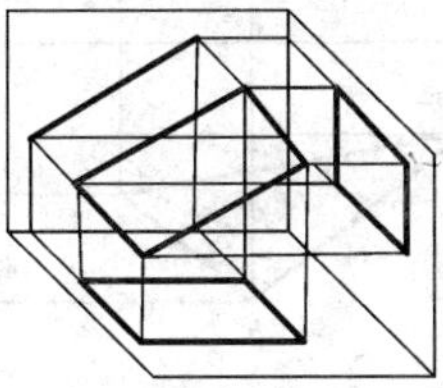	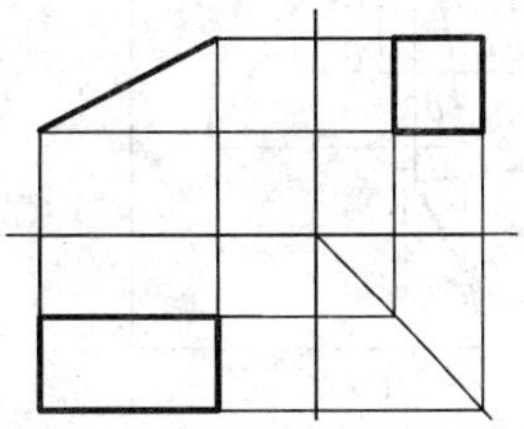	
侧垂面	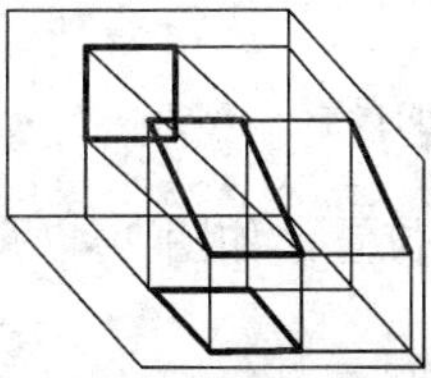	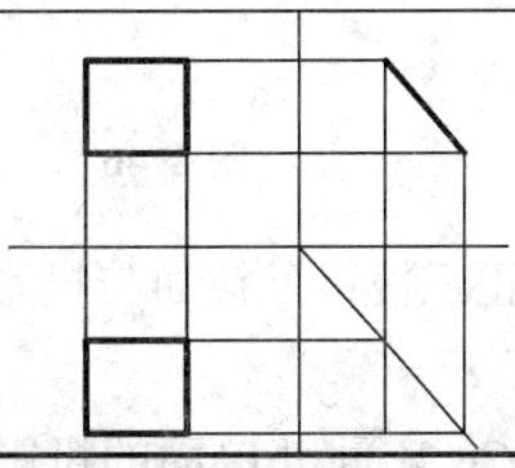	

各种平行位置的投影图及共投影特性如表 2-4 所示。

表 2-4　投影面平行面的投影

种　类	轴测图	投影图	投影特性
水平面	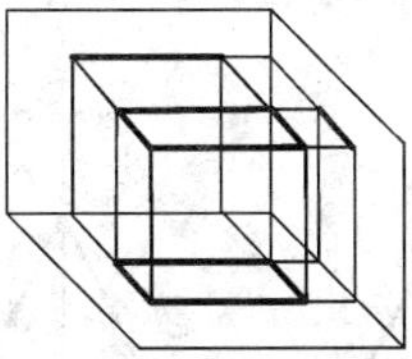	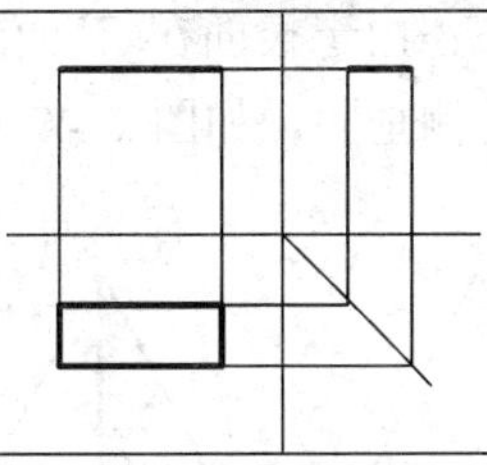	一个投影反映实形，另两投影积聚成垂直于同一投影轴的直线
正平面	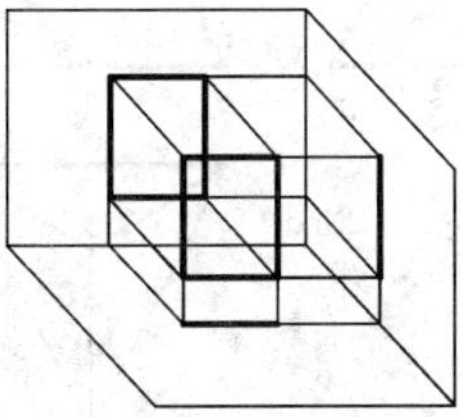	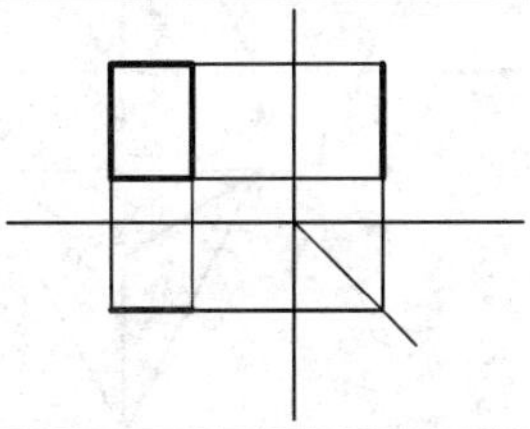	
侧平面	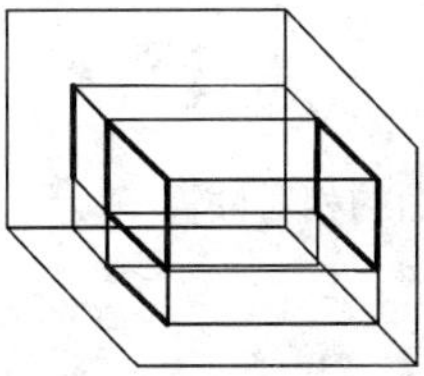	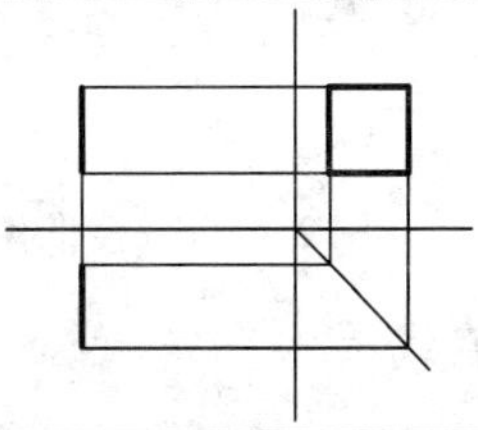	

一般位置平面，如图 2-46 所示。其投影特性为：由于一般位置平面处于倾斜位置，因此它的三个投影都是小于实形的类似形。

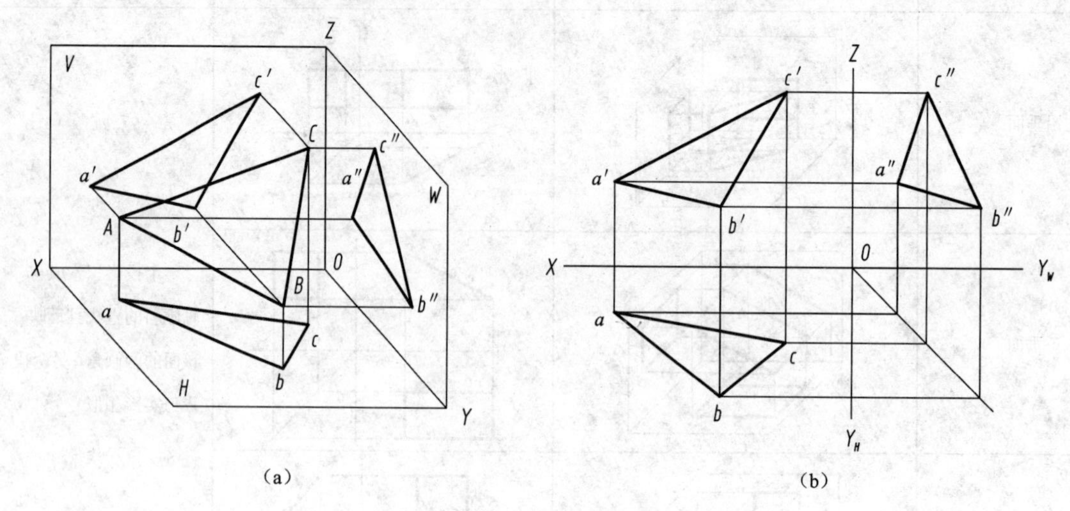

(a)　　(b)

图 2-46　一般位置平面的投影

【例 2-10】分析正三棱锥各棱面与投影面的相对位置，如图 2-47 所示。

具体操作步骤如下：

步骤一：底面 ABC：V 面和 W 面的投影积聚为水平线，分别平行于 OX 和 OY_W 轴，可确定底面 ABC 是水平面，如图 2-47（a）所示。

步骤二：棱面 SAB：三个投影都没有积聚性，均为棱面的类似形，可判断棱面是一般位置平面，如图 2-47（b）所示。

步骤三：棱面 SAC：由于棱面在 W 面的投影具有积聚性，在 V 面和 H 面的投影为类似形，因此可判断棱面是侧垂面，如图 2-47（c）所示。

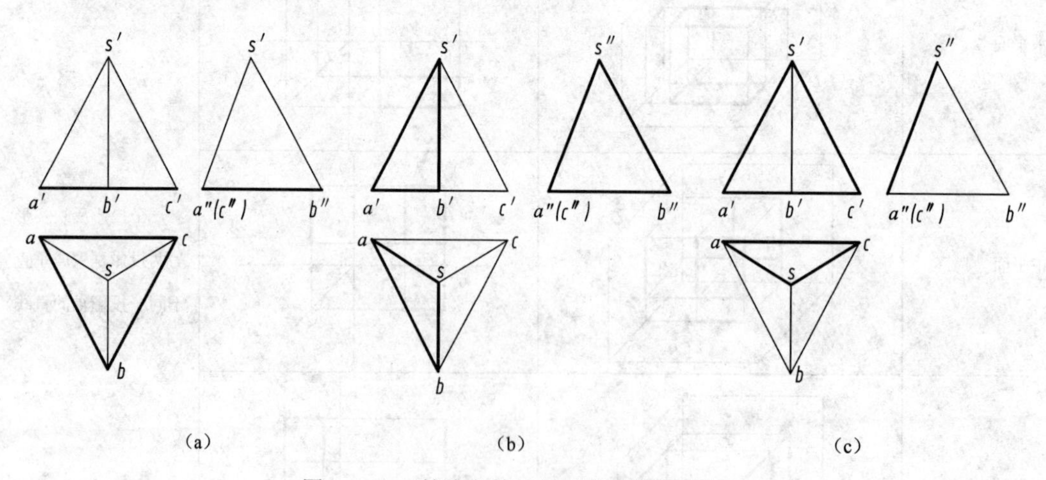

(a)　　(b)　　(c)

图 2-47　三棱锥各棱面与投影面的相对位置

3. 面上作点、作直线

绘图中经常遇到在已知平面上根据需要作点、作线和作平面图形的问题以及由平面上的点或直线的一个投影，求作该点或该直线的其余投影。

（1）平面上的点

点在平面上的几何条件是：若点在平面的一条直线上，则该点必在此平面上。因此，求属于平面的点，首先应取属于平面的线，再取属于该线的点。

如图 2-48 所示，点 E 属于△ABC 平面内的一条直线 CD（对应于视图上的 cd，和 $c'd'$），则点 E 则必属于平面△ABC。

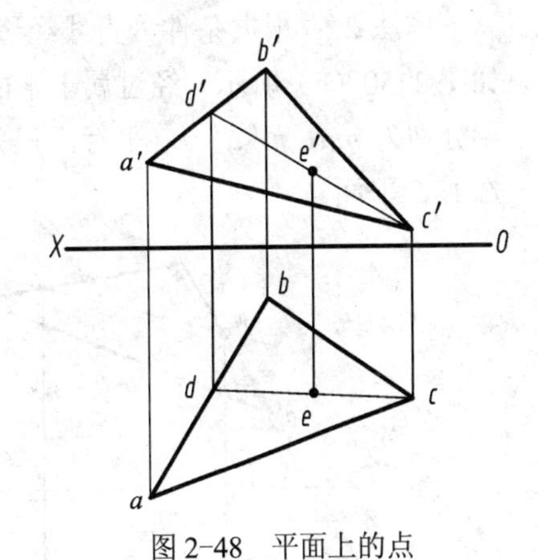

图 2-48 平面上的点

【例 2-11】已知△ABC 平面上的点 E 的正面投影 e'，试求它的另一面投影，如图 2-49 所示。

分析：因为点 E 属于△ABC 平面，故过点 E 作属于△ABC 平面的一条直线，则点的两个投影必属于相应直线的同面投影。

具体作图过程如下：

步骤一：过点 E 和顶点 B 作直线，即过 e' 作直线 EB 的正面投影 $e'b'$，交 $a'c'$ 于 d'。

步骤二：求出水平投影 d，连接 bd 并延长。

步骤三：过 e' 作 OX 轴的垂线与 bd 延长线相交，交点即为点 E 的水平投影 e，如图 2-49 所示。

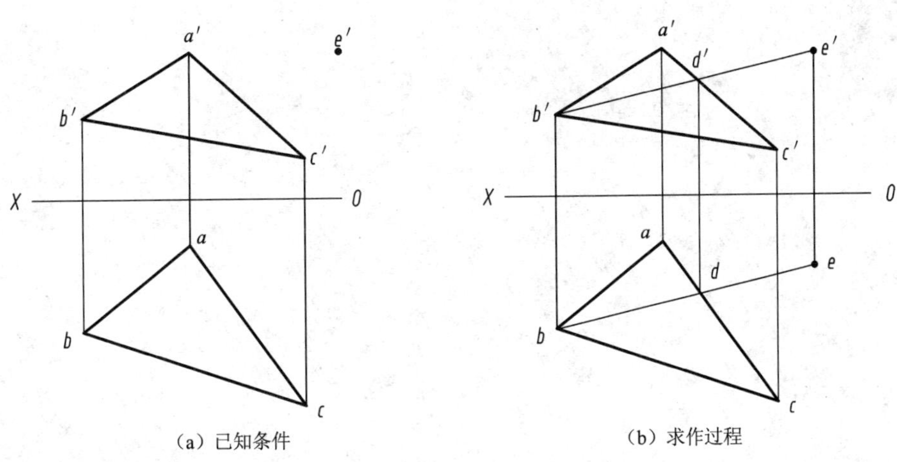

（a）已知条件　（b）求作过程

图 2-49 求平面上点的投影

（2）平面上的直线

直线在平面上，应满足下列条件之一：

① 直线经过属于平面的两个点。

② 直线经过属于平面的一点，且平行于属于该平面的另一条直线。

【例 2-12】已知平面，试作出属于该平面的任意直线，如图 2-50 所示。

作法 1：根据条件“直线经过属于平面的两个点”作图，如图图 2-50（a）所示。

任取属于直线 AB 的一点 M，它的投影分别为 m、m'，再取属于直线 BC 的一点 N，它

的投影分别为 n、n'；连接两点的同面投影。由于 MN 皆属于平面，所以为 mn、$m'n'$ 所表示的直线 MN 必属于△ABC 平面。

作法 2：根据条件“直线经过属于平面的一点，且平行于属于该平面的另一直线作图，如图 2-50（b）所示。经过属于平面的任意点 M，它的投影分别为 m、m'，作直线 MD（投影分别为 md，$m'd'$），平行于已知直线 BC（投影分别为 bc，$b'c'$），则直线 MD 必属于△ABC 平面。

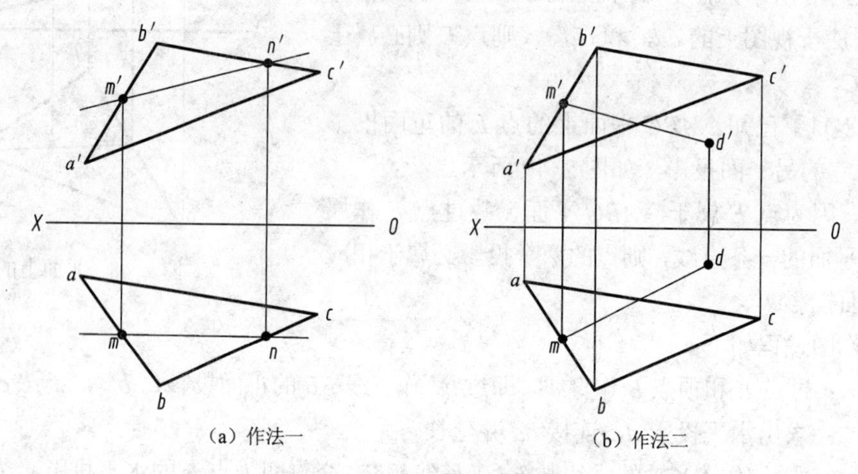

（a）作法一　（b）作法二

图 2-50　取属于平面的直线

项目三 基本体投影及截切

【能力目标】培养学生绘制基本体三视图的能力；能够掌握平面立体被平面截切后的三视图绘制的方法和步骤；掌握回转体物体被平面截切后的三视图绘制的方法和步骤；掌握基本体和切割体的尺寸标注。

【重点难点】重点是基本体被平面截切产生的交线的性质和投影画法；难点是切割体的三视图绘制的方法和步骤以及切割体的尺寸标注。

【学习指导】学习时注意应用项目二介绍的点、线、面的投影规律进行分析。动手做切割体模型，然后观察分析、理解平面立体和回转体被平面截切后的三视图绘制的方法和步骤，特别注意应用形体分析和线面分析的方法研究切割体三视图的绘制和尺寸标注。

机器零件，不论其结构形状多么复杂，一般都可以看做是由一些棱柱、棱锥、圆柱、圆锥、球体等基本几何体（简称基本体）堆积、挖切而成。这些基本体的表面有的是由若干平面围成，称为平面体；有的是由曲面或曲面与平面围成，称为曲面体。回转体是最常见的曲面体。常见的基本体分类如图 3-1 所示。

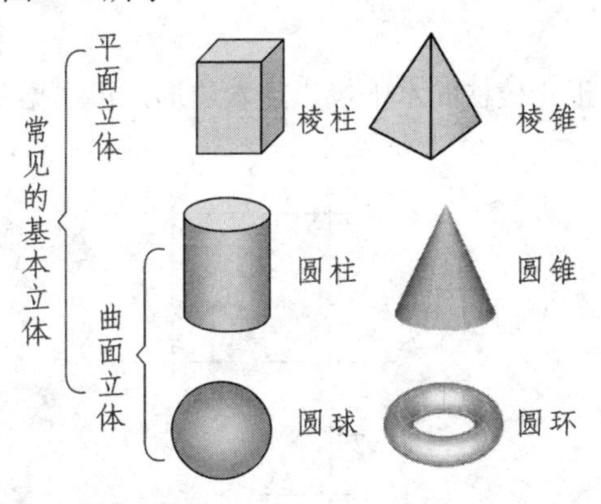

图 3-1　常见的基本立体

用平面截切立体，其截平面与立体表面的交线，称为截交线。截交线围成一个封闭的多边形平面为截断面，在图上画出截交线的目的就是为在投影图上求出截断面的投影。

3.1　棱柱投影及截切

3.1.1　棱柱的组成（以正六棱柱为例）

棱柱是由平行且全等的多边形底面、顶面和几个矩形侧面（直棱柱）或平行四边形（斜棱柱）围成的立体。图 3-2 为正六棱柱的立体图。

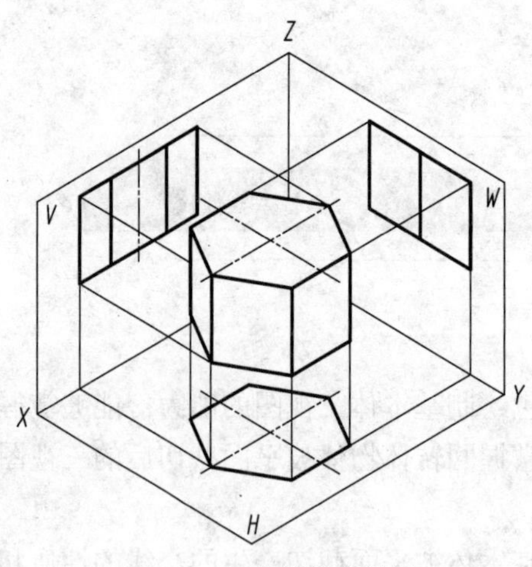

图 3-2　正六棱柱立体图

3.1.2　棱柱的投影（以正六棱柱为例）

正六棱柱由两个底面和六个侧棱面组成。侧棱面与侧棱面的交线称为侧棱线，侧棱线相互平行。

图 3-2 所示为一正六棱柱，其顶面、底面均为水平面，它们的水平投影反映实形，正面及侧面投影重影为一直线 。

棱柱有六侧棱面，前后棱面为正平面，它们的正面投影反映实形，水平投影及侧面投影重影为一条直线。棱柱的其他四个侧棱面均为铅垂面，其水平投影均重影为直线，正面投影和侧面投影均为类似形。

作投影图时，先画出正六棱柱的水平投影正六边形，再根据其他投影规律画出其他的两个投影，如图 3-3 所示。

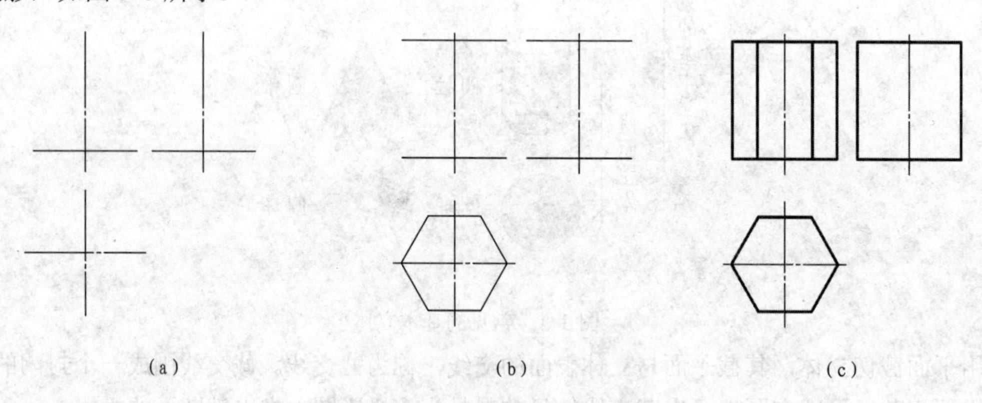

图 3-3　正六棱柱投影作图步骤

3.1.3　棱柱表面取点

在棱柱表面上取点的原理和方法与在平面上取点的原理和方法相同。由于正棱柱的各个表面均为特殊位置平面，所以，在其表面取点时可利用平面投影的积聚性原理作图求得，并判断点的可见性。

【例 3-1】如图 3-4（a）所示，已知正六棱柱表面上的点 M 的正面投影 m'，试作出水平投影 m 和侧面投影 m''。

具体作图过程如下：

步骤一：首先由 m' 的位置和可见性，可以判断 M 点在右前方的侧面 $a'b'c'd'$ 上，而该侧面的水平投影为直线段 ab、$(c)(d)$，故由 m' 作垂线与 ab、$(c)(d)$的交点即为水平投影 m。

步骤二：再根据点的投影规律求出侧面投影 m''。由于点所在表面的侧面投影为不可见，则点的同面投影也不可见，结果如图 3-4（b）所示。

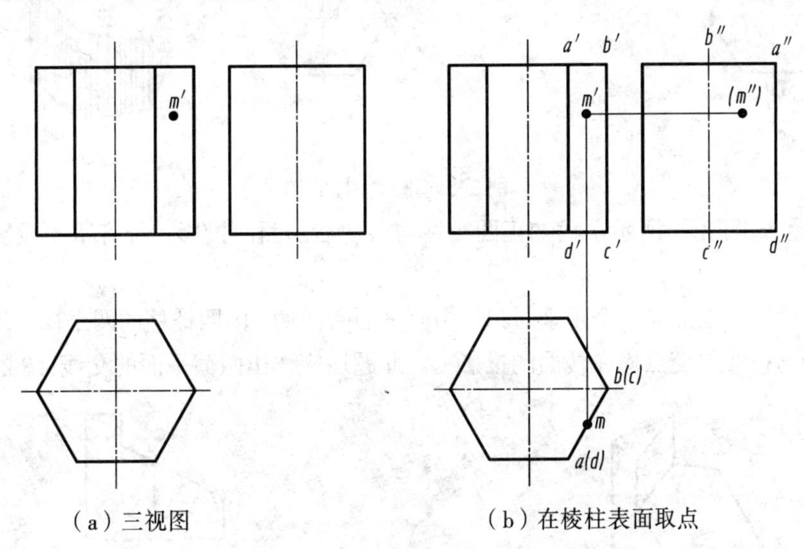

（a）三视图　　（b）在棱柱表面取点

图 3-4　正六棱柱三视图以及表面取点

3.1.4　棱柱截切

平面与平面立体相交所产生的交线，实际上就是不完整的平面立体的棱线。求棱柱切口的投影，实质上是求切平面与棱柱侧面的交线的投影。其方法与平面内取线相同。

【例 3-2】如图 3-5（a）所示，已知正六棱柱被正垂面截切后的正面投影和水平投影，求其侧面投影。

分析：由于截平面与六棱柱的六个棱面相交，所以截交线是六边形，六边形的六个顶点即六棱柱的六条棱线与截平面的交点。截交线的正面投影积聚在一条直线上，而水平投影与六棱柱的水平投影重合，侧面投影只须求出六边形的六个顶点依次连接即可求出。

具体作图步骤如下：

步骤一：求出截平面与棱线交点的侧面投影。由 $1'$、$2'$、$3'$、$4'$、$5'$、$6'$ 以及 1、2、3、4、5、6，求出 $1''$、$2''$、$3''$、$4''$、$5''$、$6''$；

步骤二：依次连接交点，即得截交线的侧面投影。

步骤三：补全其他轮廓线，完成侧面投影，如图 3-5（b）所示。

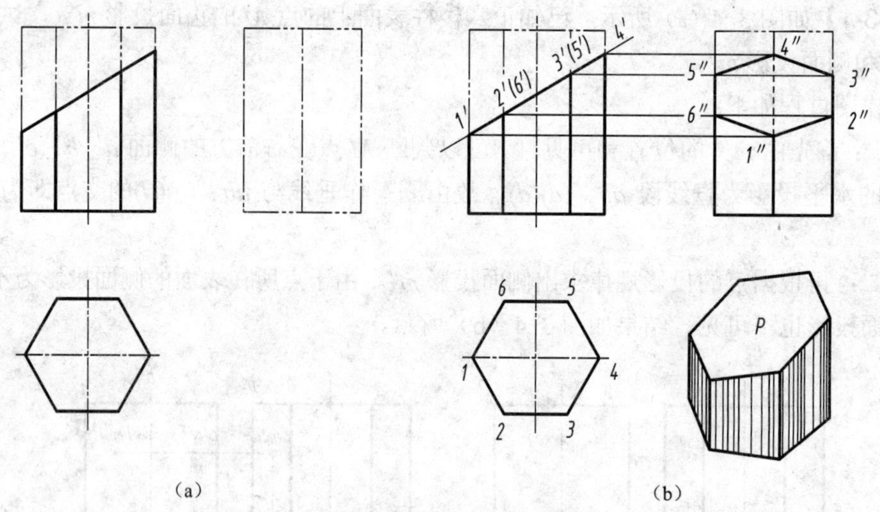

(a)　　　(b)

图 3-5　正六棱柱截切

【例 3-3】如图 3-6 所示，已知正四棱柱被截切后的两面投影，补齐水平投影并求其侧面投影。

分析：四棱柱的上部被一个正垂面和一个侧平面所截切，因四棱柱的四个棱面均垂直于水平面，截平面与棱线的交点均在棱面的投影上。此题还应作出两截平面的交线 *AB* 的投影。

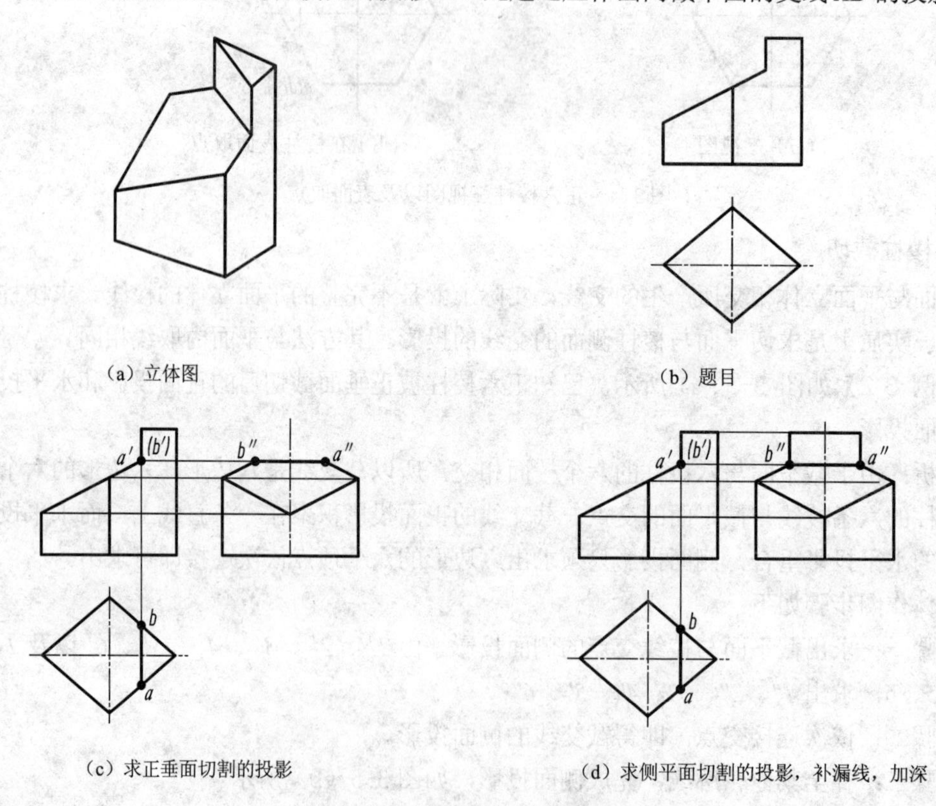

(a) 立体图　　　(b) 题目

(c) 求正垂面切割的投影　　　(d) 求侧平面切割的投影，补漏线，加深

图 3-6　求正四棱柱被截切后的投影

具体作图步骤如下：

步骤一：画出四棱柱的侧面投影。

步骤二：求出正垂面截平面切割四棱柱产生的侧面投影为五边形，顺次找点，连接。即得第一条截交线的侧面投影，如图 3-6（c）所示。

步骤三：求出侧平面截平面切割四棱柱产生的侧面投影为四边形，顺次找点，连接。即得第二条截交线的侧面投影，如图 3-6（d）所示。

步骤四：补全其他轮廓线，完成侧面投影。

3.1.5 尺寸标注

1. 未被截切的棱柱尺寸标注

除标注高度外，还需要标注底面正多边形的外接圆直径或对边距，如图 3-7 所示。但对边距和外接圆的直径只能标注一个。

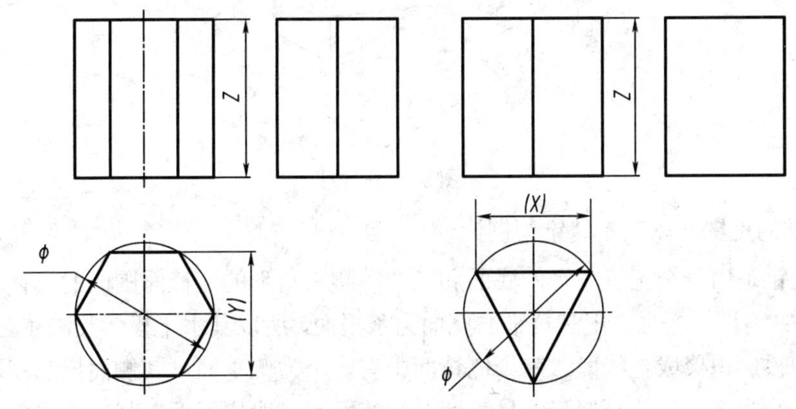

图 3-7 棱柱尺寸标注

2. 截切棱柱的尺寸标注

除上述尺寸标注外，应再标注切口的大小和位置尺寸，如图 3-8 所示。

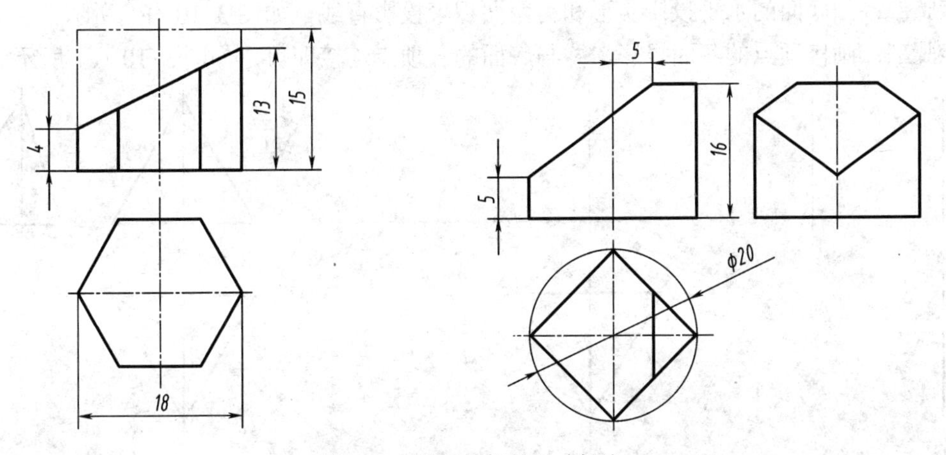

图 3-8 截切棱柱的尺寸标注

3.2 棱锥投影及截切

3.2.1 棱锥的组成

棱锥是由一个多边形的底面以及几个具有公共顶点的三角形棱面围成图 3-9 的三棱锥。

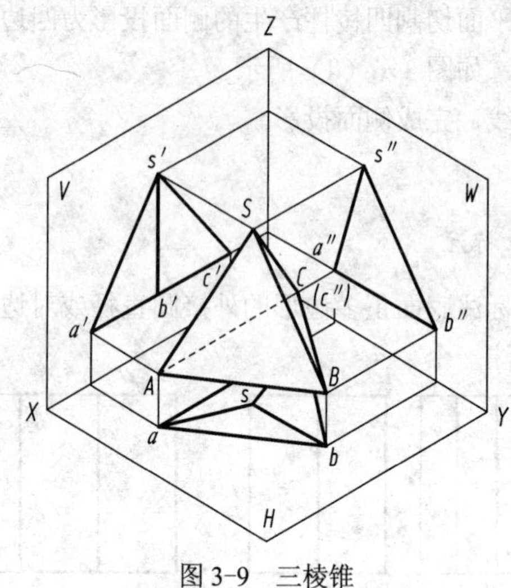

图 3-9 三棱锥

3.2.2 棱锥的投影（以正三棱锥为例）

正三棱锥是由一个正三角形的底面和三个等腰三角形的侧棱面围成的立体。如图 3-9 所示，其表面共有四个平面，正三棱锥的底面为水平面，所以其水平投影反映正三角形的实形，另两个面的投影积聚成直线段。三个侧棱面中有一个为侧垂面，其侧面投影积聚为直线，另两个面的投影为三角形的类似形；另外两个侧棱面为一般位置面，其三个投影均为三角形的类似形。

具体作图步骤如下：

步骤一：画出三棱锥各投影的对称线及定位线，如图 3-10（a）所示。

步骤二：画底面的水平投影实形和另两面积聚投影直线，如图 3-10（b）所示。

步骤三：画棱顶点的各面投影，并与底面的各顶点连接即可，如图 3-10（c）所示。

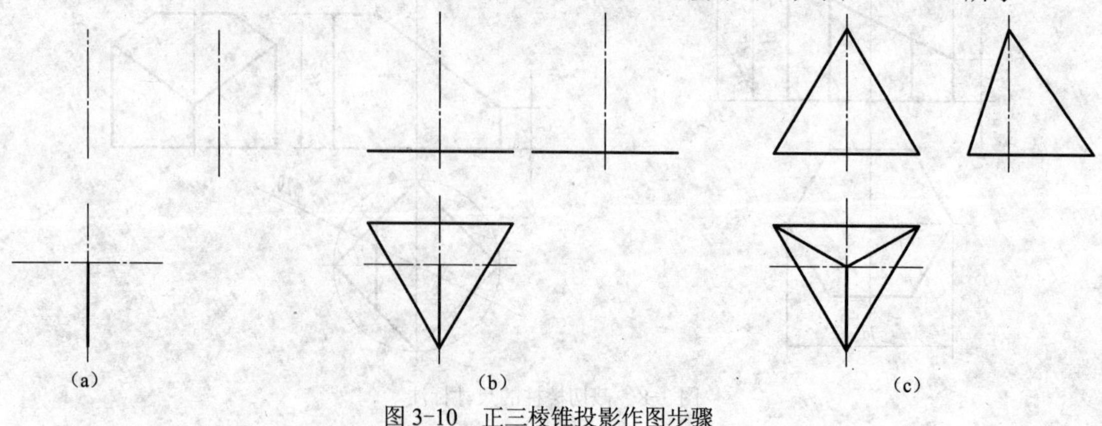

图 3-10 正三棱锥投影作图步骤

3.2.3　三棱锥表面取点

与棱柱不同，棱锥表面的各平面不一定都是特殊位置平面，所以，求属于棱锥表面的点的投影时，首先要判断点所在的棱锥表面的空间位置。若点属于特殊位置平面，求其投影时利用平面投影的积聚性；若点属于一般位置平面，则利用点属于平面的条件，通过作辅助线的方法求其投影。

如图 3-11 所示，正三棱锥的表面求点，具体作图步骤如下：

步骤一：连接 s' m' 并延长，与 $a'c'$ 交于 $2'$。

步骤二：在投影 ac 上求出Ⅱ点的水平投影 2。

步骤三：连接 $s2$，即求出直线 SII的水平投影。

步骤四：根据在直线上的点的投影规律，求出 M 点的水平投影 m。

步骤五：再根据知二求三的方法，求出 m''。

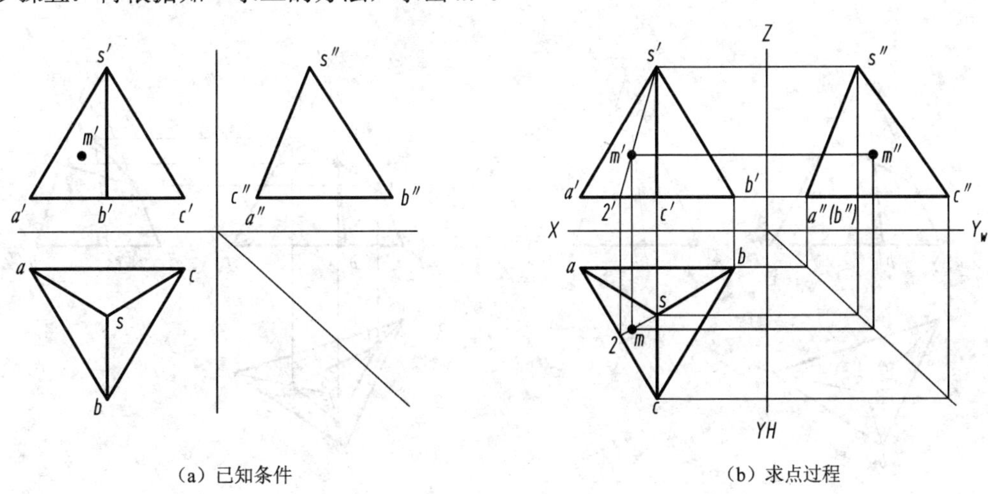

（a）已知条件　　（b）求点过程

图 3-11　正三棱锥的表面求点

3.2.4　棱锥截切

方法同棱柱截切，均属于平面内取线的问题。

【例 3-4】如图 3-12（a）所示，三棱锥被一正垂面截切，已知正向投影如图 3-12（b）所示，完成其水平投影和侧面投影。

分析：截平面与三个棱面相交，所得截交线组成三角形。截平面是正垂面，所以截交线的正面投影有积聚性，可直接确定三角形的三个顶点的正面投影。三个顶点在对应的棱线上，根据点的投影规律，可以求出这三个顶点的另外两个投影。连接三顶点的同面投影，可得截交线的水平投影和侧面投影。作出立体的截交线后，还要判别可见性，补全立体的轮廓。不可见的交线和棱线等应画成虚线，切掉部分的线不应再画。有时为表示整体轮廓，可以用双点画线表示被切去的部分。

求三棱锥的截交线，具体作图步骤如下：

步骤一：I 点在 SA 上，$1'$ 已知，长对正，直接在俯视图上求得 1。

步骤二：II点在 SB 上，$2'$ 已知，长对正，直接在俯视图上求得 2。

步骤三：点 *III* 在 *SC* 上，*3′* 已知，长对正，直接在俯视图上求得 *3*。

步骤四：再根据知二求三的方法，求出 *1″*、*2″*、*3″*。

步骤五：将 *1*、*2*、*3* 和 *1″*、*2″*、*3″*依次相连，完全各平面的投影，如图 3-12（c）所示。

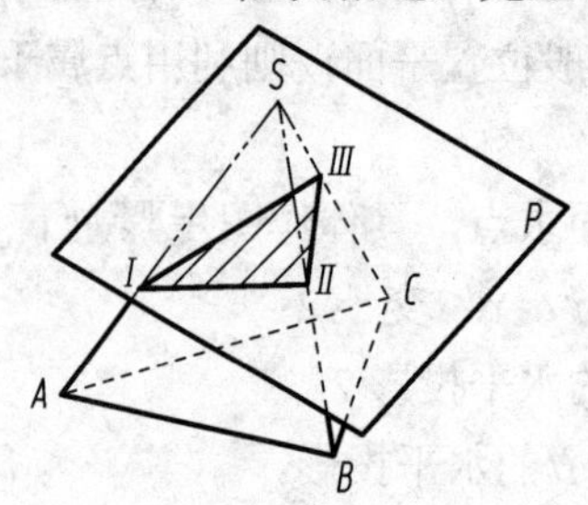

（a）立体图

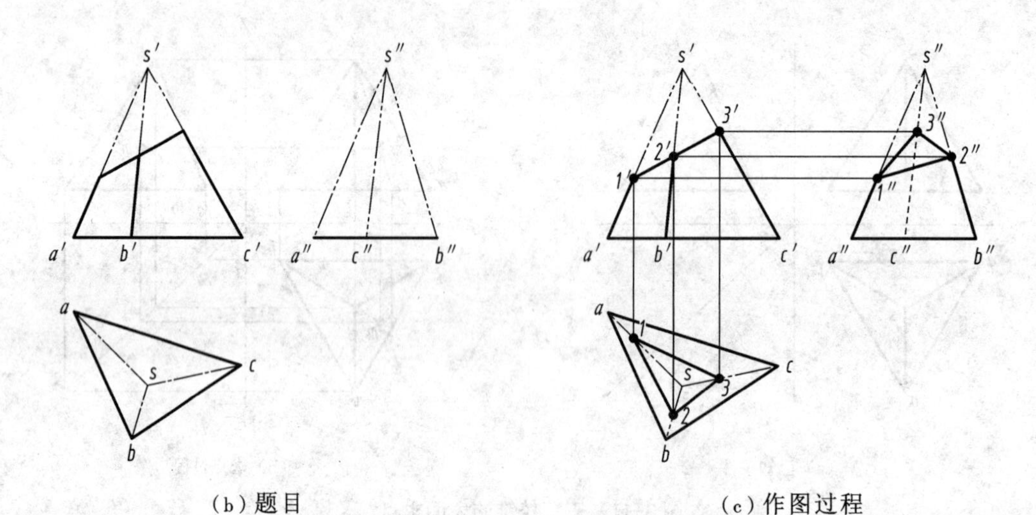

（b）题目　　　　（c）作图过程

图 3-12　求三棱锥被一正垂面截切后的投影

3.2.5　尺寸标注

未被截切的棱锥尺寸标注：应标注底平面形状大小的尺寸和高度尺寸，如图 3-13 所示。

截切的棱锥尺寸标注：除上述尺寸标注外，应再标注切口的大小和位置尺寸，如图 3-14 所示。

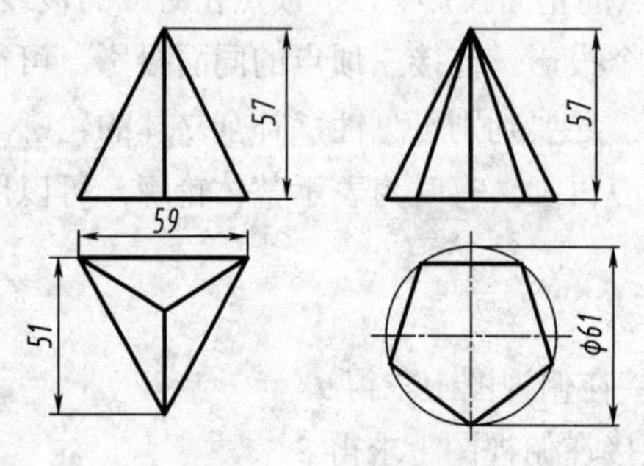

图 3-13　未被截切的尺寸标注棱锥的尺寸标注

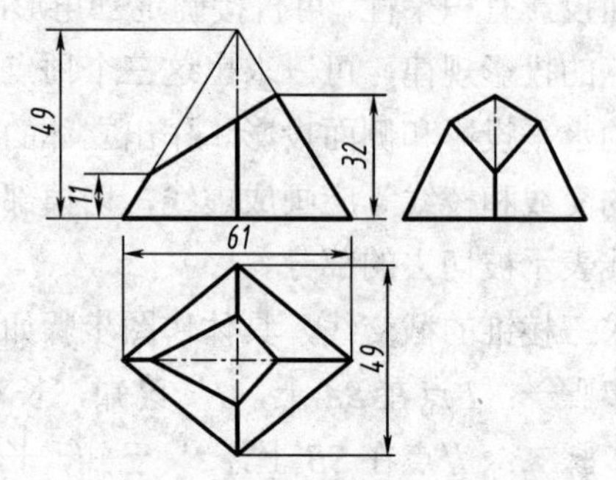

图 3-14　截切棱锥的尺寸标注

3.3　圆柱投影及截切

回转体由回转面或回转面与平面围成，因此，绘制回转体的投影时，一般应画出回转面各方向转向轮廓线的投影和回转轴线的投影。转向轮廓线就是从某一投影方向上观察回转体时可见与不可见的分界线。

3.3.1　圆柱体的形成

圆柱体是由圆柱面、顶面和底面围成，如图 3-15 所示。圆柱面是由一条母线绕与其平行的轴线旋转而成。圆柱面上任意一条平行于轴线的直线，称为圆柱表面的素线。

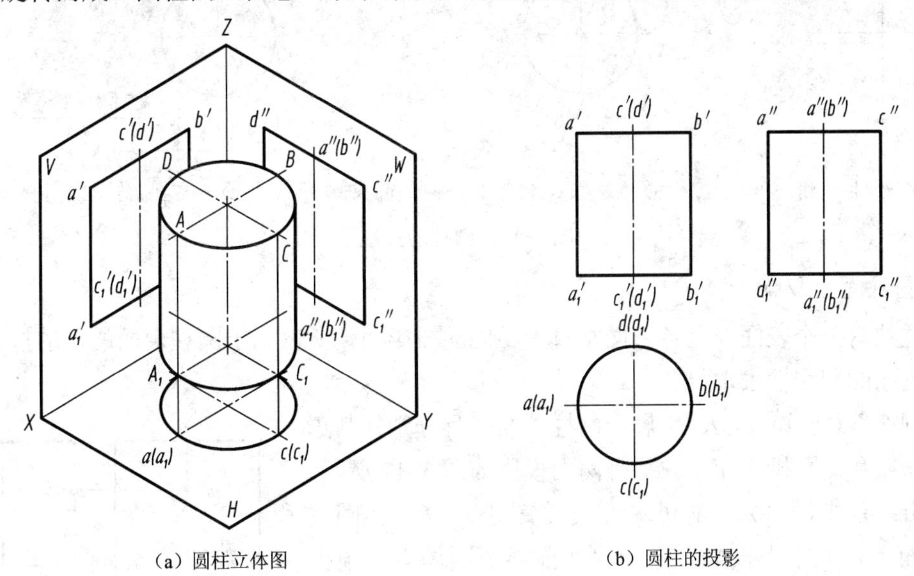

（a）圆柱立体图　　（b）圆柱的投影

图 3-15　圆柱

3.3.2　圆柱体的投影

1. 投影分析

如图 3-15（a）、（b）所示，圆柱的顶面和底面均为水平面，其水平投影反映底圆实形，正面投影和侧面投影均积聚为平行于相应投影轴的直线段，且直线段的长度反映顶圆和底圆的直径。

圆柱面因其轴线为铅垂线，故圆柱面为铅垂面，其水平投影积聚为一个圆，且与顶圆、底圆平面轮廓线的投影圆周重合。圆柱面上的所有素线均为铅垂线，其水平投影积聚为点，且落在圆柱面的积聚投影圆周上。圆柱面的侧面投影和正面投影为大小相等的矩形，矩形的两条竖直线分别为圆柱表面最前、最后素线和最左、最右素线的投影，它们的水平投影分别落在圆周的四个象限点上。

2. 作圆柱的投影

具体作图步骤如下：

步骤一：画圆柱水平投影的中心线和正面投影、侧面投影圆柱的轴线，如图 3-16（a）所示。

步骤二：画最左、右素线和上下两底面的三个投影，如图 3-16（b）所示。

步骤三：画最前、后素线的投影。检查加深，如图 3-16（c）所示。

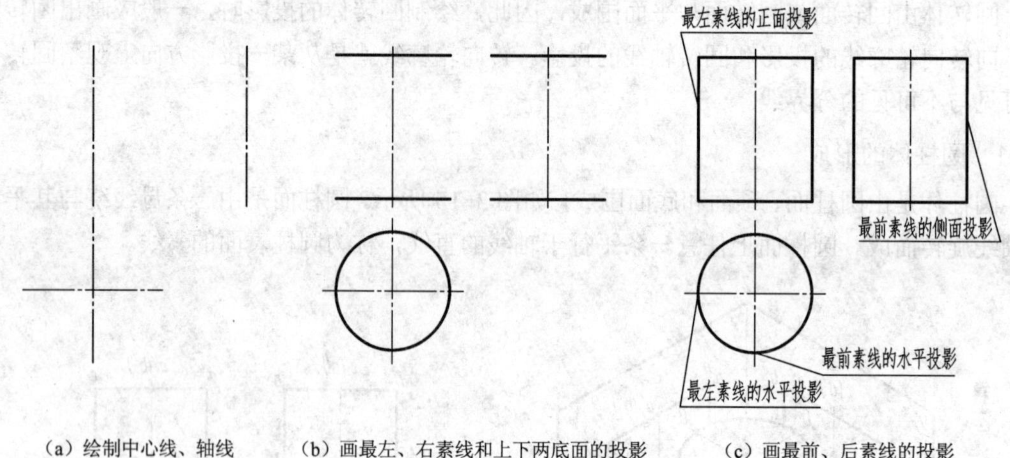

（a）绘制中心线、轴线　（b）画最左、右素线和上下两底面的投影　（c）画最前、后素线的投影

图 3-16　圆柱的投影

3.3.3　圆柱面上取点

圆柱共有三个表面，且各表面垂直于不同的投影面，所以属于圆柱表面的点的投影，可利用其表面的积聚性去求得。

【例 3-5】已知点 *M*、*N* 属于圆柱表面，且分别知其正面投影 m' 和侧面投影 n''，求另外两面投影如图 3-17 所示。

分析：首先，由 m' 的可见性及位置可知 *M* 点在圆柱的左前面上，其水平投影一定积聚在前半个圆周上，根据点的投影特性求出的侧面投影为可见；由于 n''在最后轮廓线上，故其正面投影应落在轴线上，水平面投影在最后象限点上。

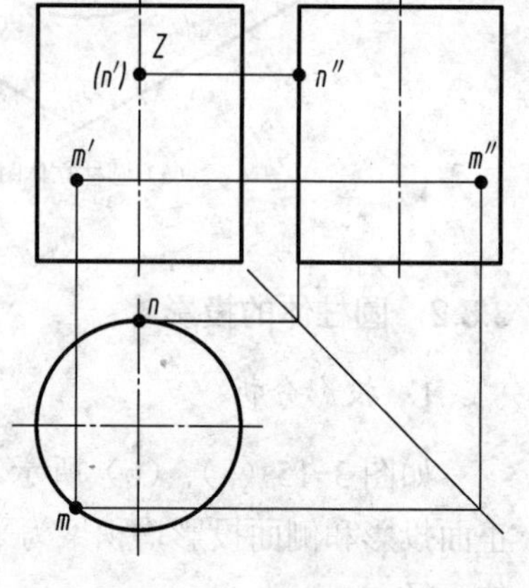

图 3-17　圆柱表面取点

具体作图步骤如下：

步骤一：过 m' 作直线长对正，水平投影一定积聚在前半个圆周上，从而求出 *m*。

步骤二：由 m' 和 *m* 求出 m''，m''在左半圆柱上，可见。

步骤三：n''在最后轮廓线上，其正面投影应落在轴线上，，从而求出 n'，在后半圆柱上，主视图上不可见。

步骤四：由 n''和 n' 求出 *n*，在后半圆柱上，俯视图可见。

3.3.4　圆柱截切

圆柱被截平面截切后，其截交线为一封闭的平面图形。根据截平面与圆柱轴线的相对位置（平行、垂直、倾斜）不同，该截交线的平面图形分为矩形、圆、椭圆三种情况，如表 3-1 所示。

表 3-1 圆柱的截交线

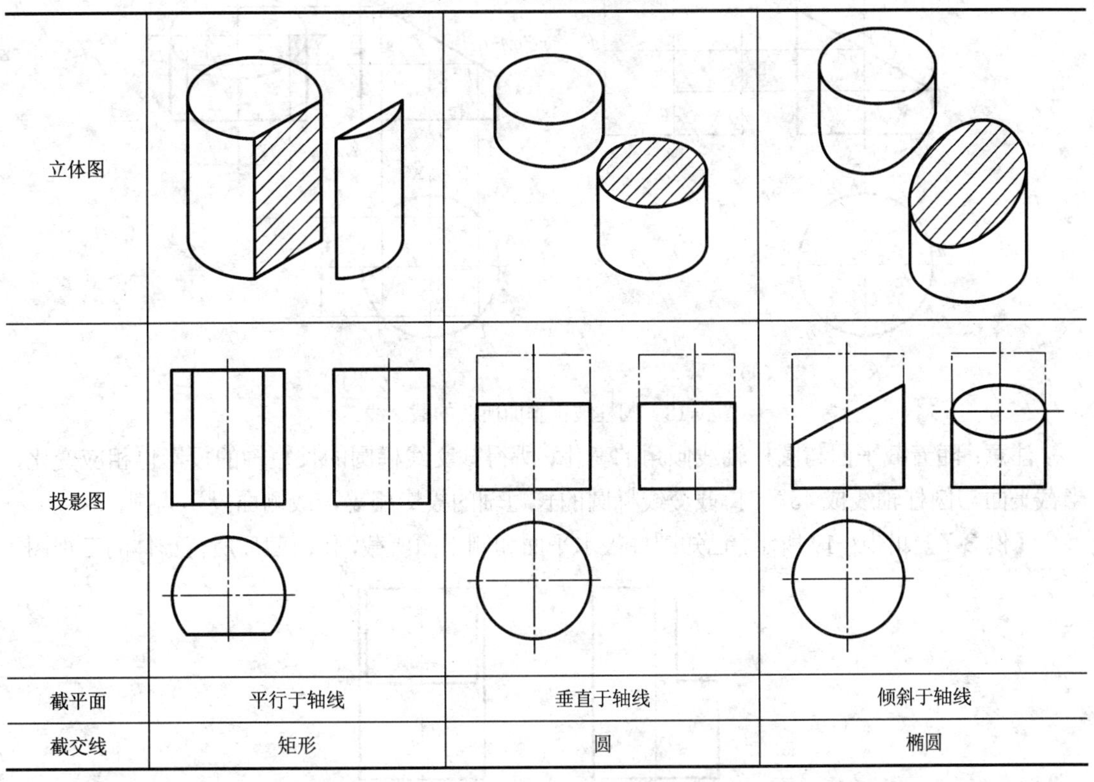

立体图			
投影图			
截平面	平行于轴线	垂直于轴线	倾斜于轴线
截交线	矩形	圆	椭圆

当截交线为矩形或圆时，可利用平面投影的积聚性直接求得；当截交线为椭圆时，需利用圆柱表面的积聚性求出椭圆上若干个点的投影，然后连点成线，即为椭圆的投影。

【例 3-6】如图 3-18 所示，已知圆柱被正垂面所截，作出截后所得形体的左视图，求圆柱被正垂面所截的截交线。

分析：该形体可看成为圆柱被平面截去一部分后形成的。截平面与圆柱的轴线倾斜，可知，截交线为椭圆。截交线的正面投影重合在由表平面的正面投影上；截交线的水平投影重合在圆柱面的水平投影上；截交线的侧面投影为椭圆。

具体作图步骤如下：

步骤一：画出完整圆柱的左视图，如图 3-18（a）所示。

步骤二：求特殊点。在主视图中找出截交线上的特殊点，最低、最高点 a' 、b' （同时也是最左、最右点），最后、最前点 c' 、d' 。由于 A、B 两点分别在圆柱的正面投影转向轮廓线上，故 a''、b''在侧面投影的中心线上，c''、d''两点分别在圆柱的侧面投影转向轮廓线上，如图 3-18（a）所示。

步骤三：求一般点。为了准确作出截交线的侧面投影，还应该找出适当数量的一般点，如 I、II、III、IV 点。利用表面取点法可求得它们的侧面投影 $1''$、$2''$、$3''$、$4''$，如图 3-18（b）所示。

步骤四：将 a''、$1''$、d''、$3''$、b''、$4''$、c''、$2''$顺序光滑连接。

步骤五：补全轮廓，擦去多余图线，如图 3-18（b）所示。

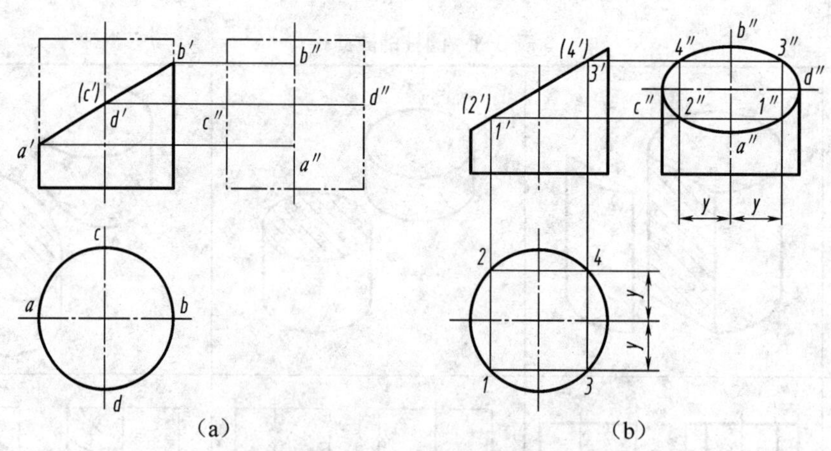

图 3-18　圆柱被正垂面所截的截交线

注意：随着截平面与圆柱轴线倾角的变化，所得截交线椭圆的长短轴的投影也相应变化，当截平面与圆柱轴线成 45° 时，截交线椭圆的长短轴的投影相等，故侧面投影为圆。

【例 3-7】如图 3-19 所示，已知圆柱被水平面和侧平面所截，作出截后所得形体的三视图。

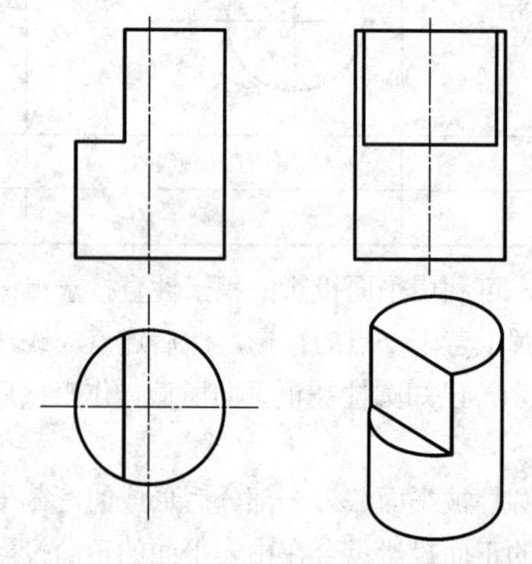

图 3-19　圆柱被水平面和侧平面所截的截交线

分析：该形体可看成为圆柱被平面截去一部分后形成的。截平面与圆柱的轴线平行、垂直，可知，截交线为矩形和圆。

具体作画图步骤如下：

步骤一：先画出圆柱体的投影。

步骤二：再画切角的投影。切角的投影要先画主视图，再画俯视图，最后画左视图。

步骤三：画矩形切槽的投影。矩形切槽的投影要先画左视图，再画俯视图，最后画主视图。

步骤四：整理轮廓线，将切去的轮廓线擦除。

【例 3-8】如图 3-20 所示，已知圆柱被正垂面和侧平面所截，作出截后所得形体的三视图。

分析：基本形体为圆柱体，用一个水平面和正垂面切去一角，水平面和柱面的交线为线段，截断面形状为矩形，正垂面和柱面的交线为椭圆弧，如图 3-20 所示。

具体作图步骤如下：

步骤一：先画出圆柱体的投影。

步骤二：再根据模型（或立体图），在主视图上确定截断面的投影。矩形截断面的左视图为直线，椭圆弧截交线的左视图为圆弧。

步骤三：椭圆弧的俯视图仍为椭圆弧。若用仪器画图，可先求出截交线上的特殊点（转向轮廓线上的点和曲线段的端点），再求些一般点，利用对称性求出对称点，然后用曲线板光滑连接各点。

步骤四：整理轮廓线。

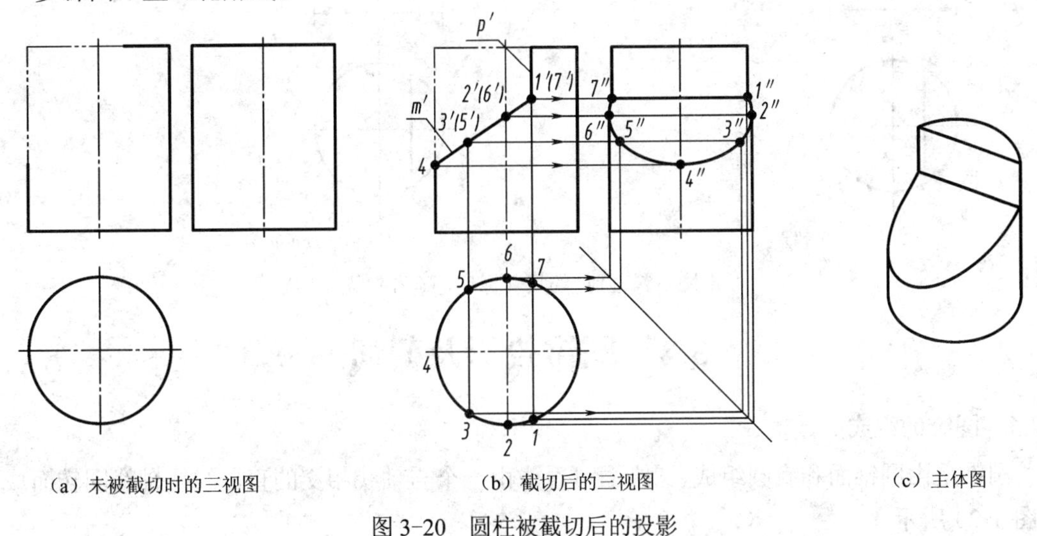

（a）未被截切时的三视图　（b）截切后的三视图　（c）主体图

图 3-20　圆柱被截切后的投影

3.3.5　尺寸标注

未被截切的圆柱需注出其底圆直径和柱高，如图 3-21（a）所示。

被截切的圆柱除注出其底圆直径和柱高外，还需注出截交线的位置尺寸，如图 3-21（b）所示。

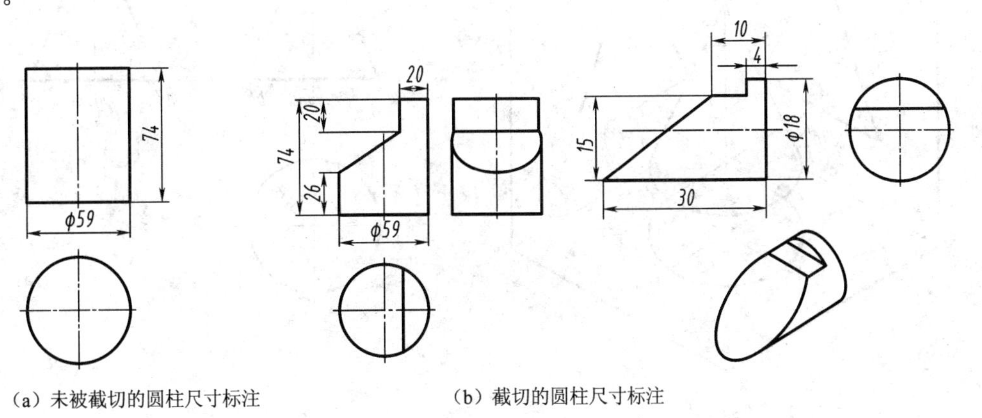

（a）未被截切的圆柱尺寸标注　（b）截切的圆柱尺寸标注

图 3-21　圆柱的尺寸标注

如图 3-22 所示，分别列出了圆柱被截切的正确和错误尺寸标注。

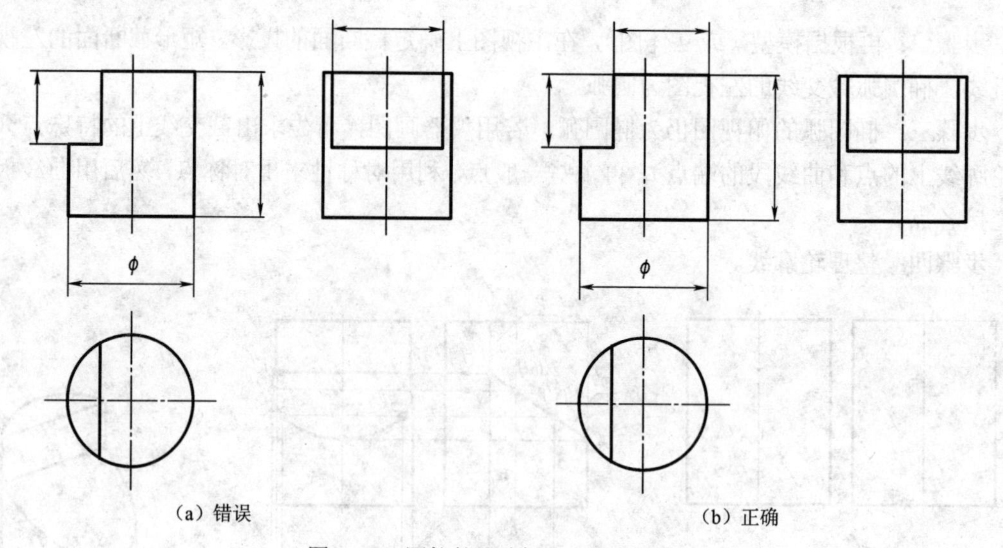

图 3-22　圆柱的尺寸标注正确和错误

3.4　圆锥投影及截切

3.4.1　圆锥的组成

圆锥是由圆锥面和底圆组成，圆锥面可看成由一个与轴线相交的直母线绕轴线回转而成，如图 3-23 所示。

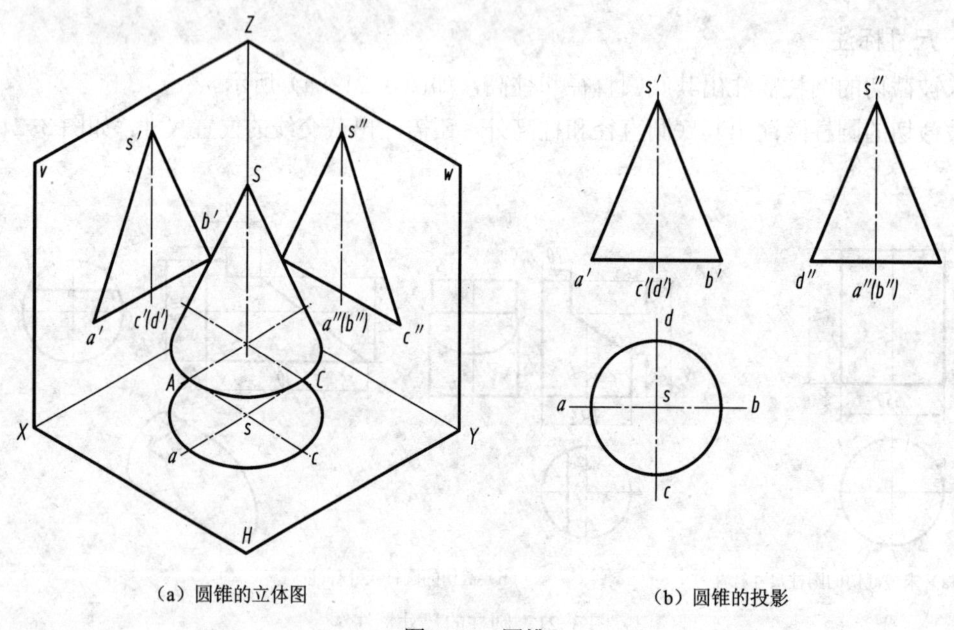

图 3-23　圆锥

3.4.2　圆锥的投影

1. 投影分析

如图 3-23（a）所示，圆锥的底圆平面为水平面，其水平投影反映底圆实形，正面投影和侧面投影均积聚为平行于相应投影轴的直线段，且直线段的长度反映底圆的直径。

圆锥面由于无积聚性，其水平投影与底圆平面的水平投影重影；正面投影和侧面投影为大小相等的等腰三角形，等腰三角形的两腰分别为圆锥表面最左、最右素线和最前、最后素线的投影，它们的水平投影分别落在底圆投影的十字中心线上。

由圆锥的投影可知，其投影特征是：一个投影为圆，其余投影为相等的等腰三角形。

2. 作圆锥的投影

具体作图步骤如下:

步骤一：画出圆的中心线和圆锥的轴线，以确定各投影图的位置，如图 3-24（a）所示。

步骤二：画出底圆平面的三个投影，如图 3-24（b）所示。

步骤三：画出最左、最右素线的正面投影和最前、最后素线的侧面投影，如图 3-24（c）所示。

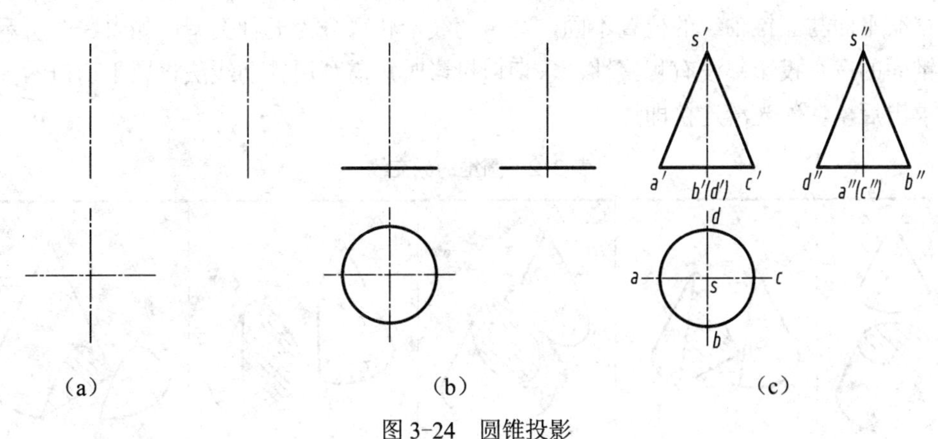

图 3-24　圆锥投影

3.4.3　圆锥表面取点

圆锥表面共有两个面，若点在底圆平面上，可利用其积聚性的特点求出点的投影；若点在圆锥面上，由于圆锥表面的投影无积聚性，则要用辅助线的方法求得点的投影。

方法一：素线求点法

如图 3-25（a）所示，点 A 的正面投影（a'）给定，因为 a' 不可见，所以 A 点应该在圆锥面上的左后方。过 a' 在锥面上做素线 SB 的正面投影 $s'b'$，再由 $s'b'$ 作出水平投影 sb 和侧面投影 $s''b''$，最后根据直线上的点的投影规律，作出 a、a' 。因为点 A 在圆锥面的左后方，所以 a、a''均可见。

方法二：纬线圆求点法

如图 3-25（b）所示，点 A 的正面投影 a' 给定，因为 a' 不可见，所以 A 点应该在圆锥面上的左后方。作图方法是：在过点 A 在圆锥面上作垂直于轴线的水平辅助纬线圆，此圆的正面投影积聚成一条直线，水平投影为圆，利用这个辅助纬线圆，由 a' 求出 a，再由 a' 、a 作出 a''。因为点 A 在圆锥面的左后方，所以 a、a''均可见。

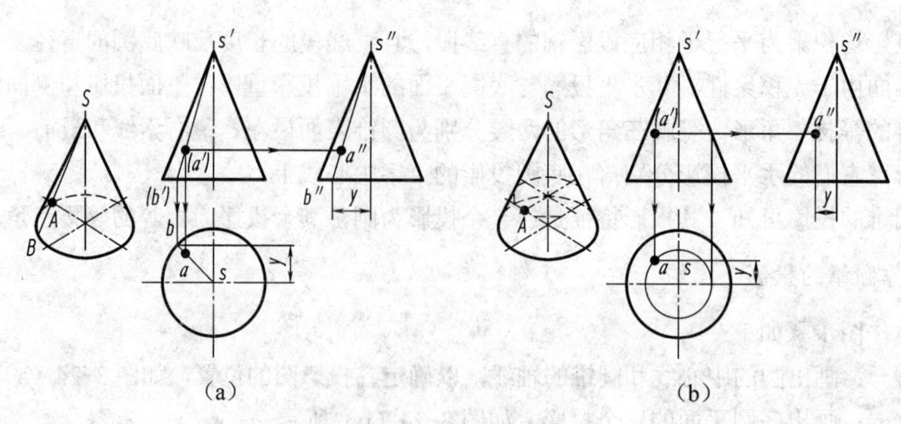

图 3-25 圆锥表面取点

3.4.4 圆锥截切

根据截平面与圆锥轴线的位置不同，其截切线形状可分为五种类型，如表 3-2 所示。

圆锥面的三个投影都没有积聚性，求切口投影时，需利用辅助线法将属于切口的多个点的投影求出后，依次光滑连接即可。

表 3-2 圆锥的截交线

立体图					
投影图			α θ	θ α	α θ
截平面	垂直于轴线	过锥顶	倾斜于轴线 且 $\theta>\alpha$	倾斜于轴线 且 $\theta=\alpha$	倾斜于轴线 且 $\theta<\alpha$
截交线	圆	三角形	椭圆	抛物线	双曲线

【例 3-9】 如图 3-26 所示，已知圆锥被正平面所截，补全作出截后所得形体的主视图。

形体分析：该形体可看成圆锥由平面截去一部分后形成的。截平面与圆锥面的轴线平行，由表 3-2 可知，截交线为双曲线。截交线的水平投影积聚在截平面的水平投影上；截交线的正面投影为双曲线（反映实形）。

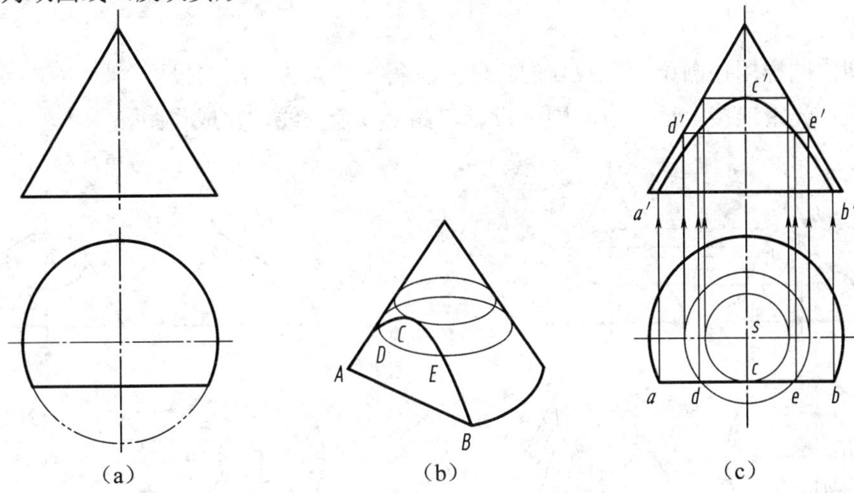

图 3-26　补全切口圆锥的主视图

具体作图步骤如下：

步骤一：在俯视图中标出截交线上的特殊点，两最低点 a、b（同时也是最左、最右点）和最高点 c。由于 A、B 两点分别在圆锥的底圆上，故可由 a、b 在底圆的正面投影上作出 a'、b'，如图 3-26（c）所示。

步骤二：点 C 在圆锥的最前轮廓素线上，利用圆锥面上通过点 C 的水平圆作为辅助线，可求出点 C 的正面投影 c'。c' 点的求法如图 3-26（c）所示，在俯视图中，以 sc 为半径作水平圆的水平投影，利用水平圆与圆锥最左、最右轮廓素线交点的水平投影，在最左、最右轮廓素线的正面投影上作出这两个交点的正面投影，即可作出水平圆的正面投影，从而求得 c'。

步骤三：在截交线的水平投影适当位置上，标出两个一般点，仍然可以利用求 c' 的方法求出一般点 D、E 的正面投影 d'、e'（辅助线水平圆的半径为 sd）。

步骤四：顺序光滑连接点，即得截交线的正面投影。

【例 3-10】如图 3-27 所示，已知圆柱被正垂面所截，作出截后所得形体的左视图。

分析：

该形体可看成圆锥由平面截去一部分后形成的。截平面与圆锥面的轴线倾斜，由表 3-2 可知，截交线为椭圆。截交线的正面投影积聚在截平面的正面投影上；截交线的水平投影、侧面投影为椭圆。

由截平面 Q 的位置可知，其截交线的 V 投影积聚在一条直线上，H 和 W 的投影为椭圆。为此，先求出椭圆的长、短轴的端点和曲面投影转向轮廓线上的点，再求一些一般点，然后将曲线光滑连接。

具体作图步骤如下：

步骤一：A、B 是截平面与圆锥最左、最右轮廓素线上的交点，其 V 投影 a'、b' 在正视转向轮廓线上，据此可求得 a、b 和 a''、b''；

步骤二：主视图上 AB 的中点 c'、d' 为椭圆另一轴的两个端点，可用辅助纬圆法求得其 H 和 W 投影 c、d 和 c''、d''；

步骤三：在主视图上，e'、f' 为圆锥最前、最后轮廓素线上的点，按投影关系求得 e、f 和 e''、f''；

步骤四：同样用在圆锥面上找点的方法，求得一般点 K、H 的投影。

步骤五：光滑连接上述各点的同面投影，擦去多余的线，完成作图。

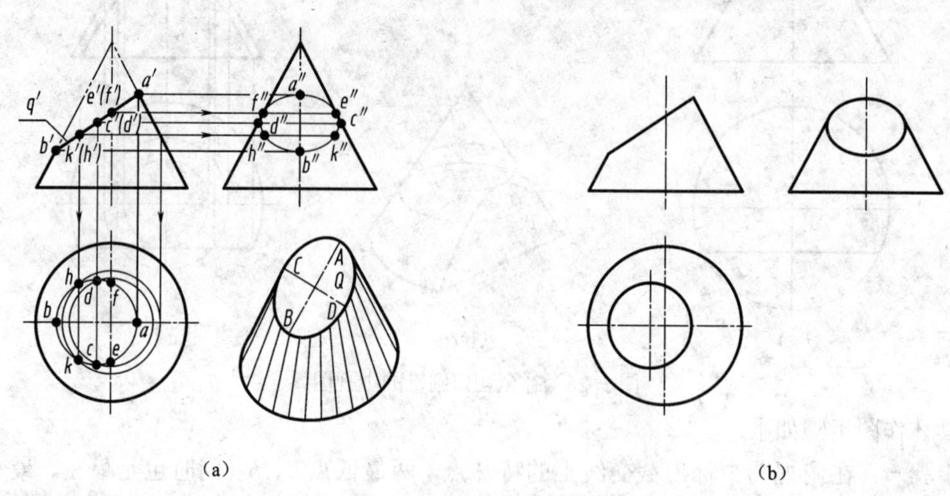

图 3-27 求圆锥被正垂面所截的左视图

3.4.5 尺寸标注

未被截切圆锥需注出其底圆直径和锥高，如图 3-28（a）所示；截切的圆锥除注出其底圆直径和锥高外，还需注出切口的位置尺寸，如图 3-28（b）所示。

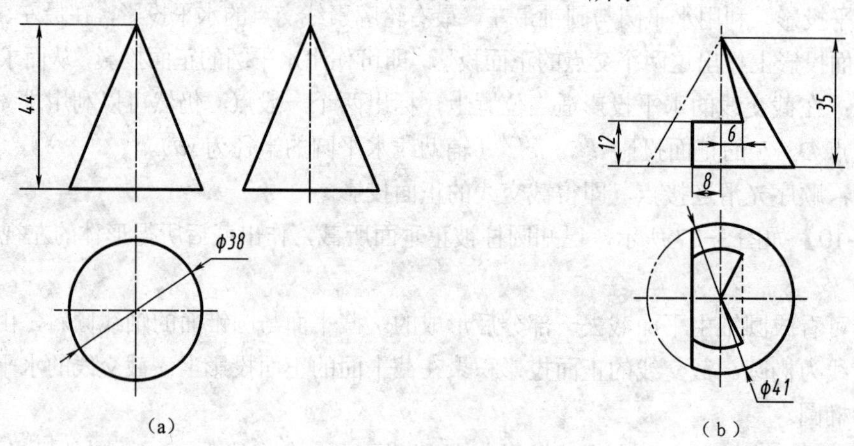

图 3-28 圆锥尺寸标注

3.5 球体投影及截切

3.5.1 球体的形成

球体是由一圆母线绕其直径回转一周而围成的立体，如图 3-29 所示。

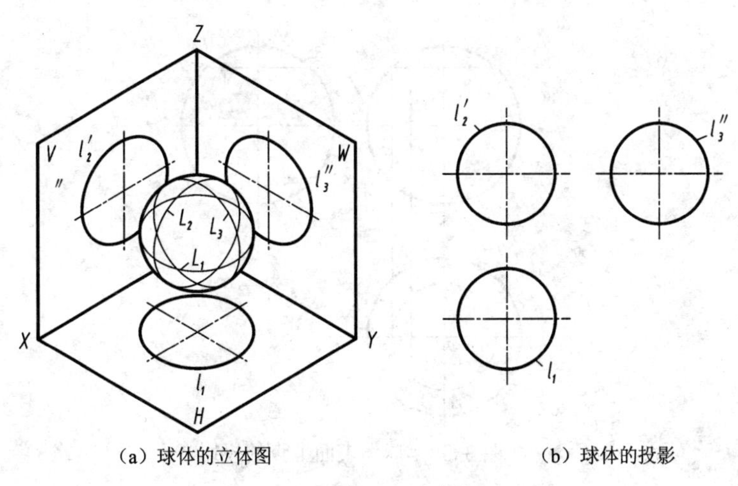

（a）球体的立体图　　（b）球体的投影

图 3-29　球体

3.5.2　球体的投影

1. 投影分析

图 3-29 所示为球体以及其三面投影。球体的表面只有一个面，过球心的直线即为球体的轴线，从任何方向观察，球的轮廓都是圆，并且圆的大小相等。按图 3-30 所示的方向投影，正面投影是前后两个半球体的分界圆的正面投影，该分界圆平行于正平面，是球体正面投影可见与不可见的转向轮廓线；在水平面的投影是上下两个半球体的分界圆的投影，该分界圆平行于水平面，是球体水平投影可见与不可见的转向轮廓线；侧面的投影是左右两个半球体的分界面，该分界圆平行于侧平面，是球体侧面投影可见与不可见的转向轮廓线。

2. 作球体的投影

具体作图步骤如下：

步骤一：画出三个圆的中心线，以确定投影图形的位置，如图 3-29（b）所示。

步骤二：画出球的各分界圆的图形，如图 3-29（b）所示

3. 投影特征

由球体的投影可知，其投影特征：三个投影面的投影都是直径相等的圆。

3.5.3　球体表面取点

由球体投影图特征可知，球体表面的三个投影都没有积聚性，因此可利用辅助圆求点法求属于其表面点的投影。

如图 3-30 所示，点 A 的正面投影 a' 给定，因为 a' 可见，所以 A 点应该在球体面上的前上方。

作图方法：在过点 A 在球体面上作垂直于轴线的水平辅助纬线圆，此圆的正面投影积聚成一条直线，水平投影为圆，利用这个辅助纬线圆，由 a' 求出 a，再由 a' 、a 作出 a'' 。因为点 A 在球体面上的前上方，所以 a 可见；因为点 A 在球体面上的方，所以 a'' 不可见。结果如图 3-30 所示。

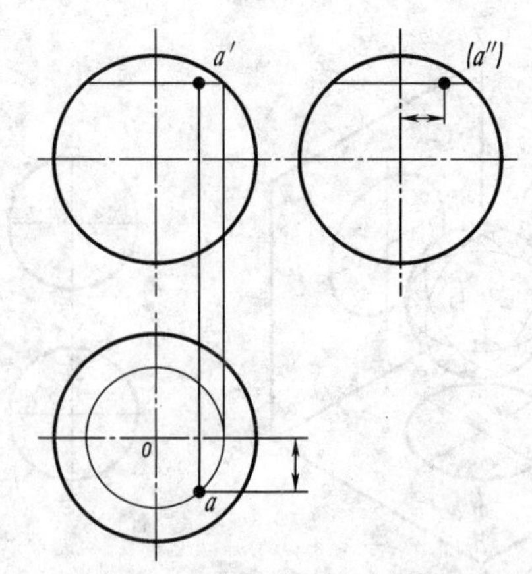

图 3-30　球体表面上点的投影

3.5.4　球体截切

球体被任何位置平面截切，其截切线的形状都是大小不等的圆。当截平面与投影面平行面时，截交线在该投影面上的投影反映真实大小的圆，另外两投影则分别积聚成直线；当截平面与投影面垂直面时，截交线在该投影面上的投影积聚成直线，另外两投影为椭圆；当截平面倾斜于三个投影面时，截交线在空间虽为圆，但三个投影均为椭圆。表 3-3 所示为球体截交线。

表 3-3　球体的截交线

截平面为水平面	截平面为正垂面
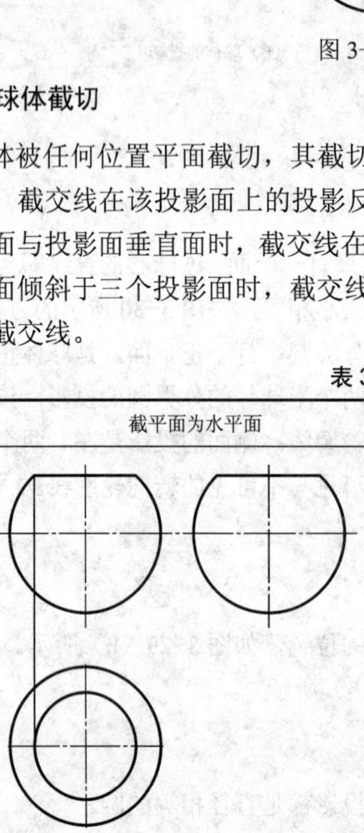	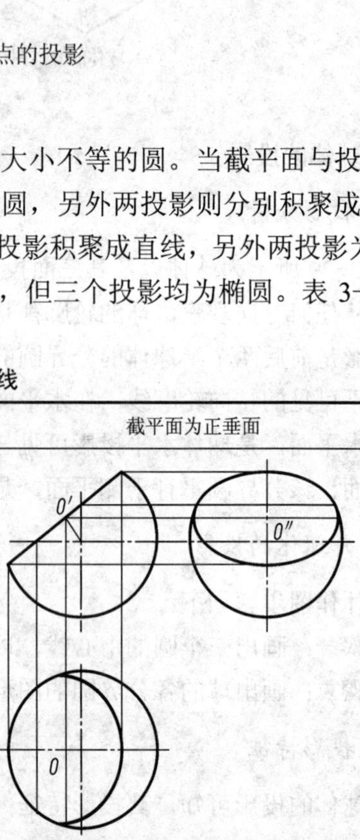 O′ O″ O

【例 3-11】如图 3-31 所示，已知球体截切的主视图，参考立体图补画俯视图和左视图。

分析：半球被侧平面和水平面切割而成的，面上的投影具有积聚性。

具体作图步骤如下：

步骤一：先画出半球没有被截切之前的投影，如图 3-31（b）所示。

步骤二：作侧平面 P 和球面交线圆弧的投影，先画左视图（半径为 R_1 作侧平面，后画俯视图），如图 3-31（c）所示。

步骤三：作水平面 R 和球面交线圆弧的投影，先画俯视图（半径为 R_2，后画左视图）；整理轮廓线，判断可见性，如图 3-31（d）所示。

【例 3-12】如图 3-32 所示，球体被正垂面切割，补画俯视图。

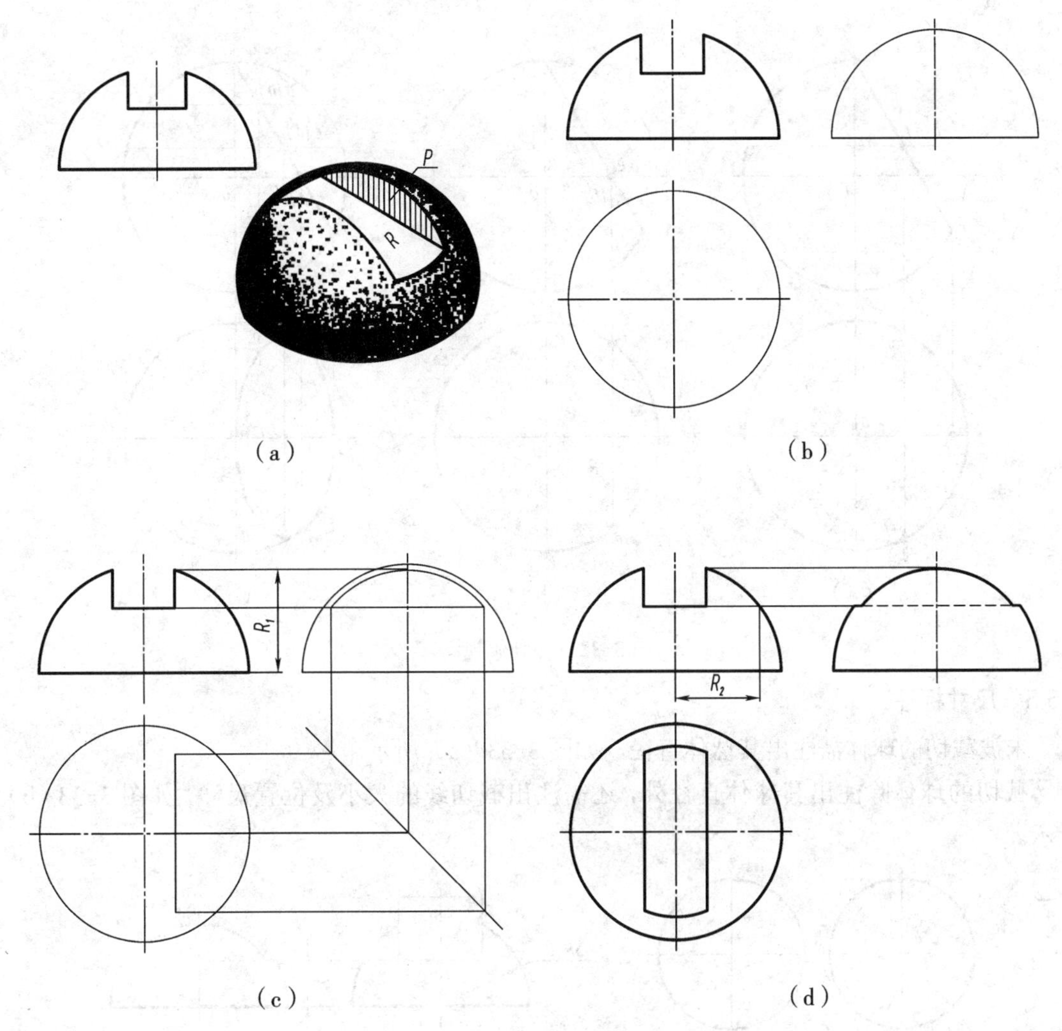

图 3-31 补画俯视图和左视图

分析：球体被正垂面切割，截交线的正面投影积聚成直线，水平投影（侧面投影）为椭圆。

具体作图步骤如下：

步骤一：求特殊点截交线的最低点 A 和最高点 B，也是最左点和最右点，并且是截交线水平投影椭圆短轴的两端点，其正面投影 a' 、b' 是截平面与球的正面投影轮廓线的交点。水平投影 a、b 在中心线上。

步骤二：求特殊点 C、D。a' b' 的中点 c' 、（d' ）是截交线的水平投影椭圆长轴两端点的正面投影，过 c' 或（d' ）作水平圆求得 c、d，如图 3-32（a）所示。

步骤三：求特殊点 E、F。在正面投影上截平面与水平中心线相交处定出 e' （f' ），由 e' 、（f' ）在球面水平投影的轮廓线（即球面的上下分界圆的水平投影）上作出 e、f，即为球面被切割后的水平投影与球的水平转向轮廓线的切点，如图 3-32（b）所示。

步骤四：求中间点。在截交线的正面投影上适当位置定出 g' 、（h' ），作水平圆求得 g、h' ，光滑连接 a、e、c、g、b、h、d、f 即为截交线椭圆的水平投影，如图 3-32（c）所示。

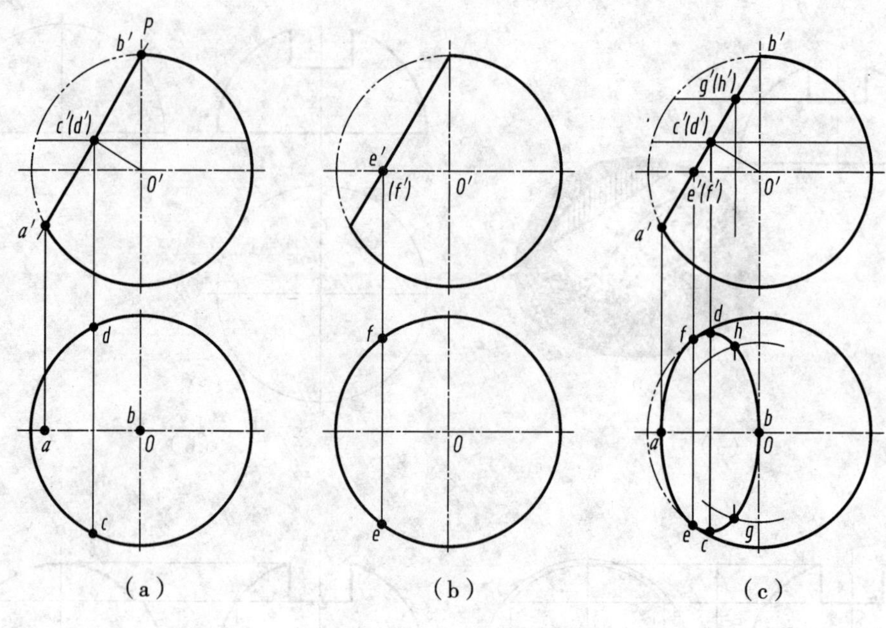

图 3-32　补画俯视图

3.5.5　尺寸标注

未被截切的球体需注出其球体直径，如图 3-33（a）所示。

截切的球体除注出其球体直径外，还需注出截切线的大小及位置尺寸，如图 3-33（b）所示。

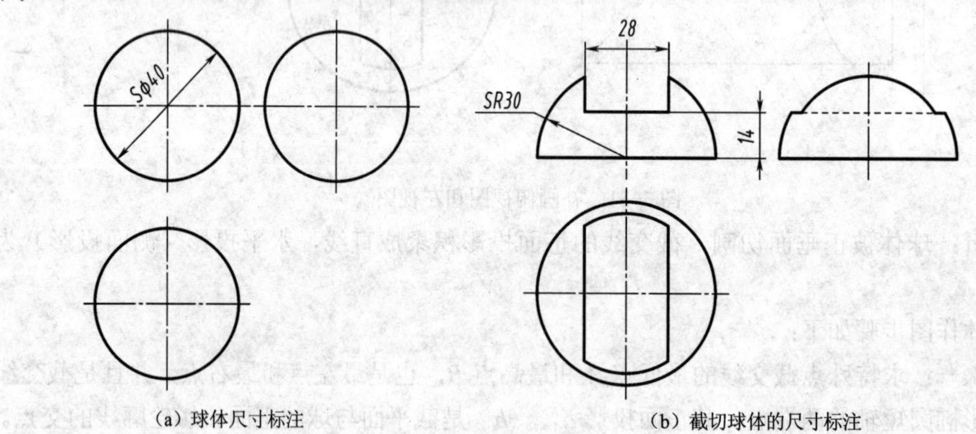

（a）球体尺寸标注　　（b）截切球体的尺寸标注

图 3-33　球体的尺寸标注

项目四 组合体三视图绘制

【**能力目标**】培养学生绘制组合体三视图的能力；能够掌握形体分析法和线面分析法；能够掌握组合体三视图识读的方法和步骤；掌握组合体尺寸的标注。

【**重点难点**】重点是形体分析法和线面分析法。难点是看图，特别对于已知两个视图补画第三个视图的作业，很多同学想象不出物体的形状或者虽然想象出物体的形状，但是却画不出第三视图。主要原因是对形体分析法没有掌握，不会用形体分析法解决问题。要想把尺寸标注完整、合理、清晰，也不是件容易的事情。

【**学习指导**】形体分析法的实质就是将物体按照生成过程分解为一些基本形状，画图时要按照物体的生成过程逐个绘制这些基本形体的视图，还要注意形体和形体之间的关系，如相切、相交等。读图时要忽略一些细节，抓住主要形体，只有想象出主要形体，一些细节才能有依附，有时还要借助线面分析法对一些关键线面作分析，才能正确理解物体的形状。组合体的尺寸也要用形体分析法来标注，先注基本形体的尺寸，再注细节结构的尺寸。

本项目是在学习了空间几何元素和基本几何体投影特性的基础上，研究组合体的组成和分析方法，并讨论组合体视图的画法、尺寸标注和阅读组合体视图的方法。从几何的角度来分析，任何机件都可抽象为组合体，学好本项目，可为绘制和阅读工程图样打下坚实的基础。

4.1 组合体的组合方式和表面连接关系

工程上常见的各种机件，就其几何形状进行分析，一般都可看成是由若干基本几何体以叠加和切割等方式、按某种相对位置关系组合而成的。

4.1.1 组合体的组合方式

组合体有三种组合方式，即叠加式、切割式、综合式。如图 4-1 所示，叠加式即将若干基本形体如同搭积木一样组合在一起；切割式即从一个基本形体中切去若干基本形体以得到一个新的形体。叠加式和切割式是相对而言的，最常见的一种方式是综合式，是叠加和切割的综合运用。

图 4-1（a）为叠加式组合体，可以分解为底板、圆筒、肋板三个部分。

图 4-1（b）为切割式组合体，可以看成是由一长方体在前上方切去三棱柱、上方切去四棱柱、下方挖去立体而成。

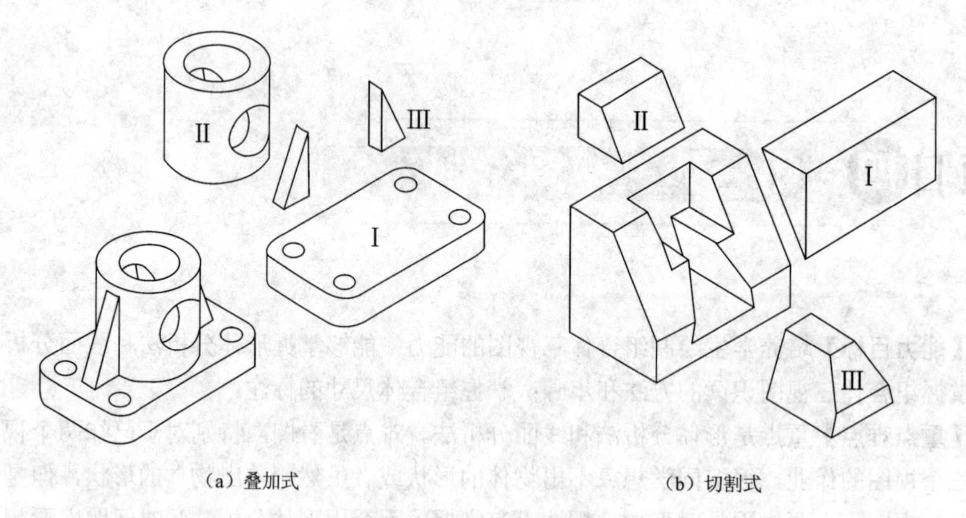

图 4-1 组合体的组合方式

4.1.2 基本形体间的表面连接关系

组成组合体的基本形体间的表面连接关系大致可分为以下四种情况：平齐、不平齐、相切、相交。

1. 平齐

相邻两形体表面平齐，即共面，结合处无分界线，如图 4-2 所示。

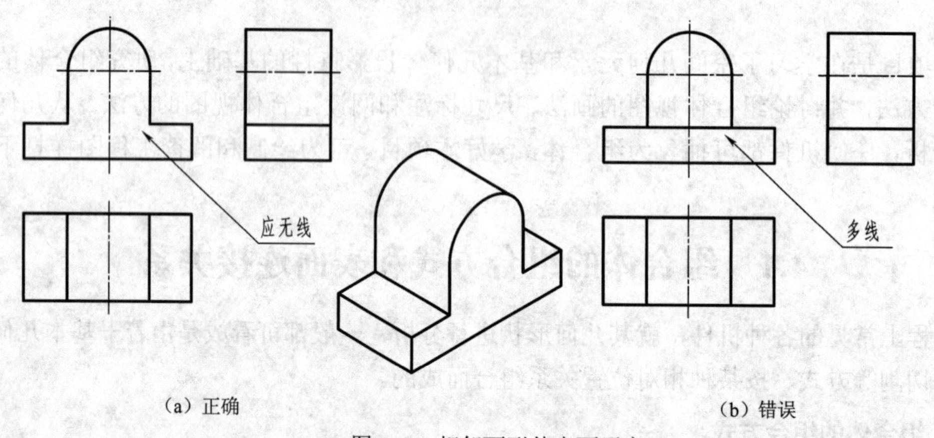

图 4-2 相邻两形体表面平齐

画图特点：拱形体与底板宽度相等，前后面均对齐，合为同一平面，故连接处不应画线。

2. 不平齐

相邻两形体表面不平齐，视图中两形体的分界处应有分界线，如图 4-3 所示。

画图特点：立板与底板前后不平齐，在主视图上应画线。立板与底板左端不平齐，在左视图上应画线

3. 相切

基本形体在通过叠加或切割形成组合体时，若面和面相切，则面的交接处是光滑的，没

有明显的棱线，但存在几何上的切线。切线是两个形体的分界线，画图时要注意画到切点。如图 4-4 所示的立体中，板的侧面和外圆柱面相切，所以在主视图和左视图上均需画到切点。

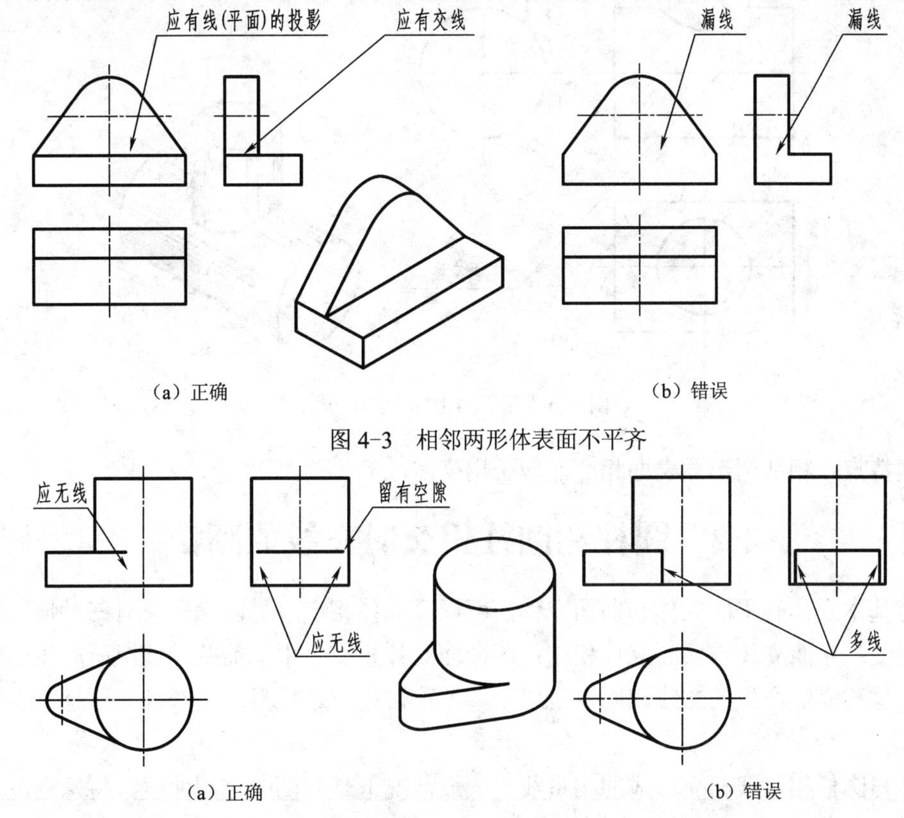

图 4-3　相邻两形体表面不平齐

图 4-4　相邻两形体表面相切

画图特点：底板前后两侧面与圆柱外表面相切，在相切处不应画线。画图时，先在 H 投影中求出斜线与圆周的切点，再求出切点的 V 投影和 W 投影。

4. 相交

两立体相交在两立体表面所产生的交线称为相贯线。两形体表面相交，在相交处应有表面交线，常见的表面交线如图 4-5、图 4-6 所示，其中图 4-6 交线的画法在下节具体讲解。

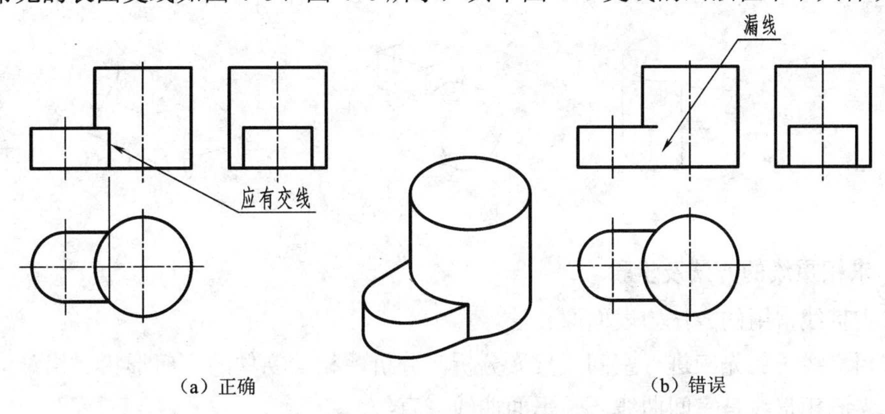

图 4-5　相邻两形体表面相交之一

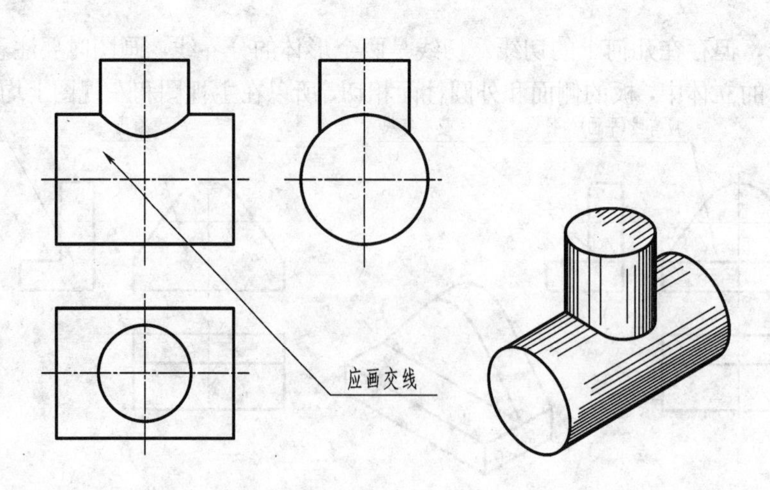

图 4-6　相邻两形体表面相交之二

画图特点：相邻两形体表面相交，应画出交线。

4.2　圆柱和圆柱相交时交线的画法

因为基本立体有平面立体和曲面立体，所以两立体相交（见图 4-7）有三种情况：两平面立体相交；平面立体与曲面立体相交；两曲面立体相交。由于前两种情况所产生的交线和平面与立体相交所产生的交线相同，所以本节不作讨论。这里只讨论圆柱与圆柱相贯线的作图方法。

圆柱与圆柱相贯线相交形成的相贯线，一般情况下是封闭的空间曲线，特殊情况下，也可能是平面曲线或直线段。相贯线上的点是两回转体表面的共有点。作相贯线，就是要求出两个回转体表面的一系列共有点，然后依次光滑连接并判别可见性。

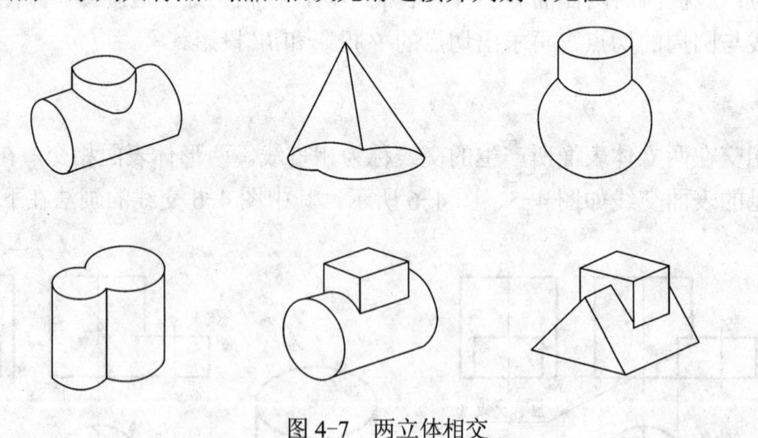

图 4-7　两立体相交

4.2.1　求相贯线的方法及步骤

求相贯线常用的方法为表面取点法。

求相贯线时首先应进行空间及投影分析，分析两相交立体的几何形状、相对位置和相对大小，弄清相贯线是空间曲线还是平面曲线或直线。

当相贯线的投影是非圆曲线时，一般按如下步骤求相贯线：

步骤一：求出能确定相贯线的投影范围的特殊位置点，这些点包括曲面转向线上的点和极限位置点，即最高、最低、最前、最后、最左、最右和曲面转向线上的点。

步骤二：在特殊点中间，求作相贯线上若干个一般位置点。

步骤三：判别相贯线投影可见性后，用粗实线或虚线依次光滑连线。

步骤四：相贯线上点的可见性判别。当相贯线上的点同时处于两立体表面的可见部分时这些点才可见。

表面取点法：相交两曲面之一，如果有一个投影具有积聚性，相贯线上的点可利用积聚性通过表面取点法求得。

【例 4-1】 如图 4-8 所示，求两圆柱相贯的正面投影。

分析：两圆柱轴线垂直相交，相贯线为前后、左右对称的一条闭合空间曲线。由于大小两圆柱的轴线分别为侧垂线和铅垂线，因此小圆柱的水平投影积聚为圆，该圆也是相贯线水平投影。同样，大圆柱的侧面投影积聚为圆，相贯线的侧面投影是大圆柱与小圆柱共有部分的侧面投影，即一段圆弧。因此相贯线的水平投影和侧面投影已知，只须求作其正面投影。

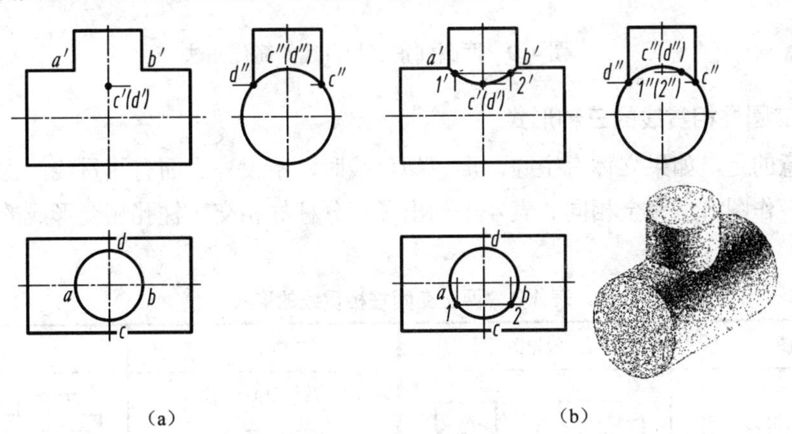

(a) (b)

图 4-8 两圆柱相贯

具体作图步骤如下：

步骤一：小圆柱俯视图具有积聚性，求出能确定相贯线的投影范围的特殊位置点，求出最左点 A、最右点 B。

步骤二：大圆柱左视图具有积聚性，求出能确定相贯线的投影范围的特殊位置点，求出最前点 C、最后点 D。

步骤三：在特殊点中间，利用点的公共性，即点 *1* 和 *2* 既属于大圆柱上外表面的点也属于小圆柱上外表面的点，求作相贯线上两个一般位置点 *1* 和 *2*。

步骤四：判别相贯线投影可见，用粗实线依次光滑连线，就是相贯线的正面投影。

关于可见性的判别，以直立圆柱最左和最右两条素线，以及水平圆柱最高和最低两条素线为分界，前半圆柱表面是可见的，后半部分不可见，而且整个立体和相贯线都前后对称，因而相贯线后半部分投影与可见部分重合，只画可见部分，虚线不画。

4.2.2 相贯线的简化画法

两圆柱正交的相贯线在机器零件中最常见，可以采用简化画法。如图 4-9 所示，如果两圆柱正交，圆柱直径不相等且相差不大时，相贯线的正面投影可用大圆柱的半径画圆弧来代替。

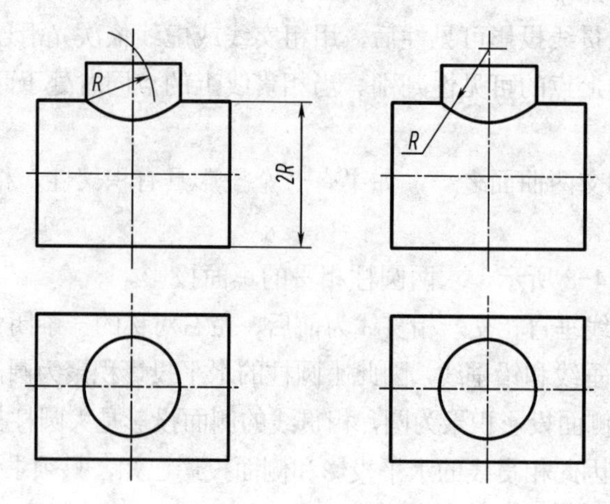

图 4-9 两圆柱正交相贯线的简化画法

4.2.3 两正交圆柱相贯线的三种形式

值得注意的是，如果立体有空腔，形成相贯线时，不仅外表面有相贯线，内表面也可能形成相贯线，作图方法完全相同。表 4-1 列出了部分柱柱相交、柱孔相交形成的相贯线变化情况。

表 4-1 两正交圆柱相贯线的形式

立体图	投影图	立体图	投影图
两外表面相交		两外表面相交 +两内表面相交	
内外表面相交		内外表面相交 +两内表面相交	

4.3　组合体的三视图绘制

画组合体视图，首先要对组合体进行结构分析，分析方法有形体分析法和线面分析法。

4.3.1　形体分析法

假想把组合体分解为若干个基本形体，并对这些基本形体间的组合方式和表面连接关系进行逐一分析。这种化繁为简的分析方法称为形体分析法。形体分析法是绘制、阅读组合体视图及标注组合体尺寸时所用到的最基本的方法。

采用形体分析法，可将一个复杂的问题转化为若干简单的问题，使解题变得容易；另一方面，通过了解组合体的各个部分进而掌握整体，使认识具有条理性，同时有利于形体的空间想象以及空间形状的描述。因此，形体分析法是认识组合体的基本方法，在组合体的构形、画图、看图、尺寸标注等过程中都要运用形体分析法。

结构分析完成之后，在分析的基础上选择主视图的投射方向。画图时，应遵循先画视图基准线后画形体、先画主要形体后画次要形体、先画实线后画虚线、先完成底稿并确认无误后再加粗等原则。

4.3.2　叠加式组合体三面视图的画法

【例 4-2】画出图 4-10 所示支座组合体的三视图。

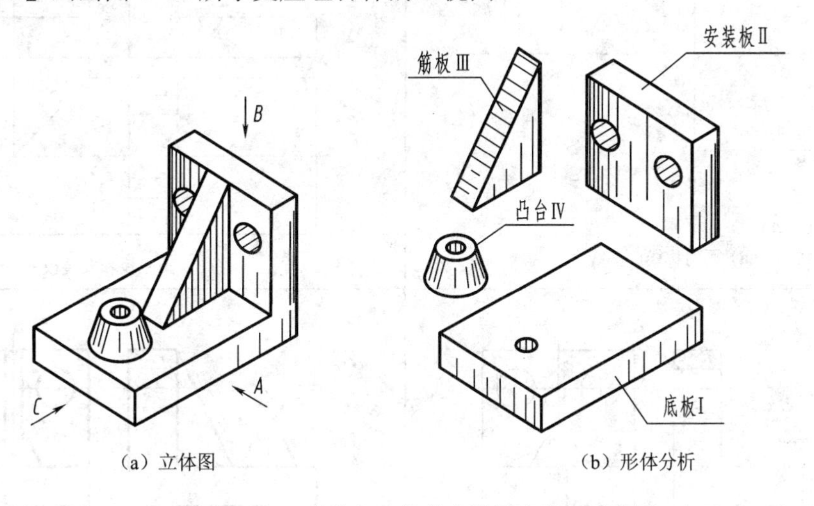

（a）立体图　　（b）形体分析

图 4-10　支座组合体的立体图和基本形体图

分析：

首先，确定主视图，然后动手画图。支座可以分析由底板 I，安装支架板 II，支撑筋板 III，凸台 IV 等四个简单形体“叠加”而成。在凸台和底版钻有通孔，安装支架板钻有两个通孔。

主视图影响整个表达方案，必须先确定。选择时，通常按下述原则进行。

（1）特征原则：把最能明显反映形体结构特征的视图选作主视图。

（2）加工位置原则：主视图的放置应尽量符合形体形成时的加工位置。

（3）工作位置原则：主视图的放置应尽量符合形体的放置位置。

对具体形体来说，往往不能同时满足上述三项原则，则以反映结构特征为主，主视图选定后，其他视图也就相应地确定了。

针对图 4-10 所示支座组合体，选定 *V* 向为主视图投影方向。

根据以上分析，该支座三视图的画图步骤如表所示。

具体作图步骤如下：

步骤一：定比例和图幅。先根据组合体的大小选择绘图比例，然后根据组合体的长、宽、高分别计算出三个视图所占的面积，并在视图之间留出标注尺寸的位置和适当的间距，选定适当的标准图幅。

步骤二：布图、画基准线。将各视图布置在图纸上恰当的区域，并画出各视图的基准线，每个视图需要两个方向的基准线。一般可选用对称平面、主要中心线或较大平面为基准，如表 4-2（a）所示。

表 4-2　支座的画图步骤

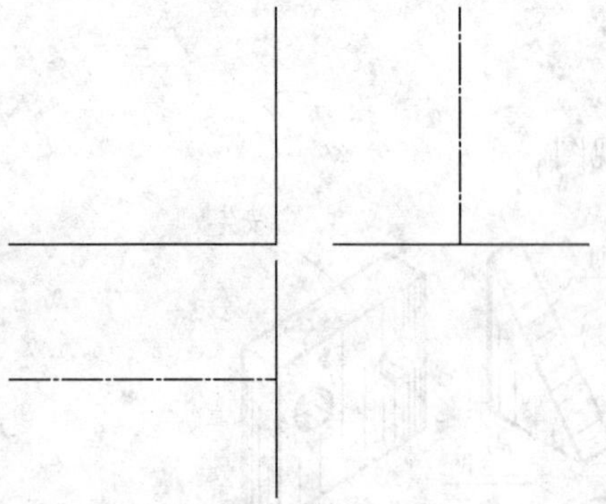

（a）画对称线、基线	（b）画底板和安装板
（c）画凸台	（d）画筋板（应先画主视图）。 擦去多余的线，加深

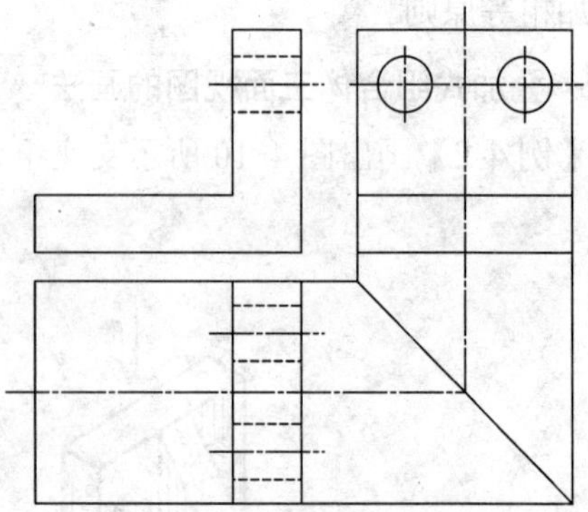

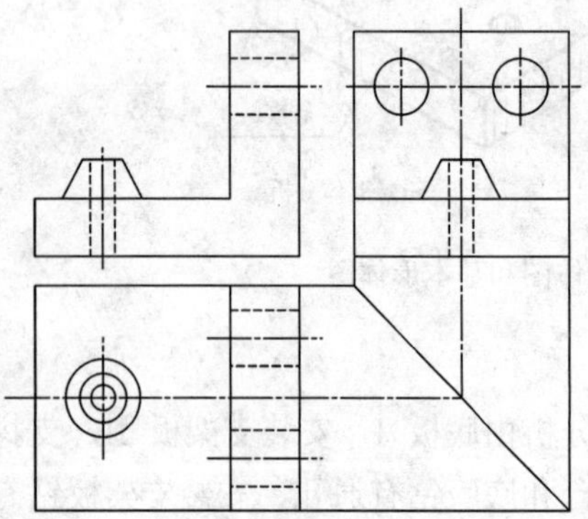

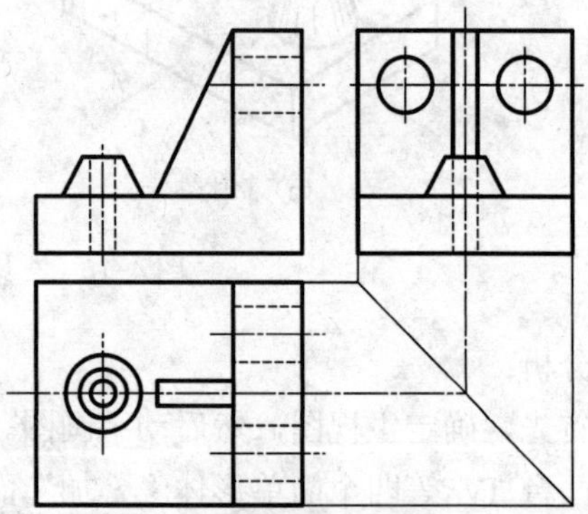

步骤三：绘制底稿。根据各形体的投影特点用细线画出三视图。画图时，先画形体的主要轮廓，再画次要部分；先画实线，再画虚线。在此例中，先画底板和安装板，然后画凸台，最后画筋板，如表 4-2（b）、（c）所示。

步骤四：检查、描深图线。完成底稿并经仔细检查后，擦除辅助作图线，按规定描深线条。一般先描深圆弧和曲线，后描深直线，如表 4-2（d）所示。

画图时应注意的几点：

（1）为了严格保持各视图间“长对正、高平齐、宽相等”的投影关系，并提高画图速度应将各基本形体的三个视图联系起来画，而不应先完成一个视图后再画其他视图。

（2）在画基本形体的三视图时，一般先画反映实形的视图；切口、槽等被切割的部位，则应从有积聚性的视图画起。

（3）注意形体中相接、相交、相切、截切等部位的正确画法。

4.3.3　线面分析法

叠加式组合体中各基本形体易于识别、相互关系明确，宜于采用形体分析法作图。切割式组合体形体不完整，挖切时形成的面和交线较多。画图时，主要用到线面分析法。根据线面投影特性，逐一分析各面的形状、面与面的相对位置关系及各交线的性质，从而绘制出或读懂组合体视图的方法即线面分析法。

4.3.4　切割式组合体三面视图的画法

作图时，一般先将组合体被切割前的原形画出，然后画切割后形成的各表面；先画有积聚性的表面的投影，再画一般位置表面的投影。

【例 4-3】图 4-11 所示为底座，应用线面分析法画组合体视图。

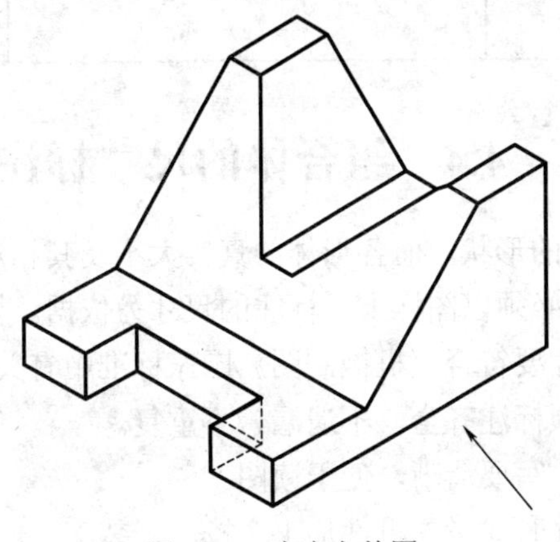

图 4-11　底座立体图

分析：

图 4-11 所示的底座可看成是一个四棱柱的左上部、左下部、右上部各被体切去一个小四棱柱所得到的组合体。

具体作图步骤如下：

步骤一：选择主视图投射方向，如图 4-11 所示。

步骤二：选比例，定图幅；比例一般采用 1:1，选定图幅。

步骤三：图面布局，画基准线，如表 4-3（a）所示。

步骤四：画底稿，先画被切割前的四棱柱的三视图，如表 4-3（b）所示。

步骤五：然后如表 4-3（c）、（d）、（e），据各种位置平面的投影特性逐一画出切除小四棱柱后所出现的各平面的投影。

步骤六：检查确认无误后，描深可见轮廓线，如表 4-3（f）所示。

表 4-3　底座三视图绘图步骤

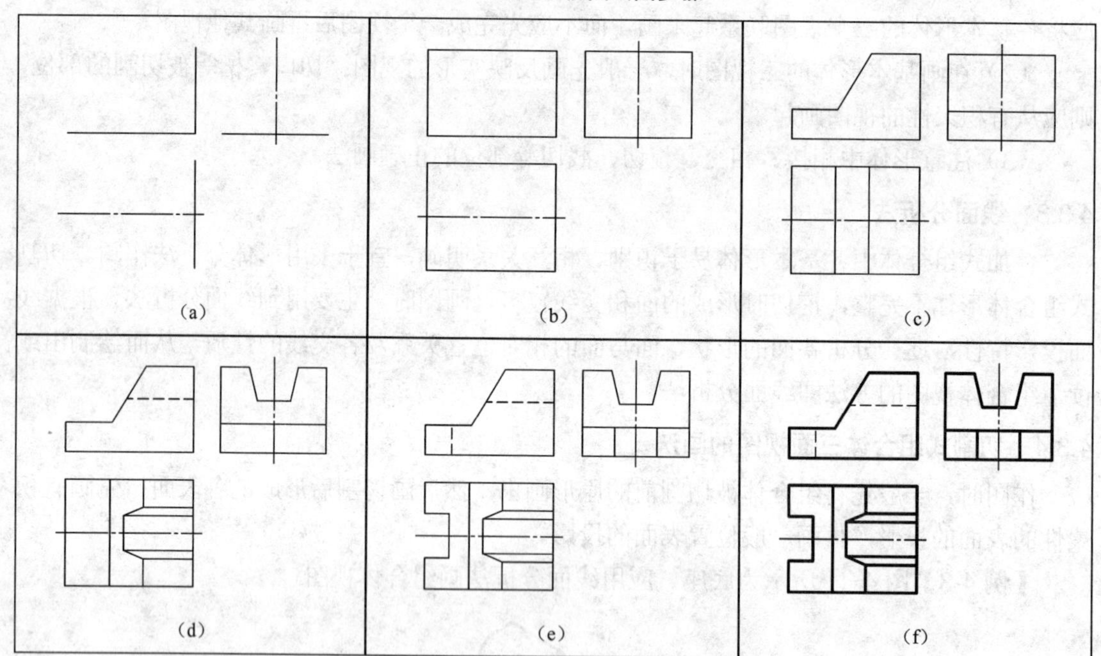

4.4　组合体的尺寸标注

视图只能表达组合体的形状，而各形体的真实大小及其相对位置，则要通过标注尺寸来确定。加工制造机件时，必须以图样上所标注的尺寸为依据。标注尺寸应做到以下几点：

（1）正确：所注尺寸要符合《机械制图》国家标准中有关尺寸标注的规定。

（2）完整：尺寸必须标注齐全，不遗漏、不重复。

（3）清晰：尺寸的注写要清晰，便于读图。

（4）合理：标注尺寸时要考虑机件加工、校验、装配方便与否等因素，做到合理标注。

尺寸标注的有关规定，已在项目一介绍，合理性问题将在项目六论及，本项目主要讨论如何完整、清晰地标注尺寸。

对于一个组合的几何形体，需要标注的尺寸较多，为了达到既不遗漏也不重复的要求，采用形体分析的方法较为有利。即将组合体分解为若干基本形体，再确定每个基本形体的大小尺寸和相对位置尺寸，那么组合的几何体的尺寸也就确定了。

1. 常见尺寸标注

常见形体的尺寸标注常见底板、凸缘尺寸标注。常见底板、凸缘多为柱体，尺寸标注如图 4-12 所示。

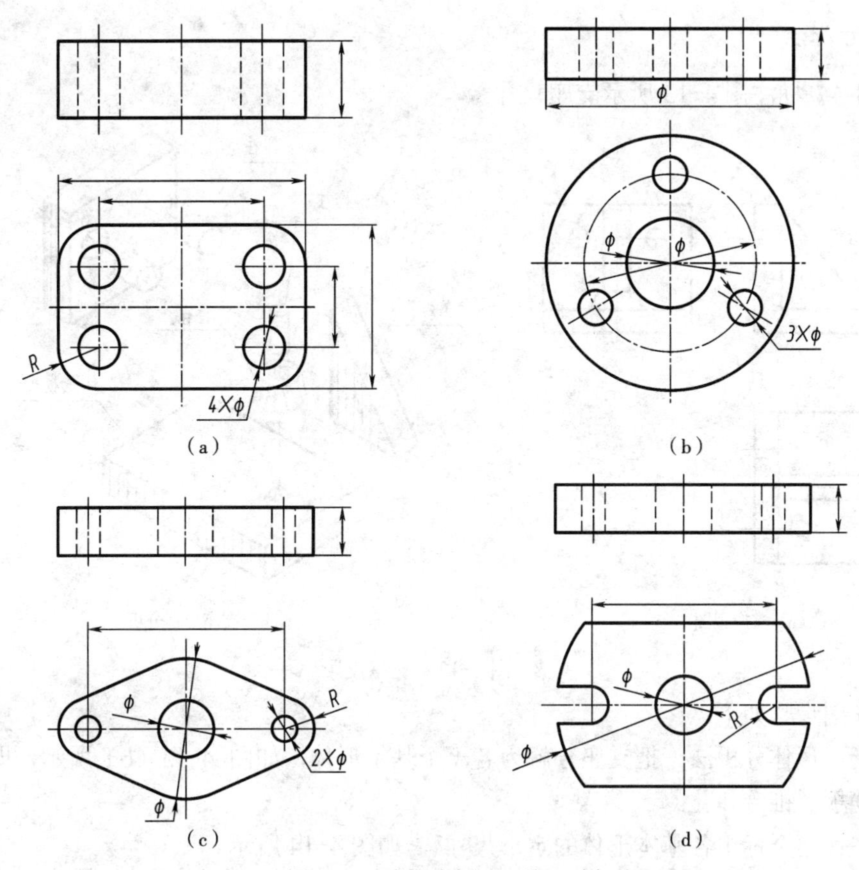

图 4-12　常见底板、凸缘尺寸标注

2. 尺寸基准及选择

在组合体中，确定尺寸位置的点、直线或平面等几何元素称为尺寸基准。一个组合体的长、宽、高三个方向上都至少有一个尺寸基准，其中一个为主要基准，其余为辅助基准。

通常选择组合体的底面、重要端面、对称平面，以及回转体的轴线作为尺寸基准。

3. 尺寸分类

要使尺寸标注得完整，有必要将组合体的尺寸予以分类，一般应将尺寸分为定形尺寸、定位尺寸和总体尺寸三大类。

（1）定形尺寸：用于确定组合体中各基本形体的形状大小的尺寸，如图 4-14 所示的底板尺寸 270、220、30。

（2）定位尺寸：用于确定组合体中各基本形体之间的相互位置的尺寸，如图 4-15 所示支座定位尺寸 210、115。

（3）总体尺寸：用于确定组合体总的长、宽、高的尺寸。组合体一般应该注出长、宽、高三个方向的总体尺寸，但对于具有圆或圆弧结构的组合体，为了标明圆心相对于某方向基准的位置，可省略该方向的总体尺寸，如图 4-16 所示组合体总高 160。

4. 尺寸标注

【例 4-4】标注图 4-13 所示支座尺寸。

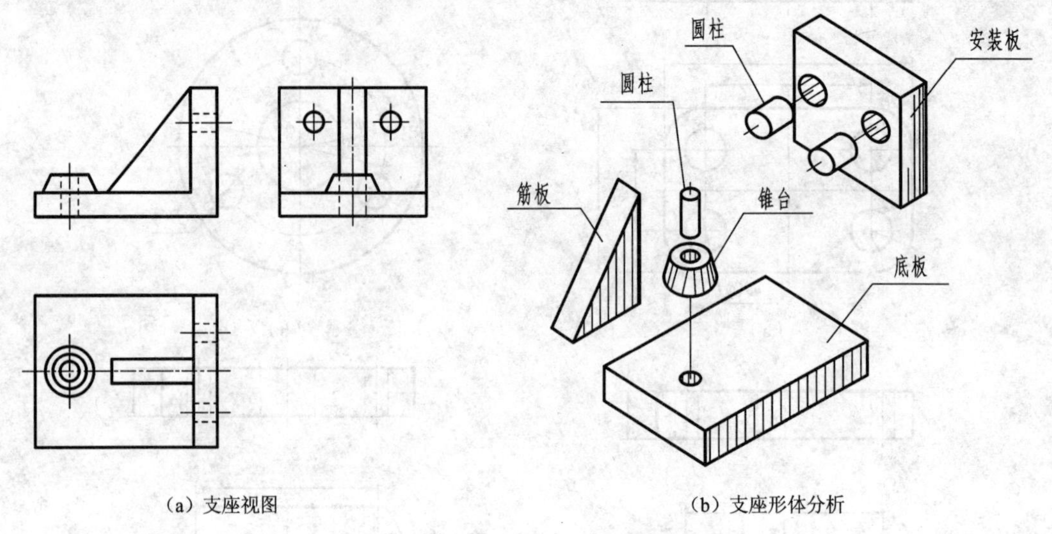

（a）支座视图　（b）支座形体分析

图 4-13　支座投影

具体作图步骤如下：

步骤一：形体分析法，把支座分解为若干个基本形体，如图 4-13（b）所示，即底板、安装板、筋板、锥台和孔。

步骤二：逐个标出各基本形体的定形尺寸 ，如图 4-14 所示。

步骤三：选定尺寸基准，标注出定位尺寸，如图 4-15 所示。

步骤四：标注出必需的总体尺寸，如图 4-16 所示。

步骤五：检查尺寸是否有遗漏或多余，如图 4-17 所示。

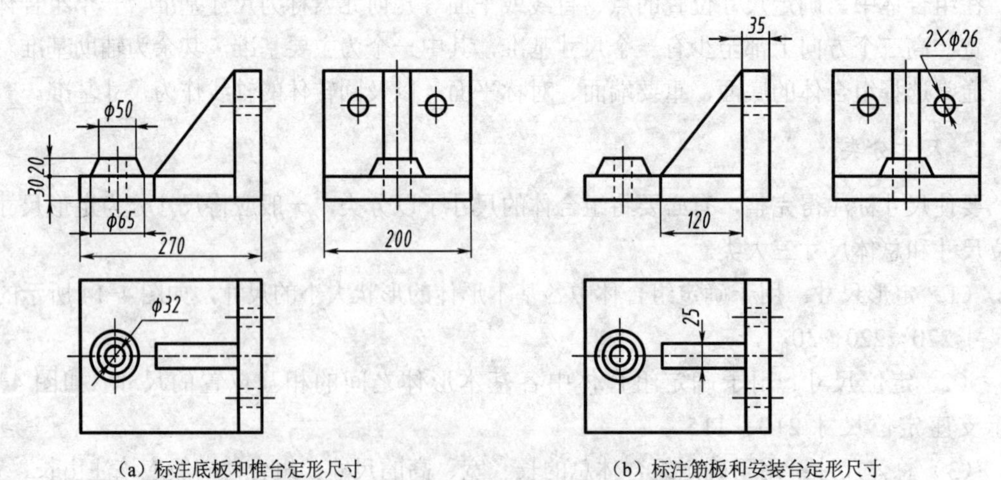

（a）标注底板和椎台定形尺寸　（b）标注筋板和安装台定形尺寸

图 4-14　标注支座各基本形体的定形尺寸

标注尺寸时，必须考虑需要标注的尺寸应布置在哪个视图，视图的哪个位置，才能使尺寸标注更为合理、清晰，便于看图。具体要求有以下几个方面：

（1）形体上具有某种特征形状的结构，其尺寸应该尽可能标注在能够反映该结构特征的视图上。如图 4-14（b）所示，支座上三角形筋板的尺寸标注在主视图上要比标注在俯视图上更好。

（2）同一几何形体或结构的有关尺寸，应该尽可能标注在同一视图上，如图 4-14（a）所示，椎台尺寸标注。

（3）尽可能将尺寸标注在视图轮廓范围之外，使得视图更加清晰。

（4）尺寸线不允许交叉使用。在布置平行尺寸时应使大尺寸在外，小尺寸在内，间隔在其尺寸线之间。

（5）非定位的直径尺寸应尽量标注在非圆视图上，其余直径都标注在主（非圆）视图上。

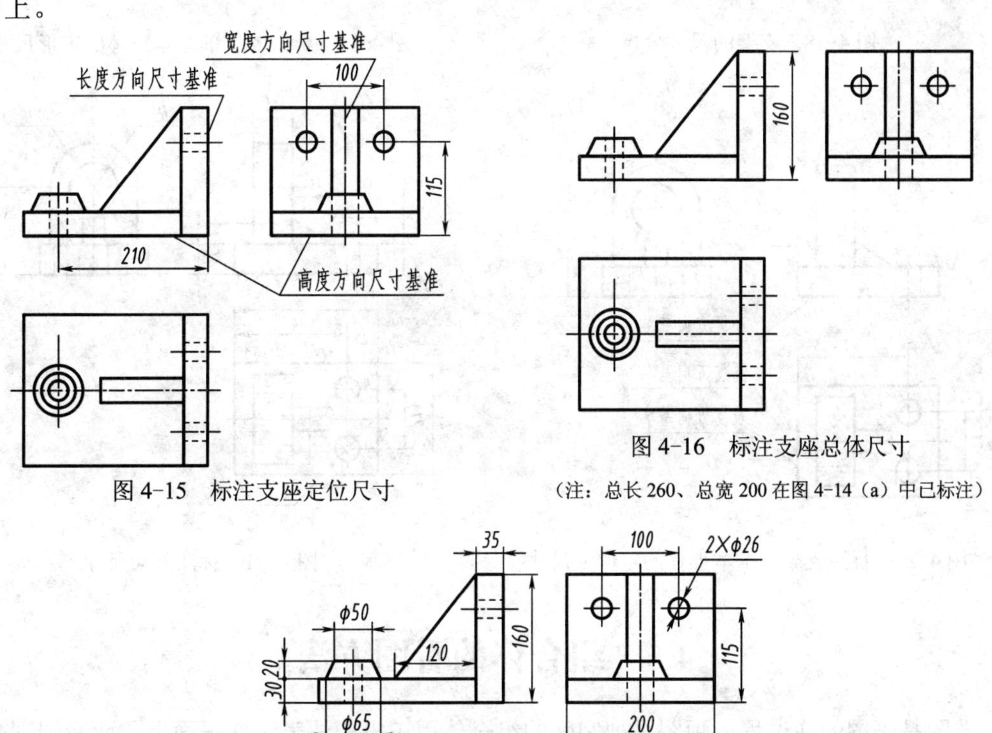

图 4-15　标注支座定位尺寸

图 4-16　标注支座总体尺寸

（注：总长 260、总宽 200 在图 4-14（a）中已标注）

210

φ32

25

270

图 4-17　支座尺寸标注

【例 4-5】标注图 4-18 所示支架尺寸。

具体步骤如图 4-18～图 4-21 所示，在此不一一赘述。需要注意的是，最后总体标注，检查尺寸是否有遗漏或多余。

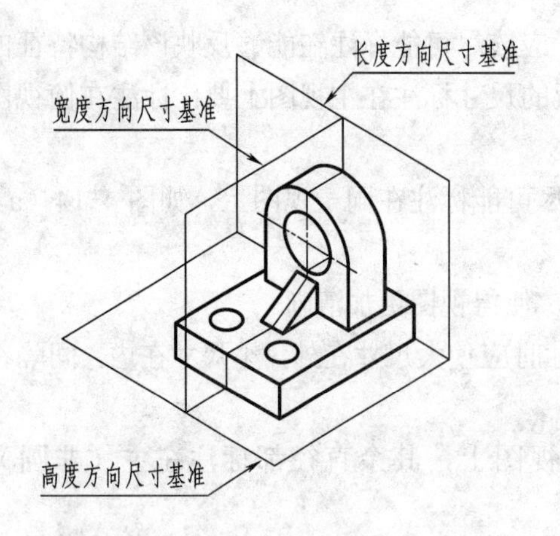

图 4-18 支架的尺寸分析

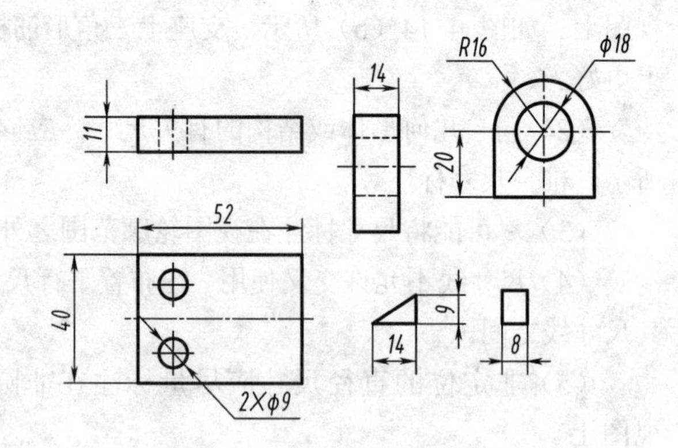

图 4-19 标注支架的基本形体的定形尺寸

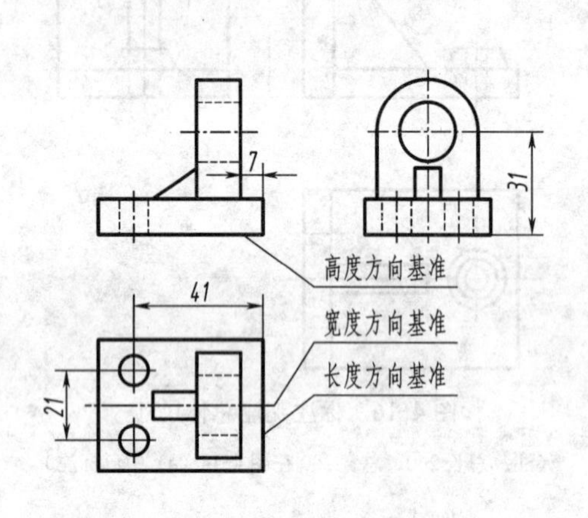

图 4-20 标注支架的基本形体的定位形尺寸

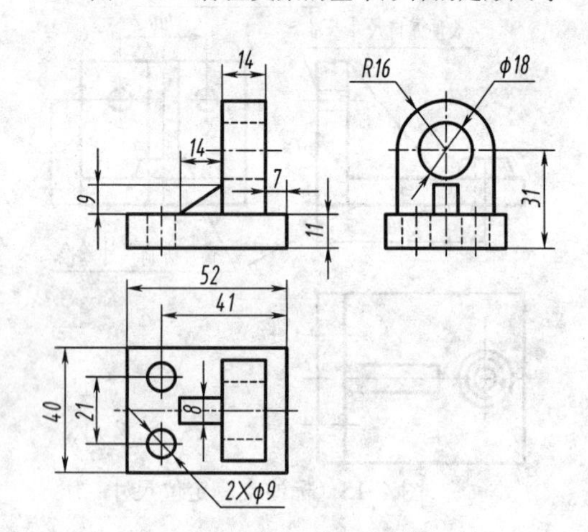

图 4-21 标注支架尺寸

4.5 组合体的看图方法

看图是画图的逆过程。画图是把空间的组合体用正投影法表示在平面上，而看图则是根据已画出的视图，运用投影规律，想象出组合体的空间形状。画图是看图的基础，而看图既能提高空间想象能力，又能提高投影分析能力。

4.5.1 看图时要注意的问题

1. 要熟练地掌握基本形体的投影特点

图 4-22（a）～（d）中的主视图同为梯形，但结合俯视图看，则可判别它们分别为四棱台、三棱台、圆台、圆台与棱台的组合。同理，图 4-22（e）～（g）中俯视图均为两个同心圆，但与主视图结合起来看，则可判断它们分别是两圆柱叠加、圆筒和穿孔球体。这些结论都是根据基本立体的投影特点而得出，看图时要能熟练地加以运用。

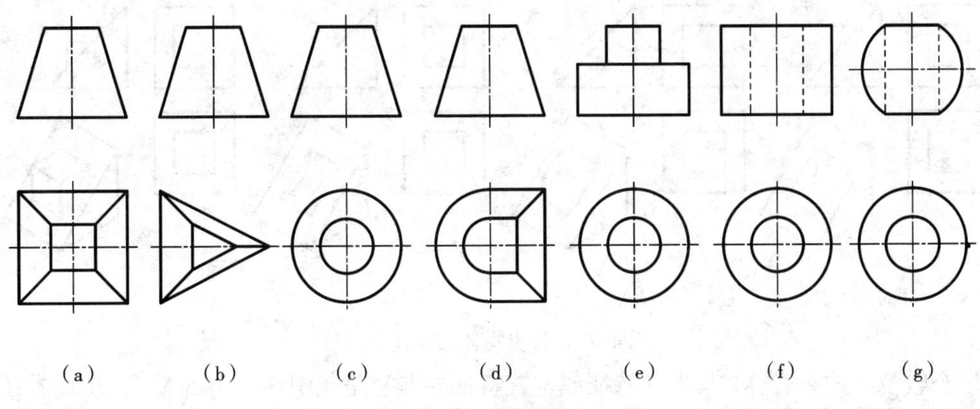

图 4-22 基本形体的投影特点

2. 要将几个视图联系起来看

一个视图若不标注尺寸是不能确定物体形状的。例如，虽然图 4-23（b）~（f）所示五个物体的主视图相同，但它们的形状各不相同。

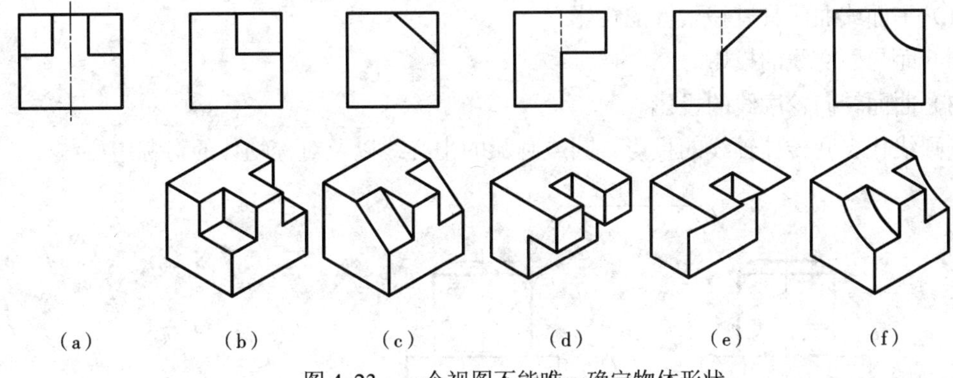

图 4-23 一个视图不能唯一确定物体形状

有时两个视图也不能确定物体的形状，如图 4-24 所示。所以，看图时必须将几个视图联系起来看，才能确定物体的形状。

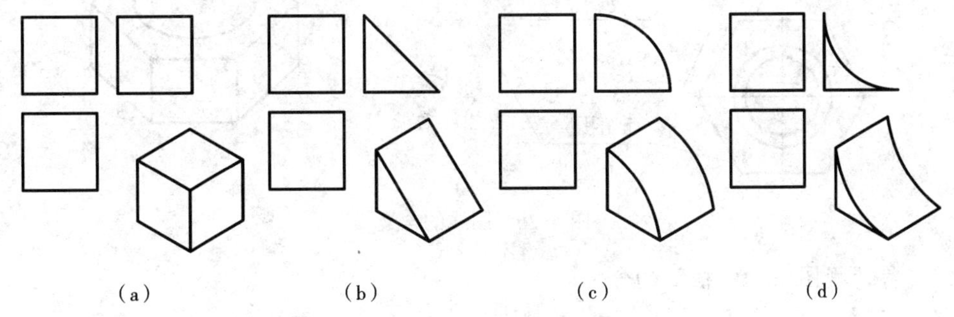

图 4-24 物体视图的主、俯视图相同，但形状不同

3. 要找出特征视图

所谓特征视图是指最能反映物体的形状特征或位置特征的视图。如图 4-25 所示，物体的主视图表达了主要结构的形状和位置特征，而左视图则表达了中部结构的形状特征。

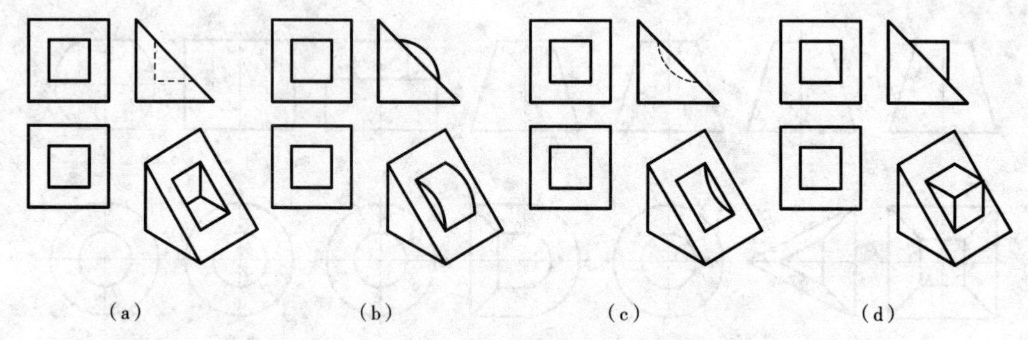

图 4-25　找出物体的特征视图

一个较复杂的组合体，其形状特征或位置特征并非总是集中在一个视图上，所以看图时，找出反映特征较多的视图，能较容易地逐个判别形体，进而看懂整体形状。

4. 要弄清视图中“图线”的含义

视图中的每一条线，无论是实线、虚线或点画线，都各有其含义。

实线和虚线可能是物体下列要素的投影（见图 4-26）：

（1）平面或曲面具有积聚性的投影。

（2）面与面交线的投影。

（3）曲面转向轮廓线的投影。

点画线代表回转体轴线的投影、圆或圆弧的中心线以及对称物体的对称中心线。

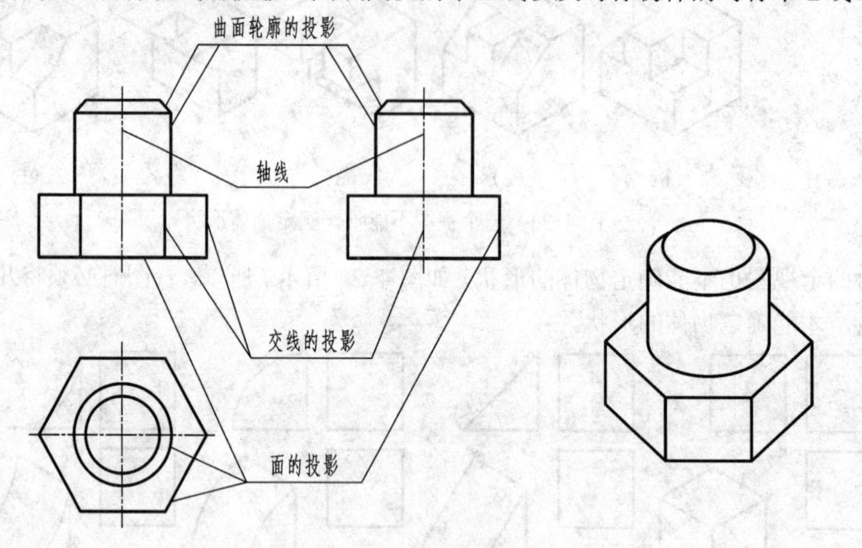

图 4-26　图线的含义

5. 要弄清视图中“线框”的含义

视图中封闭线框的含义，有下列几种情况：

（1）一个线框表示一个平面，图 4-27（a）中的俯视图中表示顶面的线框。

（2）一个线框表示一个曲面，图 4-27（b）中表示锥面的线框，图 4-27（c）中表示内、外圆柱面的虚、实线框。

（3）一个线框表示平面与曲面或曲面与曲面相切的组合面，如图 4-27（a）中表示柱、球面组合面的线框，图 4-27（c）中表示平、曲组合面的线框。

（4）一个线框也可能表示一个孔，如图 4-27（c）中表示圆柱孔的线框。

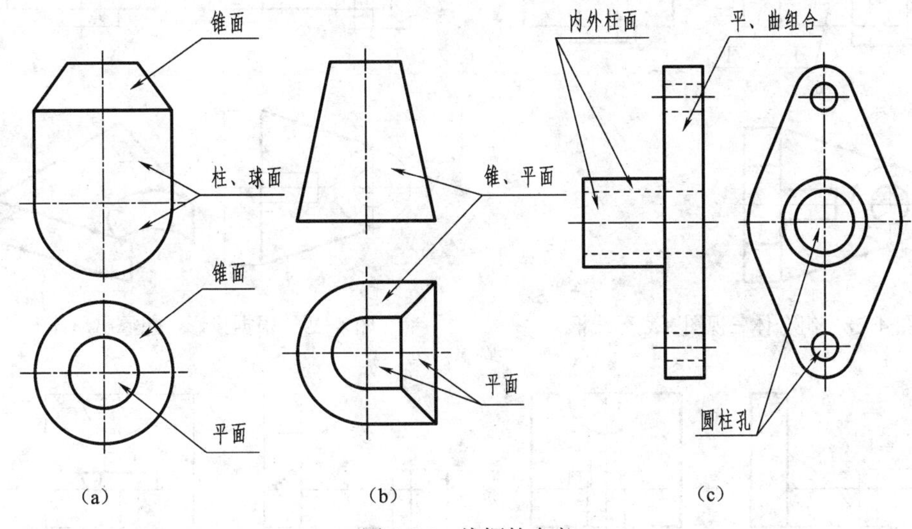

图 4-27 线框的含义

6. 要善于判断各表面的相对位置

某一视图中相邻的两线框一般代表两个不同的面，它们必然处于两种不同的位置，要区分出它们的前后、上下、左右和相交等位置关系，以帮助看图。

4.5.2 看图的方法和步骤

1. 形体分析法

形体分析法是看组合体视图的基本方法。把比较复杂的视图，按线框分成几个部分，根据已掌握的简单形体的投影特点，运用三视图的投影规律，通过分析、比较，分别想出各形体的形状及相互连接方式，最后综合起来想出整体。

下面以图 4-28 所示的组合体三视图为例，说明看图的一般步骤。

步骤一：分析视图，划分线框。划分线框的目的是把组合体分解为若干基本形体。如图 4-28 所示，在主视图中按其实线框分成四个部分。无论在哪个视图上划分线框，都要符合划分后的形体简单且各形体连接关系明显的原则。

步骤二：对照投影，想出形体。按投影关系在各视图中找出各线框的对应投影，在分析每一部分的三视图时，要抓住特征视图，从而想象出这部分的形状，如图 4-29～图 4-32 所示。

步骤三：确定位置。想出整体分析各形体相对位置时，根据主视图判断其上下、左右位置；根据俯视图和左视图判断其前后位置。确定了各形体的形状及其相互位置后，整个组合体的形状也就清楚了，如图 4-33 所示。

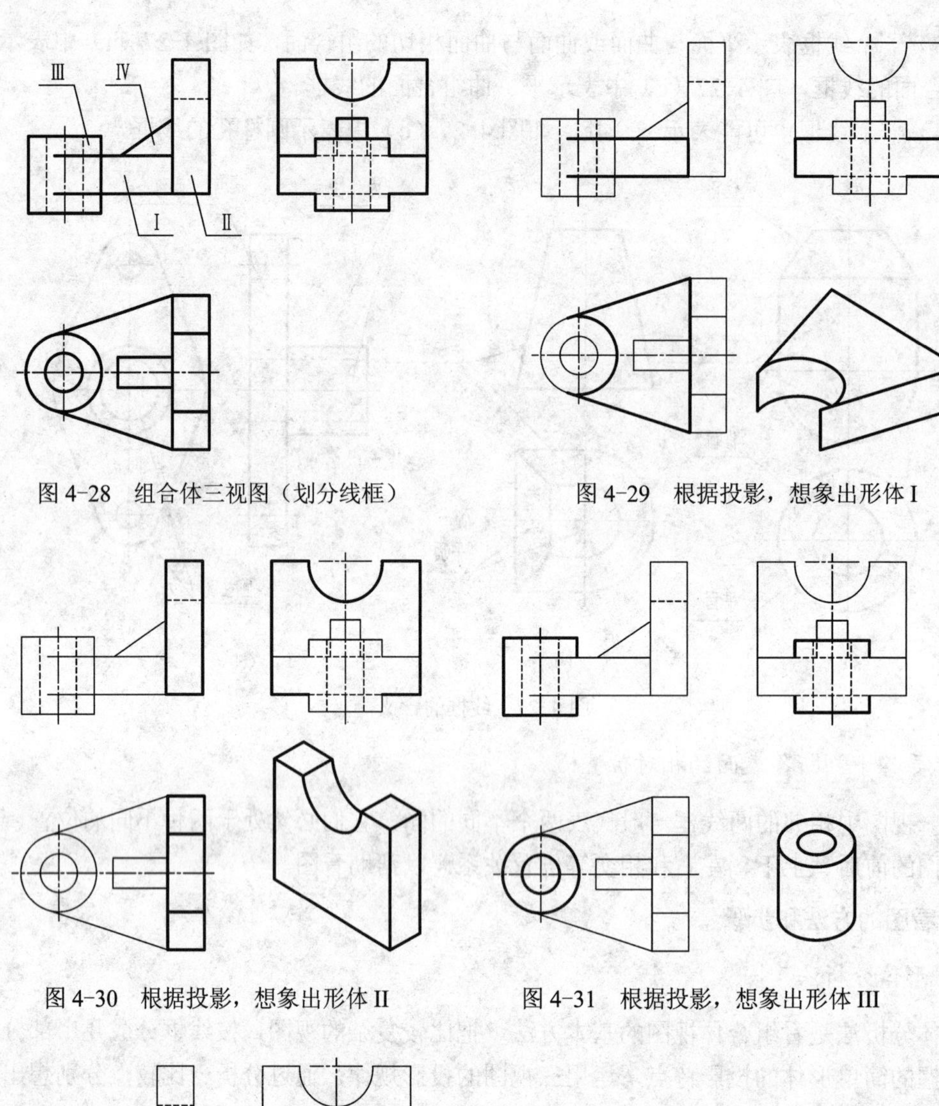

图 4-28　组合体三视图（划分线框）

图 4-29　根据投影，想象出形体 I

图 4-30　根据投影，想象出形体 II

图 4-31　根据投影，想象出形体 III

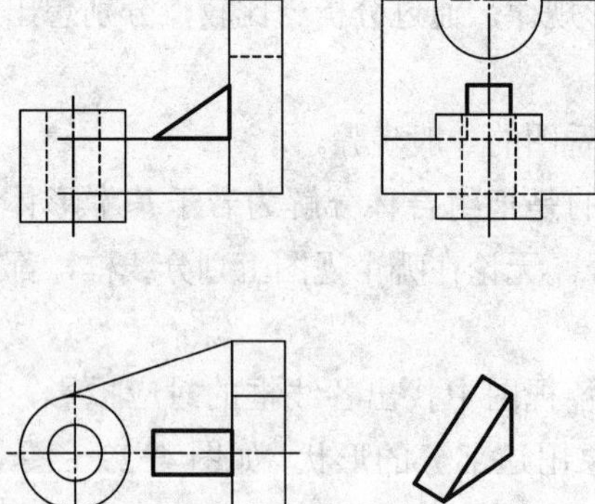

图 4-32　根据投影，想象出形体 IV

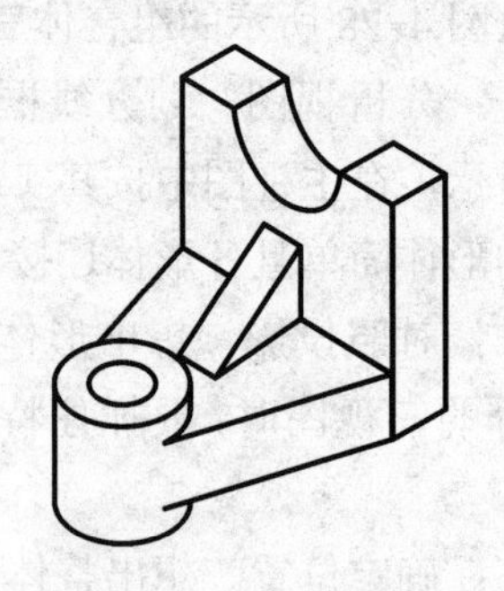

图 4-33　综合起来想整体

【例 4-6】如图 4-34 所示，根据组合体的主、俯视图，补画左视图。

具体作图步骤如下：

步骤一：把图 4-34 的主视图划分为 *I*、*II*、*III* 三个封闭的线框。

步骤二：根据投影，具体想象各组成部分的形状，并利用三等关系补画出各形体的左视图。想象和作图过程如图 4-35～图 4-37 所示。

步骤三：按整体形状校核底稿，加深左视图，如图 4-38 所示。

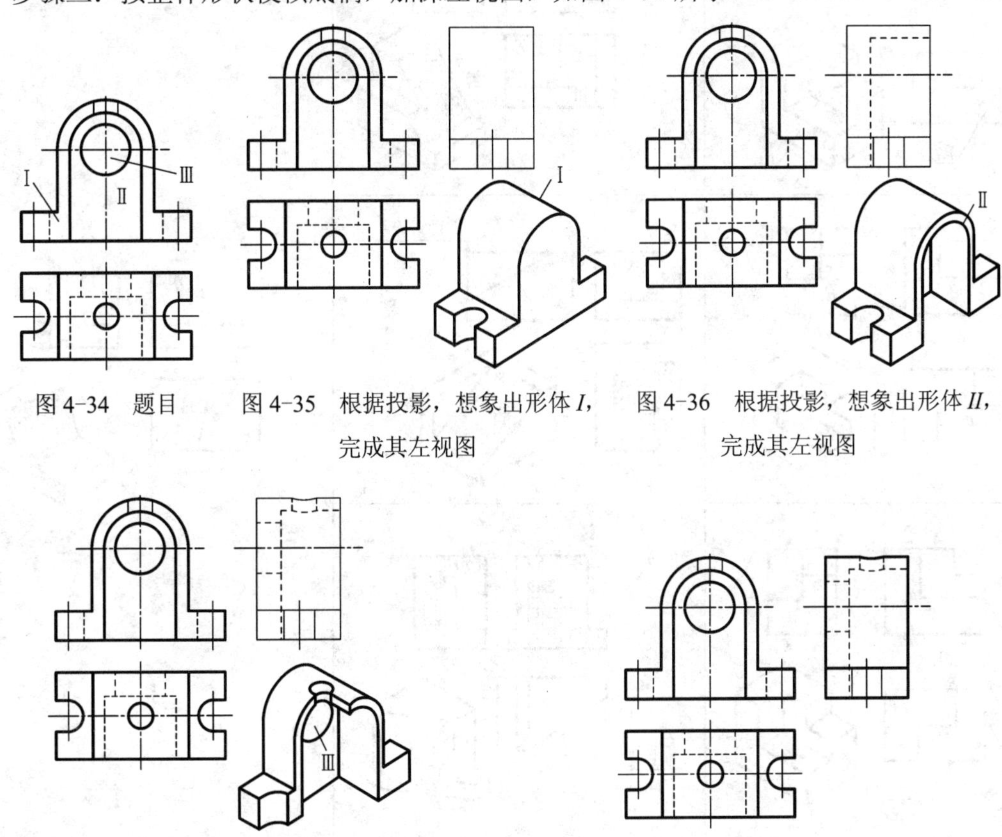

图 4-34　题目

图 4-35　根据投影，想象出形体 *I*，完成其左视图

图 4-36　根据投影，想象出形体 *II*，完成其左视图

图 4-37　根据投影，想象出形体 *III*，完成其左视

图 4-38　根据整体，校核、检查描深

2．线面分析法

运用线、面的投影规律、分析视图中图线和线框所代表的意义和相互位置，从而看懂视图的方法，称为线面分析法。这种方法主要用来分析视图中的局部复杂投影，对于切割式的组合体用的较多。

看图时要注意到物体上投影面的平行面和投影面的垂直线的投影具有实形性和积聚性；而投影面的垂直面和一般位置平面的投影具有类似性，如表 4-4 所示。后者要特别加以重视和掌握。

看组合体的三视图时常常两种方法并用，以形体分析法为主，线面分析法为辅。

表 4-4　面的投影特性

投影面平行面的投影 具有实形性和积聚性	投影面的垂直面 具有类似性	一般位置面的投影 具有类似性
p′　p″　p　P	正垂面的投影	
q′　q″　q　Q	侧垂面的投影	一般位置面的投影
r′　r″　r　R	铅垂面的投影	

【例 4-7】根据图 4-39 给定的主、左视图，补画出俯视图。

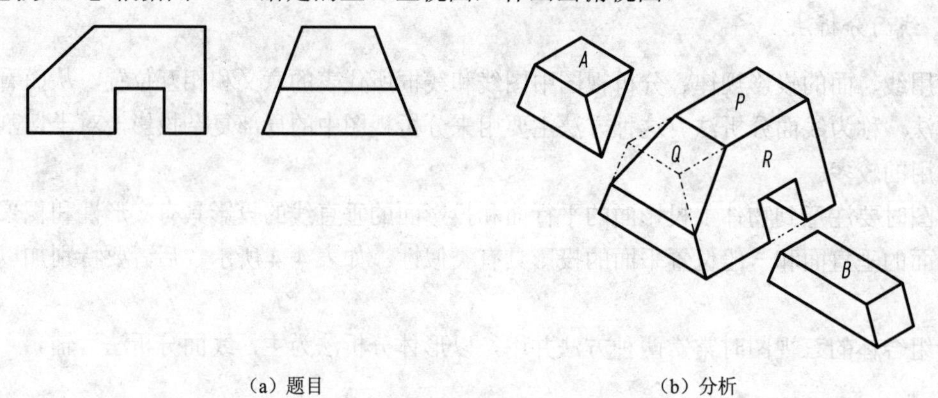

（a）题目　　（b）分析

图 4-39　补画出俯视图

分析：根据主视图只有一个封闭线框及左视图的轮廓线可以想象出物体由一个四棱柱体被切割成。对照投影关系，从主视图可知，该四棱柱的左上端被一个正垂面切去一块形体 *A*、底部被一个水平面和两个侧平面切去一块形 *B*，如图 4-39 所示。

为正确画出该组合体的俯视图，还应运用线面分析法进行分析。该组合体有一个水平面 *P*、一个正垂面 *Q*、两侧垂面 *R*。水平面 *P* 为长方形，其边长由正面投影和侧面投影确定；正垂面 *Q* 为四边形、侧垂面 *R* 为九边形，由类似性可知正垂面 *Q* 及侧垂面 *R* 的水平投影也应为四边形及九边形，根据其正面投影和侧面投影可求其水平投影。

具体作图步骤如下：

步骤一：画出四棱柱的水平投影，如图 4-40 所示。

步骤二：画出四棱柱被切去形体 *A* 后的水平投影，即画出正垂面 *Q* 的水平投影，如图 4-41 所示。实际上，图 4-41 中所补画的两条一般位置直线正是正垂面 *Q* 和侧垂面 *R* 的两条交线。

步骤三：画出四棱柱被切去形体 *B* 后的水平投影，用类似性检查 *R* 面的投影，如图 4-42 所示。

步骤四：检查并描深，如图 4-43 所示。

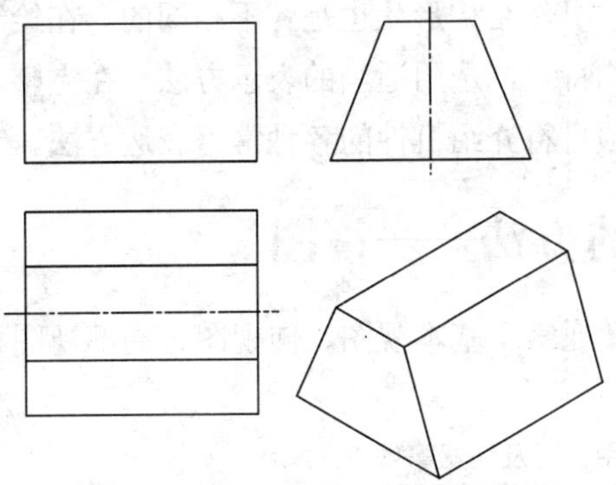

图 4-40　画出四棱柱的水平投影

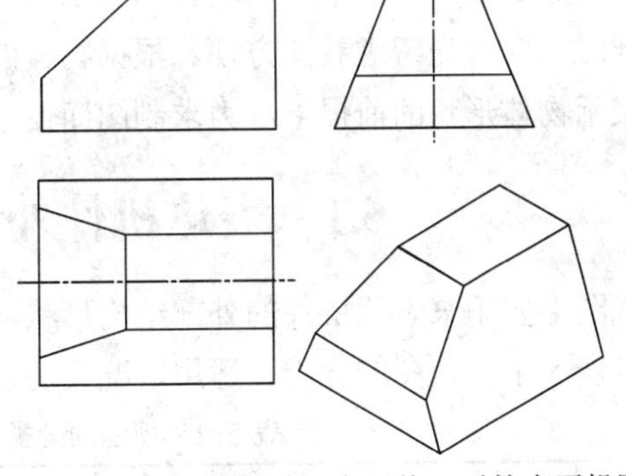

图 4-41　画出四棱柱被切去形体 *A* 后的水平投影

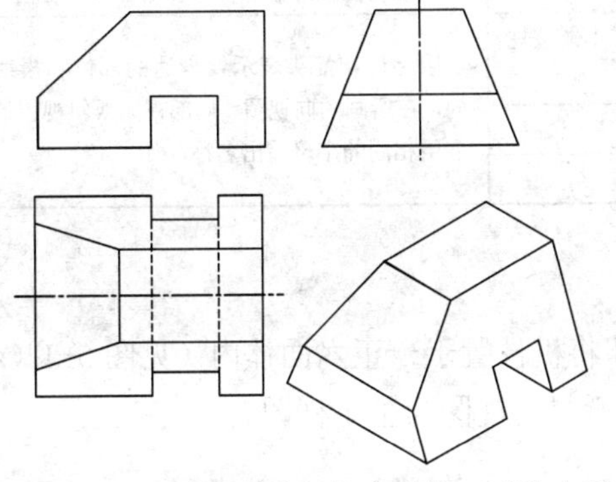

图 4-42　画出四棱柱被切去形体 *B* 后的水平投影

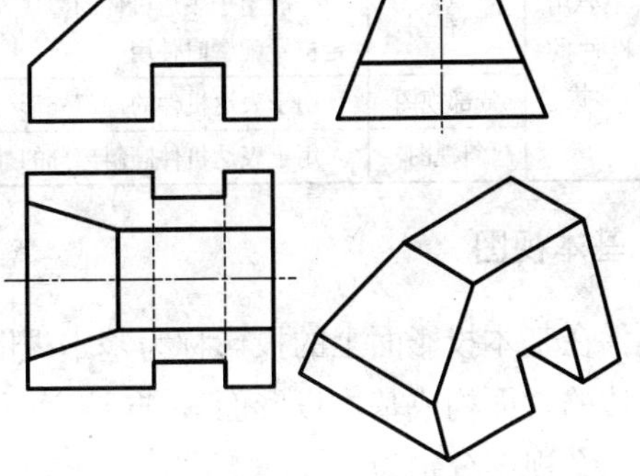

图 4-43　检查并描深

项目五 机件的常用表达方法

【能力目标】 培养学生用简单的视图表达复杂的机件结构绘的能力；能够掌握常用表达方法的画法和标记；掌握尺寸的合理标注。

【重点难点】 重点是六个基本视图、局部视图、剖视图和剖面图的概念和画法。难点是几个平面剖切的剖视图绘制，肋板等结构的剖视图绘制，表达方法的综合应用。给定一个机件，要想用简洁、合理的表达方案把机件的内外结构表达清楚也不是件容易的事情。

【学习指导】 学习时要结合实例理解各种表达方法的特点和应用，对常用的表达方法，如单一剖切面的全剖视图、版剖视图和局部剖视图，要深刻理解其概念和画法，其他表达方法可触类旁通。

在实际工程中，由于使用场合和要求的不同，机件结构形状也是各不相同的。在绘制技术图样时，应首先考虑看图方便。根据物体的结构特点，选用适当的表示方法。在完整、清晰地表示物体形状的前提下，力求制图简便。本项目将介绍机件的各种常用表达方法。

5.1 表达机件外形的方法——视图

视图主要用来表达机件的外部结构形状，视图通常有基本视图、向视图、局部视图和斜视图。表 5-1 为视图的分类、适用情况及注意事项。

表 5-1 视图的分类、适用情况及注意事项

分类		适用情况	注意事项
视图：主要用于表达机件的外部结构形状	基本视图	用于表达机件的整体外形	按规定位置配置各视图，不加任何标注
	向视图	一般用于表达机件的整体外形，在不能按规定位置配置时使用	用字母和箭头表示要表达的部位和投射方向，在所画的向视图、局部视图或斜视图的上方用相同的字母写出名称，如“*A*”
	局部视图	用于表达机件的局部外形	
	斜视图	用于表达机件倾斜部分的外形	

5.1.1 基本视图

机件在基本投影面上的投影称为基本视图，即将机件置于一正六面体内（见图 5-1（a），正六面体的六面构成基本投影面），向该六面投影所得的视图为基本视图。

该六个视图分别为：

由前向后投影所得的主视图；

由上向下投影所得的俯视图；

由左向右投影所得的左视图；

由右向左投影所得的右视图；

由下向上投影所得的仰视图；

由后向前投影所得的后视图。

各基本投影面的展开方式如图 5-1（b）所示。基本视图具有“长对正、高平齐、宽相等”的投影规律，即主视图、俯视图和仰视图长对正（后视图同样反映零件的长度尺寸，但不与上述三视图对正），主视图、左视图、右视图和后视图高平齐，左视图、右视图与俯视图、仰视图宽相等。另外，主视图与后视图、左视图与右视图、俯视图与仰视图还具有轮廓对称的特点。

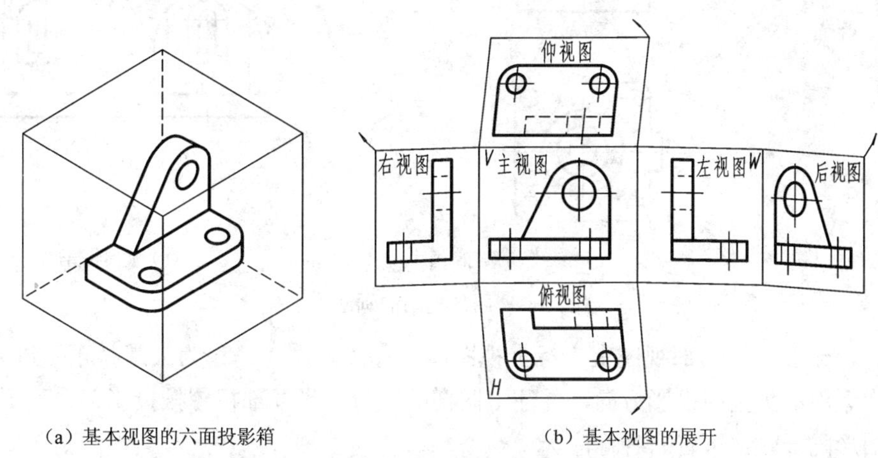

（a）基本视图的六面投影箱　　（b）基本视图的展开

图 5-1　基本视图的形成

5.1.2　向视图

向视图是可自由配置的视图。如果视图不能按图 5-2（a）配置时，则应在向视图的上方标注“×”（“×”为大写的拉丁字母），在相应的视图附近用箭头指明投影方向，并注上相同的字母，如图 5-2（b）所示。

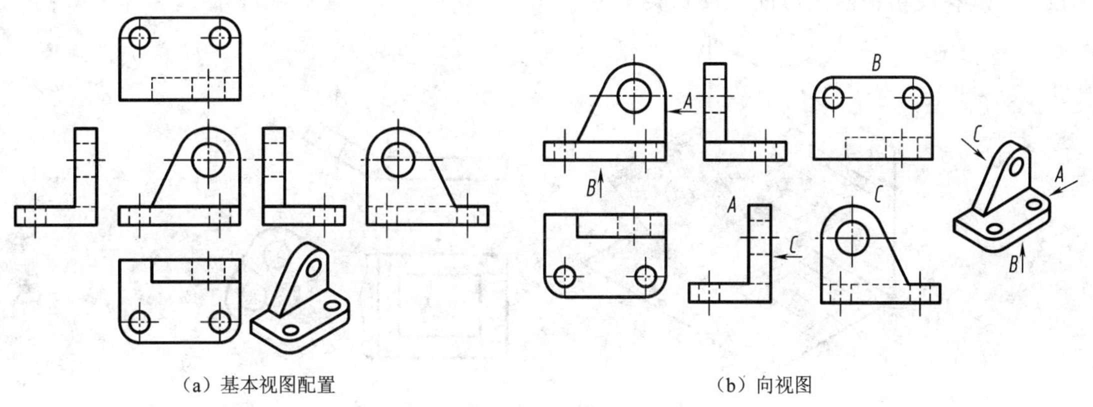

（a）基本视图配置　　（b）向视图

图 5-2　视图配置

5.1.3　局部视图

将机件的某一部分向基本投影面投影，所得到的视图称为局部视图。画局部视图的主要目的是为了减少作图工作量。图 5-3 所示机件，当画出其主俯视图后，仍有两侧的凸台没有表达清楚。因此，需要画出表达该部分的局部左视图和局部右视图。局部视图的断裂边界用波浪线画出，当所表达的局部结构是完整的，且外轮廓又成封闭时，波浪线可以省略，如图 5-3 中的局部视图 *B*。

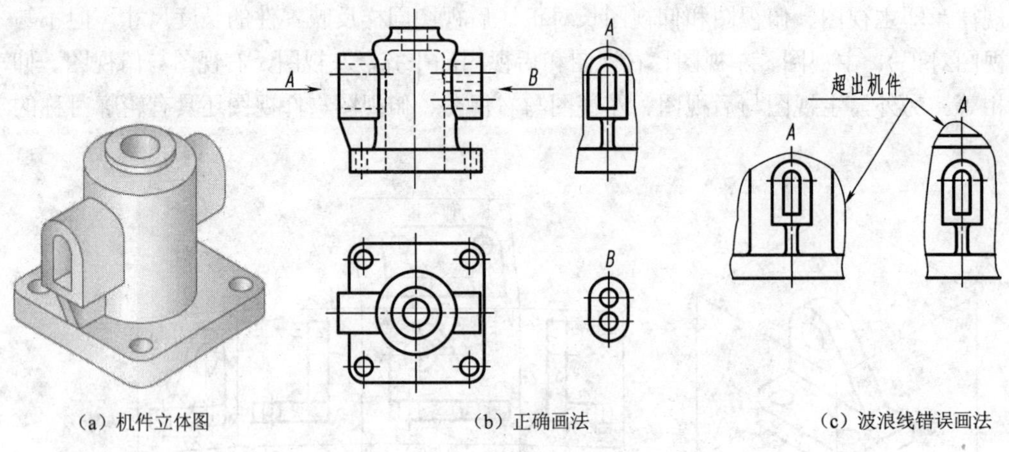

（a）机件立体图　（b）正确画法　（c）波浪线错误画法

图 5-3　局部视图的画法

画图时，一般应在局部视图上方标上视图的名称“×”（“×”为大写拉丁字母），在相应的视图附近用箭头指明投影方向，并注上同样的字母。当局部视图按投影关系配置，中间又无其他图形隔开时，可省略各标注。

5.1.4　斜视图

机件向不平行于任何基本投影面的平面投射所得的视图称斜视图。斜视图主要用于表达机件上倾斜部分的实形。图 5-4 所示的连接弯板，其倾斜部分在基本视图上不能反映实形，为此，可选用一个新的投影面，使它与机件的倾斜部分表面平行，然后将倾斜部分向新投影面投影，这样便可在新投影面上反映实形。

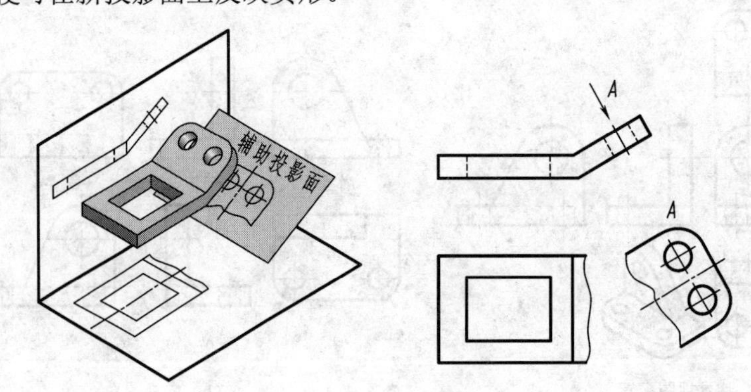

图 5-4　斜视图及其标注

斜视图一般按向视图的形式配置并标注，必要时也可配置在其他适当位置，在不引起误解时，允许将视图旋转配置，表示该视图名称的大写拉丁字母应靠近旋转符号的箭头端（见图 5-4），也允许将旋转角度标注在字母之后。

5.2 表达机件内部结构的方法——剖视

剖视图主要用来表达机件的内部结构形状。剖视图分为全剖视图、半剖视图和局部剖视图三种。获得三种剖视图的剖切面和剖切方法有单一剖切面（平面或柱面）、几个相交的剖切面、几个平行的剖切平面。表 5-2 为剖视图的分类，适用情况及注意事项。

表 5-2 剖视图的分类、适用情况及注意事项

<table>
<tr><th colspan="2">分类</th><th>适用情况</th><th>注意事项</th></tr>
<tr><td rowspan="3">剖视图:主要用于表达机件的内部结构形状</td><td>全剖视图</td><td>用于表达机件的整个内形（剖切面完全切开机件）</td><td rowspan="3">用单一剖切面、几个平行的剖切平面、几个相交的剖切面剖切都可获得这三种剖视图。
除单一剖切平面通过机件的对称面或剖切位置明显时，且中间又无其他图形隔开，可省略标记外，其余都必须标注剖切标记。
标记为在剖切平面的起、迄、转折处画出粗短画，并注上相同的字母，在起、迄的粗短画外端画出箭头表示投射方向。在所画的剖视图的上方用相同的字母标注其名称“×—×”。</td></tr>
<tr><td>半剖视图</td><td>用于表达机件有对称平面的外形与内形（以对称中心线分界）</td></tr>
<tr><td>局部剖视图</td><td>用于表达机件的局部内形和保留机件的局部外形（局部剖切）</td></tr>
</table>

5.2.1 剖视图

机件上不可见的结构形状规定用虚线表示，不可见的结构形状愈复杂，虚线就愈多，这样对读图和标注尺寸都不方便。为此，对机件不可见的内部结构形状经常采用剖视图来表达，如图 5-5 所示。

图 5-5（a）是机件的视图，主视图上有多条虚线。

图 5-5（b）表示进行剖视图的过程，假想用剖切平面把机件切开，移去观察者与剖切平面之间的部分，将留下的部分向投影面投影，这样得到的图形就称为剖视图，简称剖视，如图 5-5（c）所示。

剖切平面与机件接触的部分，称为剖面。剖面是部切平面和物体相交所得的交线围成的图形。为了区别剖到和未剖到的部分，要在剖到的实体部分上画上剖面符号，如图 5-5（c）所示。

因为剖切是假想的，实际上机件仍是完整的，所以画其他视图时，仍应按完整的机件画出。对于已经表达清楚的结构，剖视图中其虚线应省略不画；面面之间的交线也应该画完整。因此，图 5-5（d）中的主视图的画法是不正确的。

为了区别被剖到的机件的材料，国家标准规定了各种材料剖面符号的画法，见项目一表 1-5 规定的剖面符号。

在同一张图样中，同一个机件的所有剖视图的剖面符号应该相同。例如，金属材料的剖面符号，都画成与水平线成 45°（可向左倾斜，也可向右倾斜）且间隔均匀的细实线。图 5-6 为通用剖面线的画法。

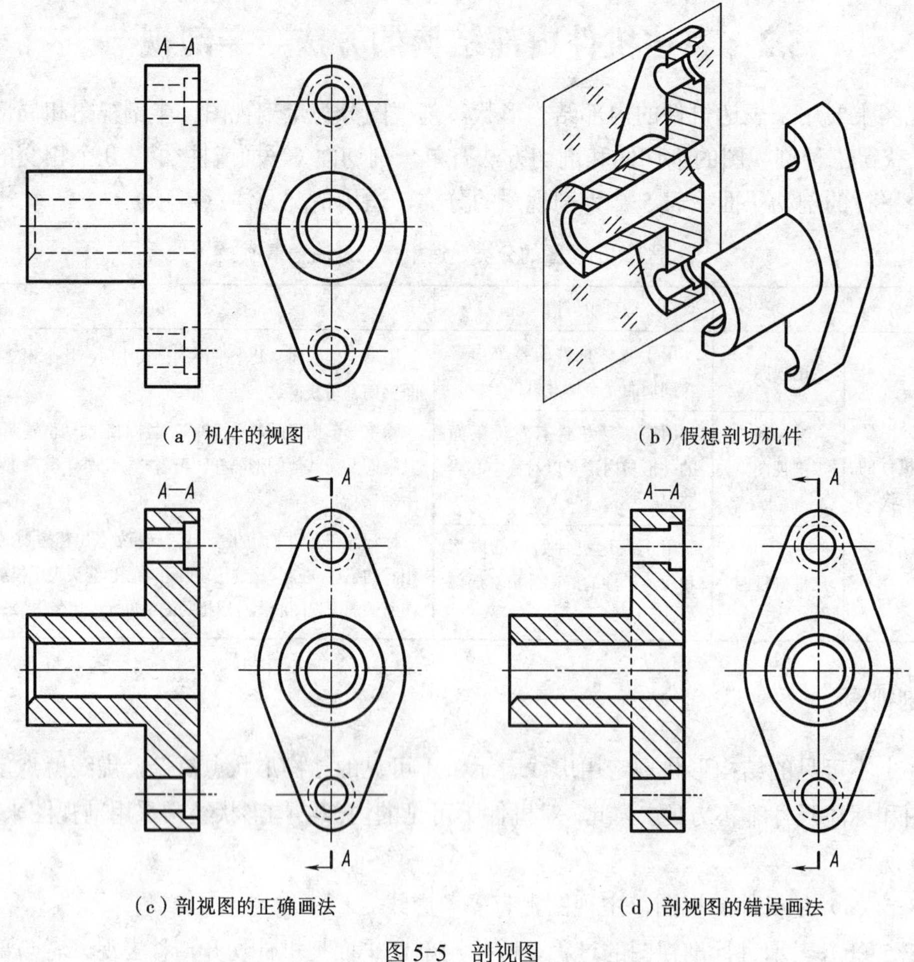

（a）机件的视图　（b）假想剖切机件

（c）剖视图的正确画法　（d）剖视图的错误画法

图 5-5　剖视图

图 5-6　通用剖面线的画法

画剖视图时应注意以下几点：

（1）剖切平面位置的选择。因为画剖视图的目的在于清楚地表达机件的内部结构，因此，应尽量使剖切平面通过内部结构比较复杂的部位（如孔、沟槽）的对称平面或轴线。另外，为便于看图，剖切平面应取平行于投影面的位置，这样可在剖视图中反映出剖切到的部分实形。

（2）虚线的省略问题。剖切平面后方的可见轮廓线都应画出，不能遗漏。不可见部分的轮廓线—虚线，在不影响对机件形状完整表达的前提下，不再画出。

（3）标注问题。剖视图标注的目的，在于表明剖切平面的位置和数量，以及投影的方向。一般用断开线（粗短线）表示剖切平面的位置，用箭头表示投影方向，用字母表示某处做了剖视。

剖视图如满足以下三个条件，可不加标注。

① 剖切平面是单一的，而且是平行于要采取剖视的基本投影面的平面。

② 剖视图配置在相应的基本视图位置。

③ 剖切平面与机件的对称面重合。

5.2.2 剖视图的种类及其画法

根据机件被剖切范围的大小，剖视图可分为全剖视图、半剖视图和局部剖视图。

1. 全剖视

用剖切平面完全地剖开机件后所得到的剖视图，称为全剖视图。全剖视图可由单一的或是组合的剖切面完全地剖开机件得到。图 5-7 所示的主视图为全剖视。

全剖视图用于表达内形复杂又无对称平面的机件。

标注方法是，在剖切位置画断开线（断开的粗实线）。断开线应画在图形轮廓线之外，不与轮廓线相交，且在两段粗实线的旁边写上两个相同的大写字母，然后在剖视图的上方标出同样的字母，如“*A—A*”，如图 5-7（b）所示。

全剖视图标注可省略的两种情况：

（1）当剖视图按投影关系配置，中间又没有其他图形隔开时，可省略箭头。

（2）当单一剖切平面（平行于基本投影面）通过机件的对称平面或基本对称平面，且剖视图按投影关系配置，中间又没有其他图形隔开时，不必标注。

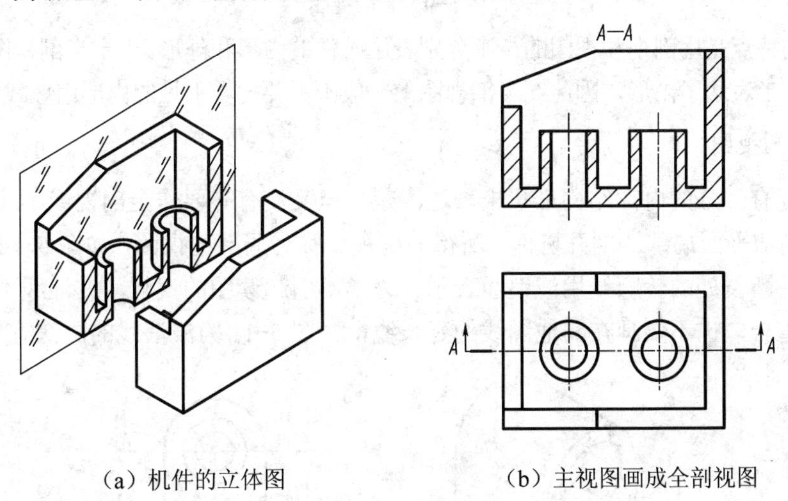

（a）机件的立体图　　（b）主视图画成全剖视图

图 5-7　全剖视图

图 5-8 为全剖视图标注的省略示例。

2. 半剖视图

当机件具有对称平面，向垂直于对称平面的投影面上投影时，以对称中心线（细点画线）为界，一半画成视图用以表达外部结构形状，另一半画成剖视图用以表达内部结构形状，这样组合的图形称为半剖视图，如图 5-9 所示。

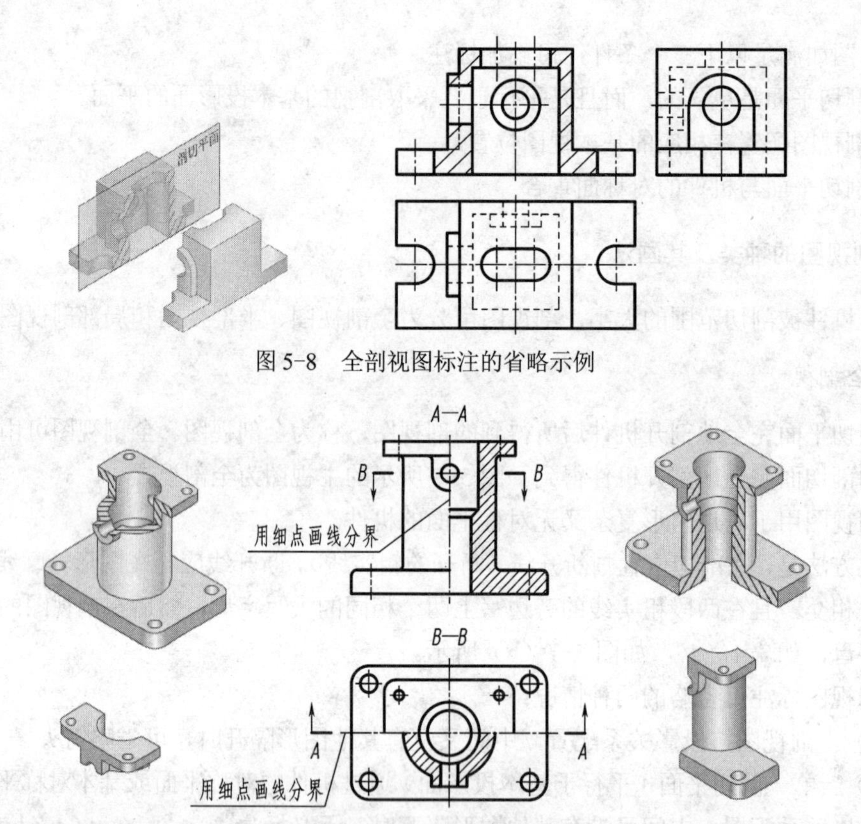

图 5-8　全剖视图标注的省略示例

图 5-9　半剖视图

半剖视的特点是用剖视和视图的一半分别表达机件的内形和外形。由于半剖视图的一半表达了外形，另一半表达了内形，因此在半剖视图上一般不需要把看不见的内形用虚线画出来。

3. 局部剖视图

当机件尚有部分的内部结构形状未表达清楚，但又没有必要作全剖视或不适合于作半剖视时，可用剖切平面局部地剖开机件，所得的剖视图称为局部剖视图，如图 5-10 所示。局部剖切后，机件断裂处的轮廓线用波浪线表示。为了不引起读图的误解，波浪线不要与图形中的其他图线重合，也不要画在其他图线的延长线上。图 5-11 为波浪线的画法。

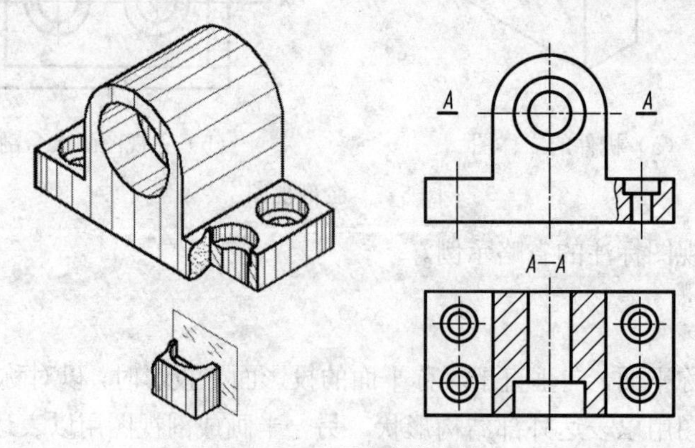

图 5-10　局部剖视图

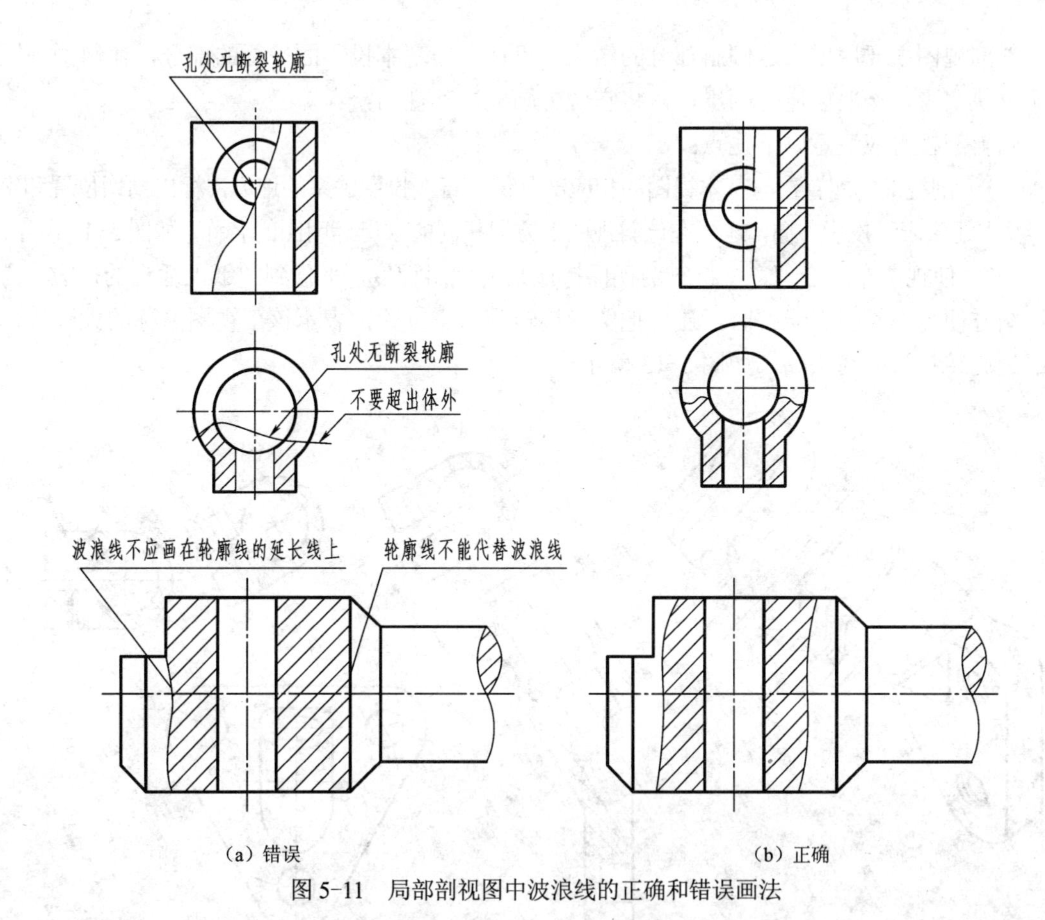

图 5-11 局部剖视图中波浪线的正确和错误画法

应该指出的是，有些机件，虽然对称，但由于机件的分界处有轮廓线，因此不宜采用半剖视而应采用局部剖视，而且局部剖视范围的大小，视机件的具体结构形状而定，可大可小，如图 5-12 所示。

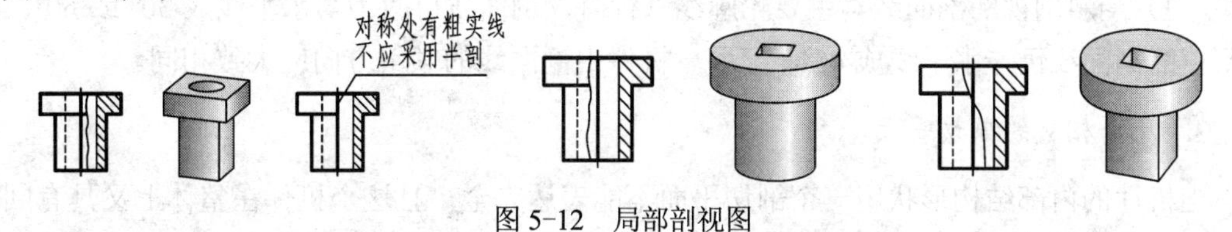

图 5-12 局部剖视图

5.2.3 剖切面的种类及方法

1. 单一剖切面

单一剖切面用得最多的是投影面的平行面，前面所举图例中的剖视图都是用这种平面剖切得到的。

单一剖切面还可以用垂直于基本投影面的平面，当机件上有倾斜部分的内部结构需要表达时，可和画斜视图一样，选择一个垂直于基本投影面且与所需表达部分平行的投影面，然后再用一个平行于这个投影面的剖切平面剖开机件，向这个投影面投影，这样得到的剖视图称为斜剖视图，简称斜剖视。

斜剖视图主要用以表达倾斜部分的结构，机件上与基本投影面平行的部分，在斜剖视图中不反映实形，一般应避免画出，常将它舍去画成局部视图。

画斜剖视时应注意以下几点：

（1）剖视最好配置在与基本视图的相应部分保持直接投影关系的地方，标出剖切位置和字母，并用箭头表示投影方向，还要在该斜视图上方用相同的字母标明图的名称，如图 5-13 所示。

（2）使视图布局合理，可将斜剖视保持原来的倾斜程度，平移到图纸上适当的地方；为了画图方便，在不引起误解时，还可把图形旋转到水平位置，表示该剖视图名称的大写字母应靠近旋转符号的箭头端，如图 5-13 所示。

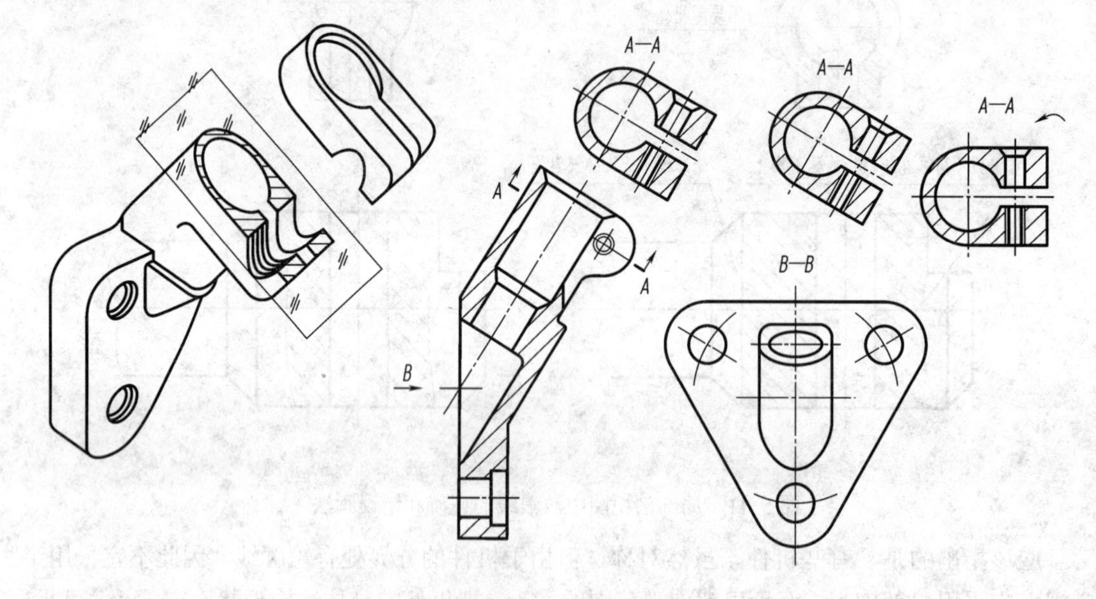

图 5-13　斜剖视

（3）当斜剖视的剖面线与主要轮廓线平行时，剖面线可改为与水平线成 30º 或 60º，原图形中的剖面线仍与水平线成 45º，但同一机件中剖面线的倾斜方向应大致相同。

2. 几个相交的剖切平面

当机件的内部结构形状用一个剖切平面不能表达完全，且这个机件在整体上又具有回转轴时，可用两个相交的剖切平面剖开，这种剖切方法称为用几个相交的面剖切的剖视图。图 5-14 的俯视图为用几个相交的面剖切后所画出的全剖视图。

采用几个相交的面剖切面剖视图时，首先把由倾斜平面剖开的结构连同有关部分旋转到与选定的基本投影面平行，然后再进行投影，使剖视图既反映实形又便于画图。需要指出的是：

（1）旋转剖必须标注。标注时，在剖切平面的起、迄、转折处画上剖切符号，标上同一字母，并在起迄画出箭头表示投影方向，在所画的剖视图的上方中间位置用同一字母写出其名称“×—×”，如图 5-14 所示。

（2）在剖切平面后的其他结构一般仍按原来位置投影，如图 5-14 中小油孔的投影。

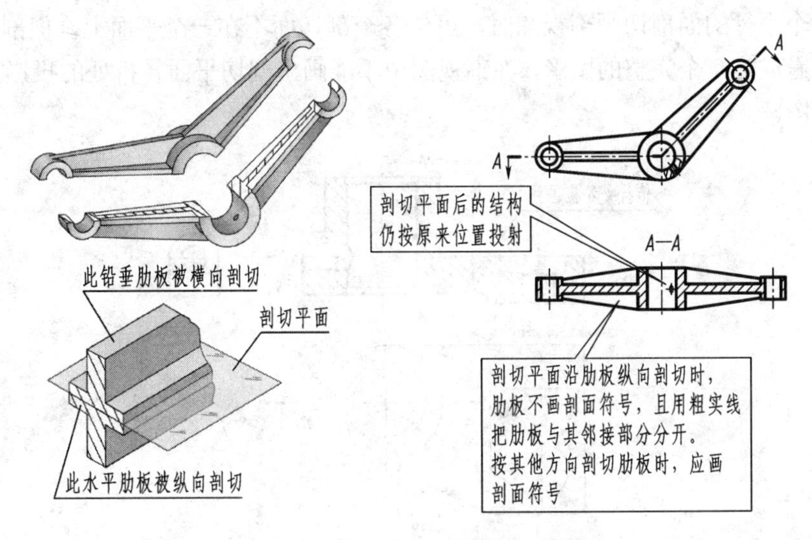

图 5-14　几个相交的面剖切的剖视图

（3）当剖切后产生不完整要素时，应将该部分按不剖画出，如图 5-15 所示。

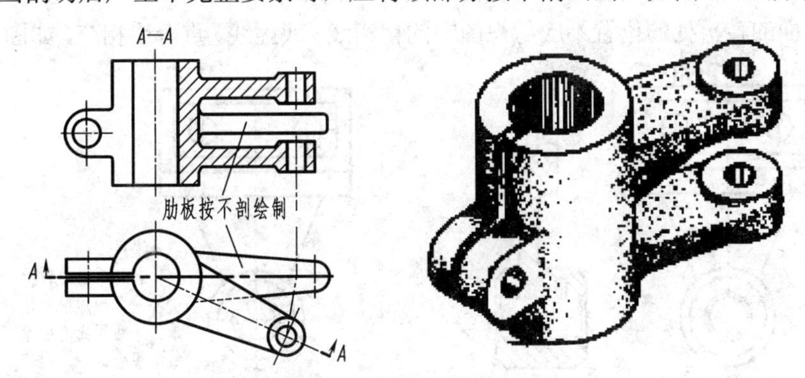

图 5-15　剖切后产生不完整要素

3. 几个平行的剖切平面

当机件上有较多的内部结构形状，而它们的轴线不在同一平面内时，可用几个互相平行的剖切平面剖切，这种剖切方法称为几个平行的面剖切的剖视图。图 5-16 所示机件用了两个平行的剖切平面剖切后画出的 *A—A* 全剖视图。

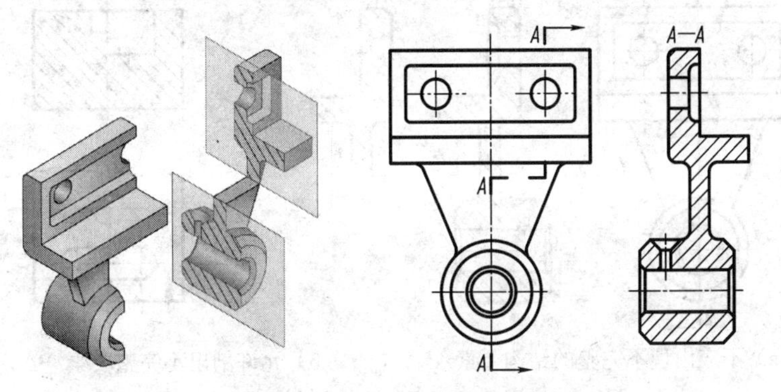

图 5-16　几个平行的面剖切的剖视图的画法

采用几个平行的面剖切画剖视图时，虽然各个剖切面不在一个平面上，但剖切后所得到的剖视图应看成是一个完整的图形，在剖视图中不能画出剖切平面转折处的投影，如图 5-17 所示的主视图。

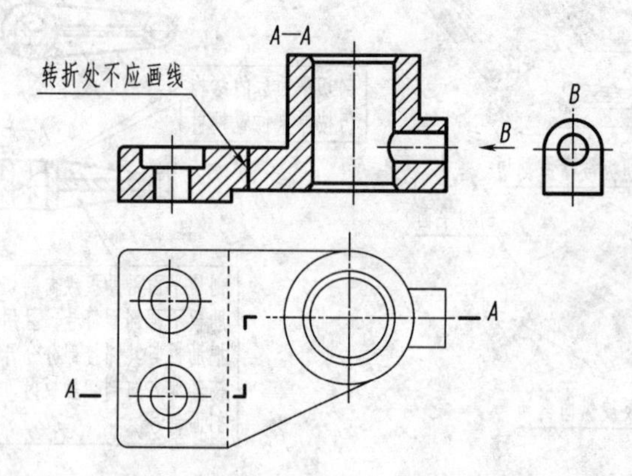

图 5-17　采用几个平行的面剖切画剖视图不能画出剖切平面转折处的投影

采用几个平行的面剖切画剖视图时，各剖切平面剖切后所得的剖视图是一个图形，在相互平行的剖切平面的转折处的位置不应与视图中的粗实线（或虚线）重合或相交，如图 5-18 所示。

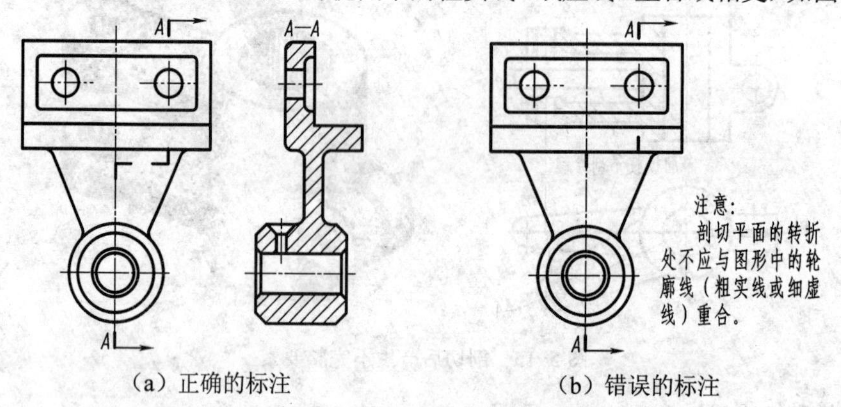

（a）正确的标注　　（b）错误的标注

图 5-18　采用几个平行的面剖切画剖视图常见错误

在图形内也不应出现不完整的结构要素，一般不应出现不完整的孔、槽等要素。如图 5-19（a）所示。当两个要素在图形上具有公共对称线或轴线时，可各画一半，如图 5-19（b）所示。

（a）不应出现不完整的结构要素　　（b）允许剖出不完整要素

图 5-19　用几个平行的剖切面剖切注意问题

4. 几个剖切面组合的剖切平面

当用前面介绍各种剖切方法都不能集中表达机件内部结构时，可用组合的剖切平面剖开零件后进行投影。

组合的剖切平面是由平行于基本投影面的剖切平面、垂直基本投影面的剖切平面和柱面组成，如图 5-20 所示。

适用范围：当机件内部结构位置复杂，可用多个组合平面剖开，这些剖切平面的位置，有的相交、有的平行。

绘图时，各部分的绘制方法可按以上相应的剖切方法绘制。

需要注意的是，剖视图必须进行标注。

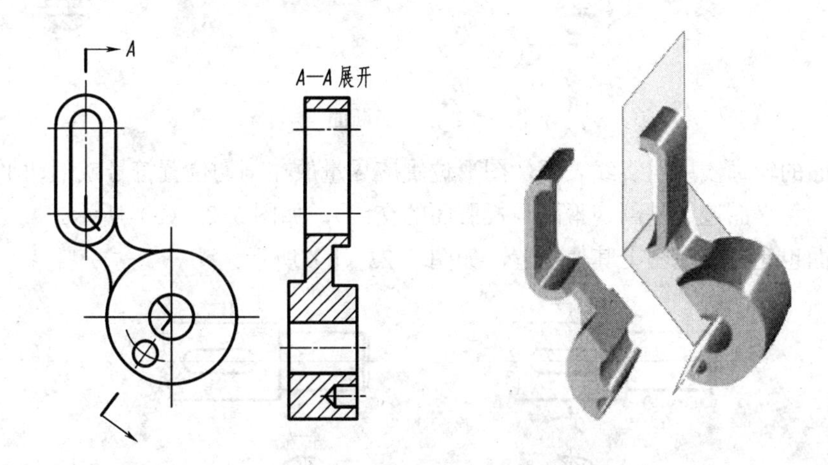

图 5-20　用几个组合剖切面的剖切

5.3　断面图和局部放大图

断面图主要用来表达机件某部分断面的结构形状，局部放大图表达机件上一些细小的结构。

5.3.1　断面的概念

假想用剖切平面把机件的某处切断，仅画出断面的图形，此图形称为断面图（简称断面）。如图 5-21（a）所示轴，为了表达轴上键槽的深度，在键槽处用一个垂直于轴线的剖切平面切断轴，画出其断面图，如图 5-21（b）所示，这样键槽的深度就一目了然了。

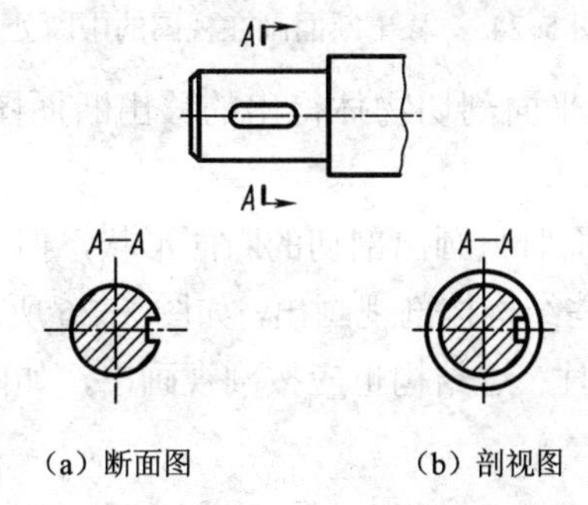

图 5-21　断面图的形成和剖视图的区别

断面与剖视的区别在于：断面只画出剖切平面和机件相交部分的断面形状，而剖视则须把断面和断面后可见的轮廓线都画出来，如图 5-21（c）所示。

断面按其在图纸上配置的位置不同，分为移出断面和重合断面。

（1）移出断面

画在视图轮廓线以外的断面，称为移出断面。例如，图 5-22 为移出断面。

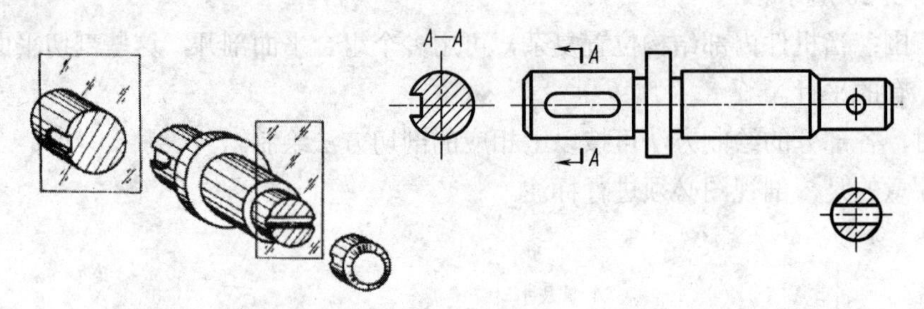

图 5-22　移出断面

移出断面的轮廓线用粗实线表示，图形位置应尽量放在剖切位置符号或剖切平面迹线的延长线上（剖切平面迹线是剖切平面与投影面的交线），如图 5-23（a）所示。

移出断面也允许放在图上其他位置，如图 5-23（b）所示。

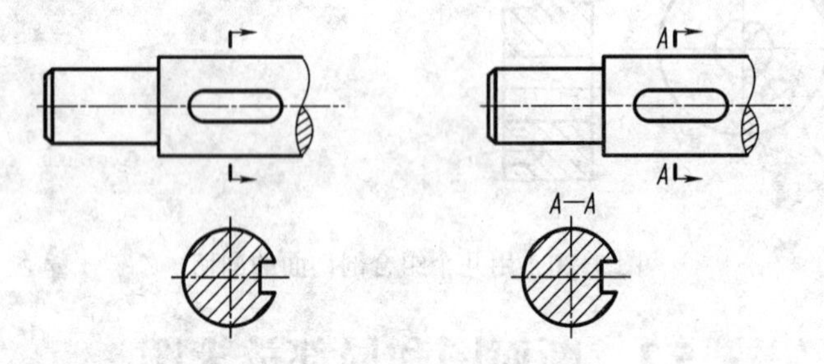

（a）断面图画在剖切平面迹线的延长线上　（b）断面图画在其他位置

图 5-23　断面图的配置位置

当断面图形对称时，也可将断面画在视图的中断处，如图 5-24 所示。

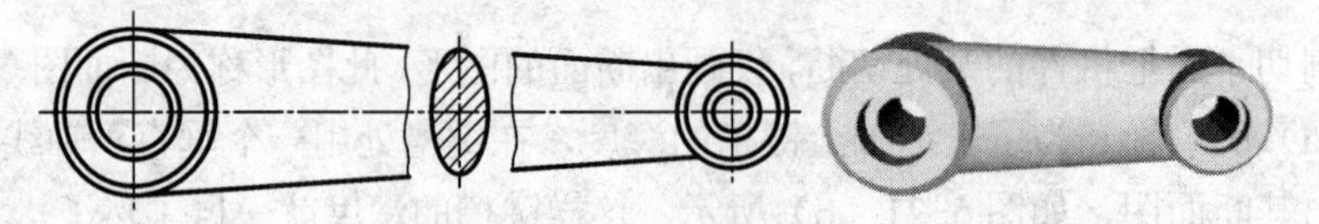

图 5-24　移出断面画在视图的中断处

由两个或多个相交的剖切平面剖切物体得出的移出断面图，中间一般应断开绘制，如图 5-25 所示。

规定：一般情况下，画断面时只画出剖切的断面形状，但当剖切平面通过机件上回转面形成的孔或凹坑的轴线时，这些结构按剖视画出，如图 5-26 所示。当剖切平面通过非圆孔会导致出现完全分离的两个断面时，这结构也应按剖视画出，如图 5-27 所示。

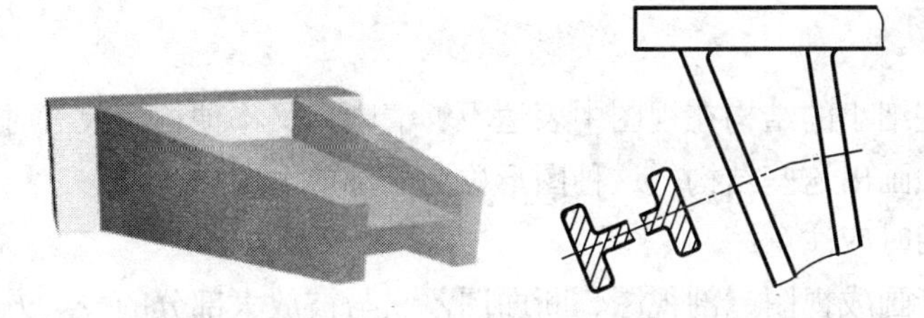

图 5-25 两个或多个相交的剖切平面剖切物体得出的移出断面图

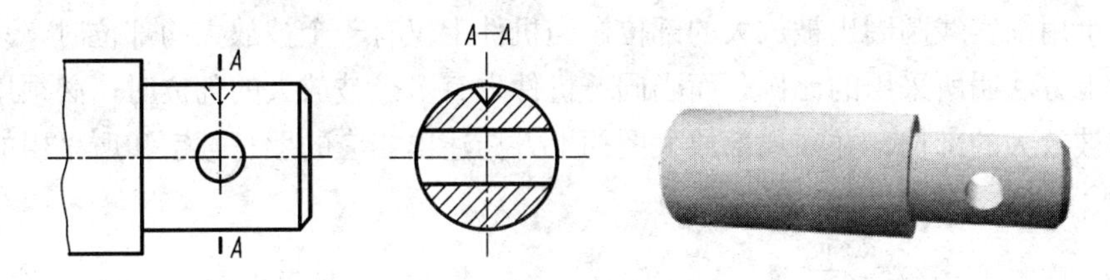

图 5-26 某些结构按剖视绘制

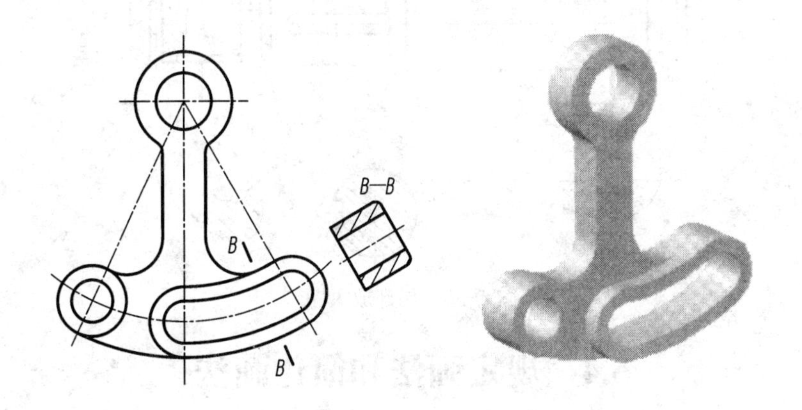

图 5-27 剖切面过非圆孔时某些结构按剖视绘制

（2）重合断面

画在视图轮廓线内部的断面，称为重合断面。例如，图 5-28、图 5-29 所示断面图都是重合断面。对称的重合断面图不必标注，不对称的重合断面图，在不致引起误解时可省略标注，如图 5-28 所示。

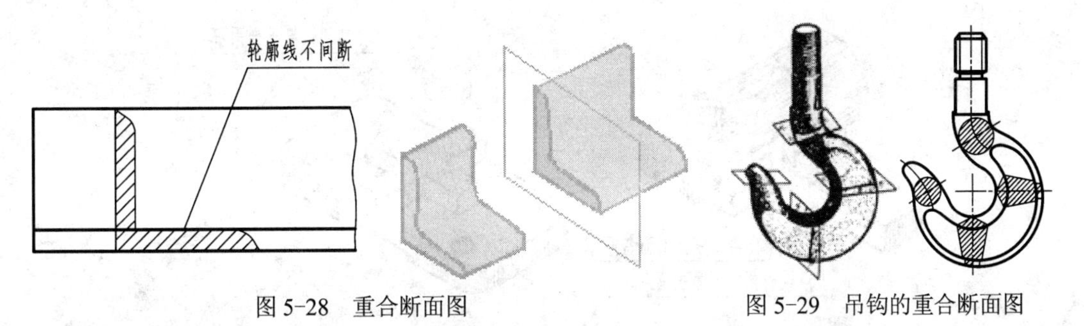

图 5-28 重合断面图　　图 5-29 吊钩的重合断面图

重合断面的轮廓线用细实线绘制，断面线应与断面图形的对称线或主要轮廓线成 45°。当视图的轮廓线与重合断面的图形线相交或重合时，视图的轮廓线仍要完整地画出，不得中断。

5.3.2 局部放大图

当机件上一些细小的结构在视图中表达不够清晰，又不便标注尺寸时，可用大于原图形所采用的比例单独画出这些结构，这种图形称为局部放大图。

画局部放大图时应注意：

局部放大图可画成视图、剖视图、断面图，它与被放大部分的表达方式无关。局部放大图应尽量配置在被放大部位的附近。

在原图上用细实线圆圈出被放大的部位。当机件上仅有一个被放大的部位时，只需在局部放大图的上方注明所采用的比例。而当同一机件上有多个被放大的部位时，必须用罗马数字依次标明被放大的部位，并在局部放大图的上方标注出相应的罗马数字和所采用的比例，如图 5-30 所示。

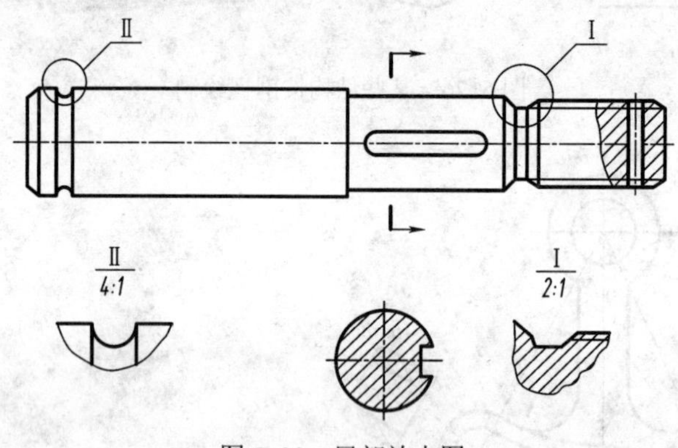

图 5-30　局部放大图

5.4　规定画法和简化画法

对机件上的某些结构，为了节省绘图时间和图幅，国家标准规定了规定画法和简化画法，现分别介绍。

1. 肋、轮辐等结构的画法

对于机件的肋、轮辐及薄壁等，如按纵向剖切，这些结构都不画剖面符号，而用粗实线将它与其邻接的部分分开，如图 5-31 所示。

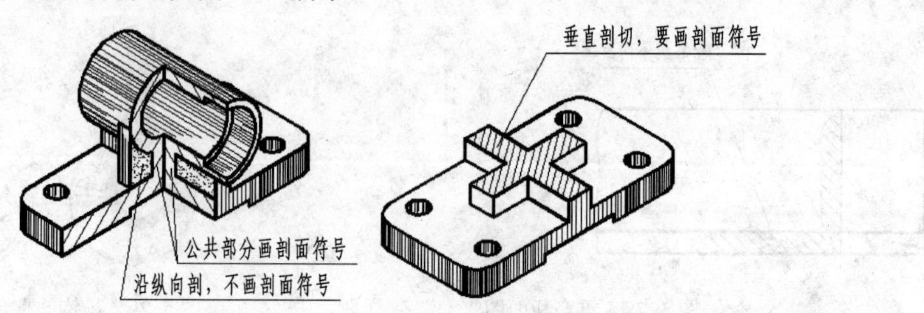

图 5-31　肋板结构的规定画法

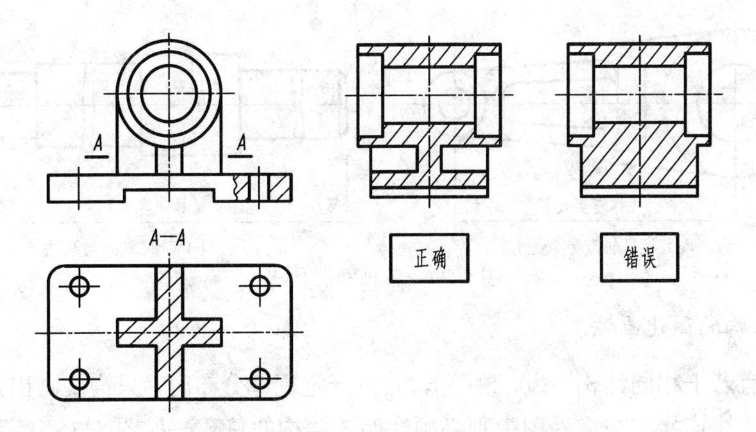

图 5-31 肋板结构的规定画法（续）

当零件回转体上均匀分布的肋、轮辐、孔等结构不处于剖切平面上时，可将这些结构旋转到剖切平面上画出，如图 5-32、图 5-33 所示。

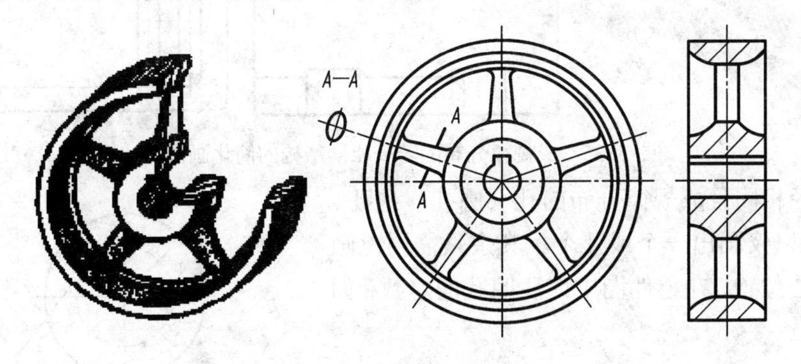

图 5-32 轮辐结构的规定画法

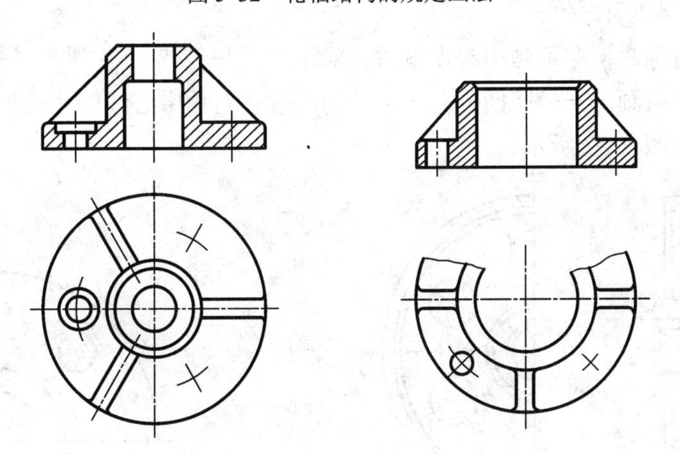

图 5-33 均布的肋或孔的画法

2. 断裂画法

对于较长的机件（如轴、连杆、筒、管、型材等），若沿长度方向的形状一致或按一定规律变化时，为节省图纸和画图方便，可将其断开后缩短绘制，但要标注机件的实际尺寸。

画图时，用波浪线断开，可用图 5-34 所示方法表示。

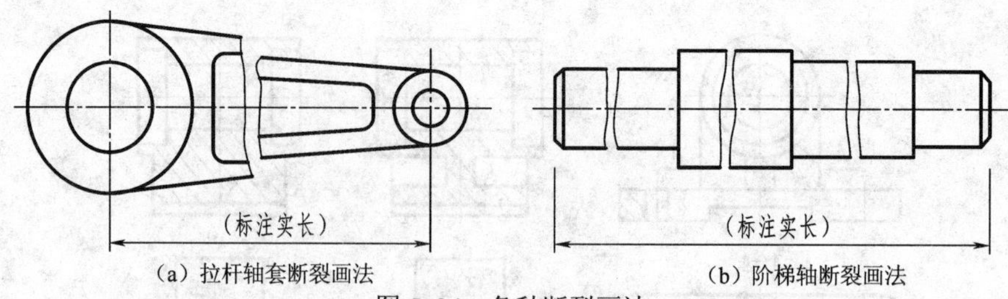

（a）拉杆轴套断裂画法　　（b）阶梯轴断裂画法

图 5-34　各种断裂画法

3. 相同结构的简化画法

当机件具有若干相同结构（齿、槽等），并按一定规律分布时，只需要画出几个完整的结构，其余用细实线连接，在零件图中则必须注明该结构的总数，如图 5-35 所示。

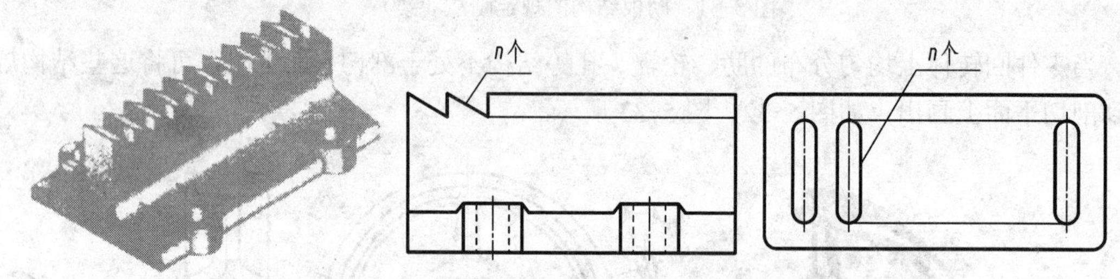

图 5-35　成规律分布的若干相同结构的简化画法

若干直径相同且成规律分布的孔（圆孔、螺孔、沉孔等），可以仅画出一个或几个。其余只需用点画线表示其中心位置，在零件图中应注明孔的总数，如图 5-36 所示。

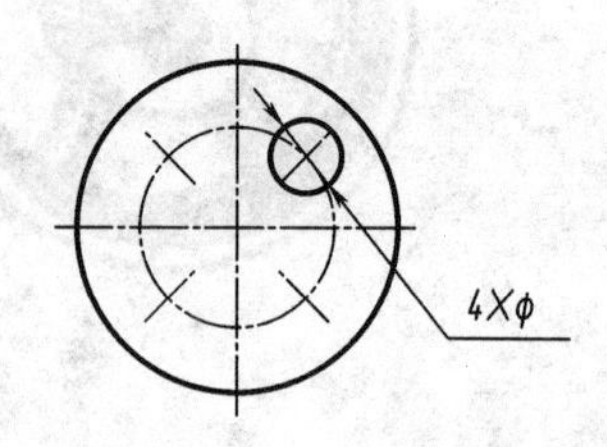

图 5-36　成规律分布的相同孔的简化画法

4. 对称图形的简化画法

当某一图形对称时，在不致引起误解时，对于对称机件的视图也可只画出一半或四分之一，此时必须在对称中心线的两端画出两条与其垂直的平行细实线，如图 5-37 所示。

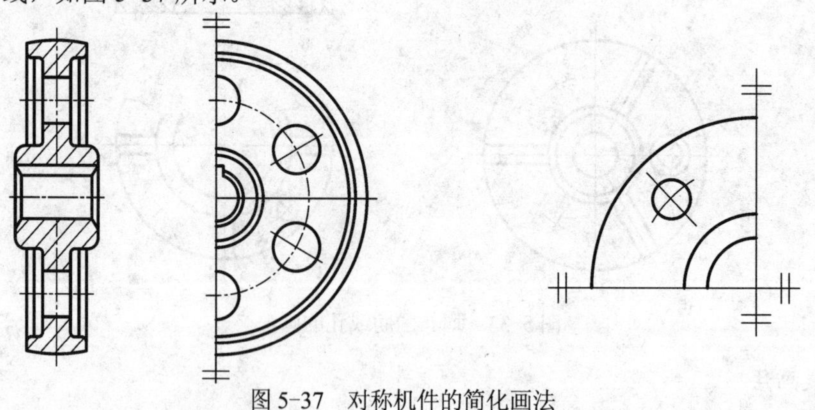

图 5-37　对称机件的简化画法

5. 有关图形中投影的简化画法

与投影面倾斜角度小于或等于 30° 的圆或圆弧，其投影可以用圆或圆弧代替，如图 5-38 所示。

6. 表示平面的简化画法

当图形不能充分表达平面时，可用平面符号（相交的两细实线）表示，如图 5-39 所示。

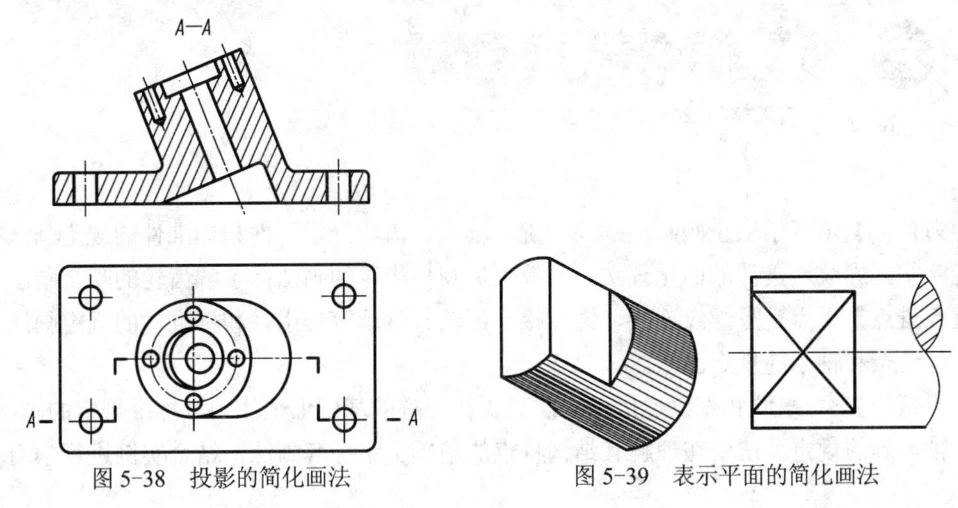

图 5-38　投影的简化画法　　图 5-39　表示平面的简化画法

5.5　综合应用

在确定一个机件的表达方案时，要针对其结构特点恰当地选用表达方法，把机件表达出来。

如图 5-40 所示的阀体：

主视图采用全剖视，表达阀体内腔结构形状。

俯视图采用半剖视，表达了顶部圆盘外形和小孔结构；同时也表达了中间圆柱体与底板的形状。

左视图采用半剖视，表达了左侧凸缘的形状与阀体的内腔形状。

由于图 5-40 所示的方法一的左视图与主视图所表达的内容有不少重复之处，因此可以采用图 5-41 所示的方法二，此种表达方式省略了左视图，而用 B 向局部视图表达左侧凸缘的形状。主视图采用局部剖视图，表达了阀体内腔和底板上的小孔。

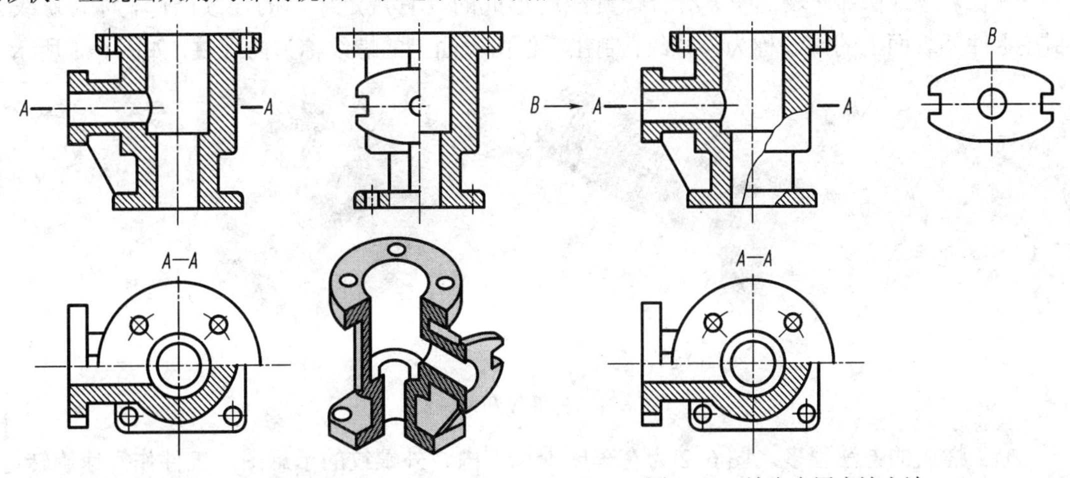

图 5-40　综合应用表达方法一　　图 5-41　综合应用表达方法二

项目六 标准件和常用件

【能力目标】 培养学生正确掌握螺纹、键、轴承、齿轮等常用件和标准件的规定画法的能力；能够掌握螺纹连接件的简化画法；掌握直齿圆柱齿轮的画法；了解齿轮的啮合画法。

【重点难点】 重点是是螺纹连接、键连接、齿轮、轴承等常用件和标准件的规定画法；难点是螺纹连接和轴承的规定画法。

【学习指导】 学习螺纹和螺纹连接件画法时要在理解的基础上记住国家标准规定的画法，对齿轮、轴承等的规定画法要在理解其结构特点的基础上掌握其画法，结合实例进行学习和画图。

标准件：国家标准将其型式、结构、材料、尺寸、精度及画法等均予以标准化的零件。如螺栓、双头螺柱、螺钉、螺母、垫圈，以及键、销、轴承等，由专门厂家进行大批量生产。

常用件：国家标准对其部分结构及尺寸参数进行了标准化的零件，如齿轮、弹簧等。在组织设计和生产时，应根据需要尽量选用这些标准件和常用件。在设计中选用这些标准件或常用件时，只需按国家标准的规定画法和标注方法示意即可。

6.1 螺纹和螺纹紧固件

在机器设备中，螺纹应用广泛，主要用于连接两个以上零件或传递运动和动力。

6.1.1 螺纹的形成和加工

在圆柱（或圆锥）表面上，沿着螺旋线所形成的具有规定牙型的连续凸起，称为螺纹。制在零件外表面上的螺纹称为外螺纹；制在零件内表面上的螺纹称为内螺纹，如图 6-1 所示。

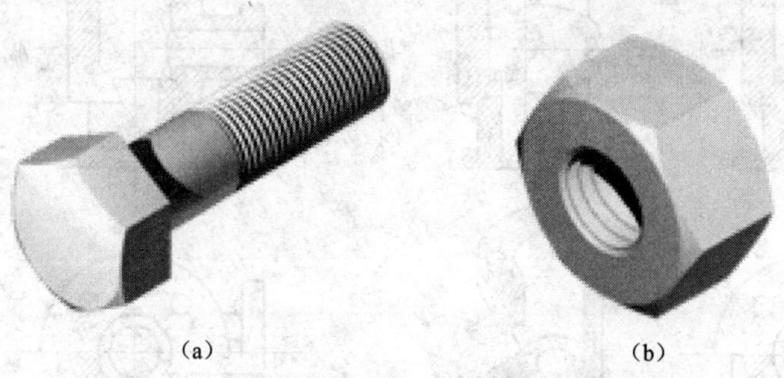

图 6-1 外螺纹和内螺纹

加工螺纹的方法很多。图 6-2 为在车床上加工内、外螺纹的示意图，工件作等速旋转运动，刀具沿工件轴向作等速直线移动，其合成运动使切入工件的刀尖在工件表面车出螺纹来。

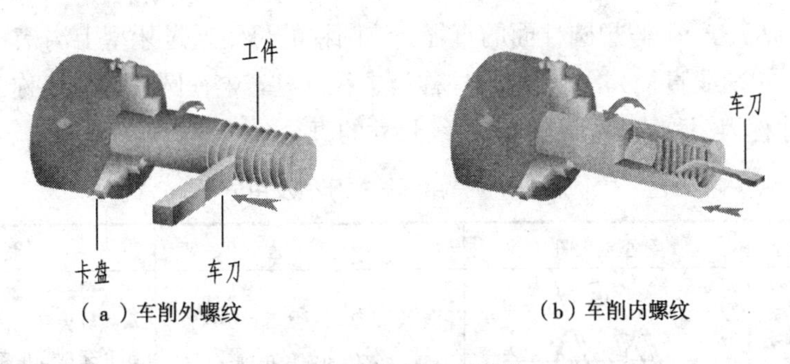

（a）车削外螺纹　　（b）车削内螺纹

图 6-2 车床上加工螺纹

在箱体、底座等零件上制出的内螺纹（螺孔），一般是先用钻头钻孔，再用丝锥攻出螺纹。图 6-3 中加工的为不穿通螺孔。钻孔时钻头顶部形成一个锥坑，其锥顶角按 120°画出。

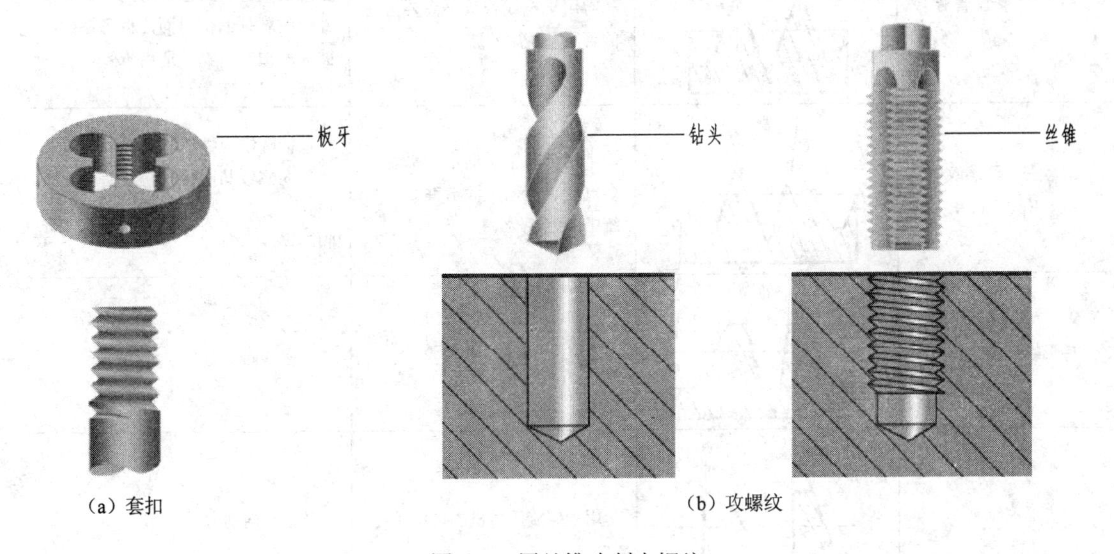

(a) 套扣　　(b) 攻螺纹

图 6-3 用丝锥攻制内螺纹

6.1.2 螺纹的五要素

螺纹的结构和尺寸是由牙型、大径和小径、螺距和导程、线数、旋向等要素确定的。内外螺纹连接时，螺纹的要素必须一致。

（1）螺纹牙型。在通过螺纹轴线的剖面上，螺纹的轮廓形状，称为螺纹牙型。它有三角形、梯形、锯齿形和方形等。不同的螺纹牙型，有不同的用途，如表 6-1 所示。

普通螺纹的牙型为三角形。普通螺纹和英寸制管螺纹一般用来连接零件，称为连接螺纹。梯形螺纹、锯齿形螺纹和矩形螺纹一般用来传递运动和动力，称为传动螺纹。

（2）直径。直径分为大径、中径和小径，如图 6-4 所示。

大径（D、d）：螺纹的最大直径，与外螺纹牙顶或内螺纹牙底相重合的假想圆柱的直径。外螺纹大径（d）亦称为顶径；内螺纹大径（D）亦称为底径。

小径（D_1、d_1）：螺纹的最小直径，与外螺纹牙底或内螺纹牙顶相重合的假想圆柱的直径。内外螺纹的小径分别用 D_1 和 d_1 表示。

中径（D_2、d_2）：一个假想圆柱面的直径。该圆柱的母线通过牙型上沟槽和凸起宽度相等的地方（见图 6-4 螺纹直径）。此假想圆柱称为中径圆柱，中径圆柱的母线称为中径线。螺纹大径的基本尺寸称为公称直径，是代表螺纹尺寸的直径。

表 6-1　常用螺纹的牙型及用途

螺纹名称及特征代号	牙型放大图	用　　途	说　　明
粗牙普通螺纹、细牙普通螺纹 M	60°	一般连接用粗牙普通螺纹 薄壁零件的连接用细牙普通螺纹	螺纹大径相同时，细牙螺纹的螺距和牙型高度都比粗牙螺纹的螺距和牙型高度要小
55° 非密封管螺纹 G	55°	常用于电线管等不需要密封的管路系统中的连接	螺纹本身不具有密封性，若要求连接后具有密封性，可压紧被连接件螺纹副外的密封面，也可在螺纹面间添加密封物。适用于管接头、旋塞、阀门等
55° 密封管螺纹 Rc、Rp、R_1、R_2	55°	常用于日常生活中的水管、煤气管、机器上润滑油管等系统中的连接	包括圆锥内螺纹与圆柱外螺纹、圆柱内螺纹与圆锥外螺纹两种连接形式。适用于管子、管接头、旋塞、阀门等
梯形螺纹 Tr	30°	多用于各种机床上的传动丝杆	传递双向动力
锯齿形螺纹 B	3°	用于螺旋压力机的传动丝杠	传递单向动力

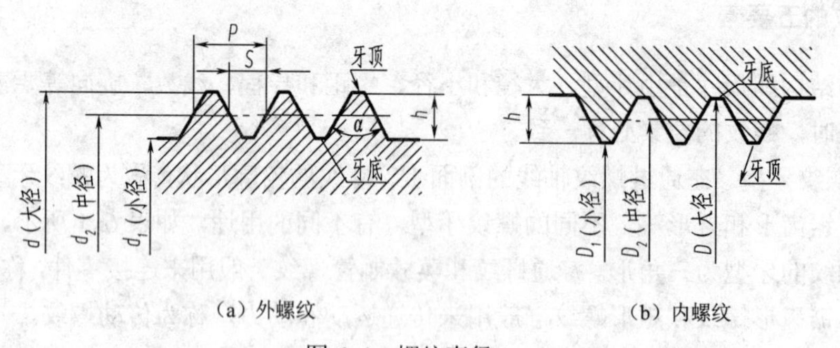

（a）外螺纹　　（b）内螺纹

图 6-4　螺纹直径

（3）线数 n。螺纹有单线和多线之分：沿一条螺旋线所形成的螺纹称为单线螺纹；沿两条或两条以上，且在轴向等距分布的螺旋线所形成的螺纹称为多线螺纹，如图 6-5 所示。通常多线螺纹使用在精密仪器仪表中或需要快速旋入的场合。

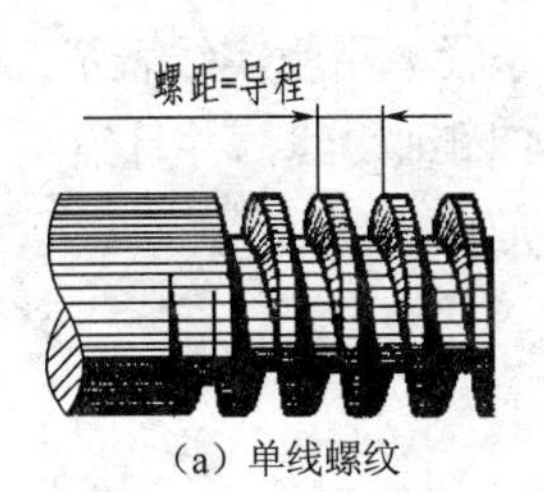

(a) 单线螺纹

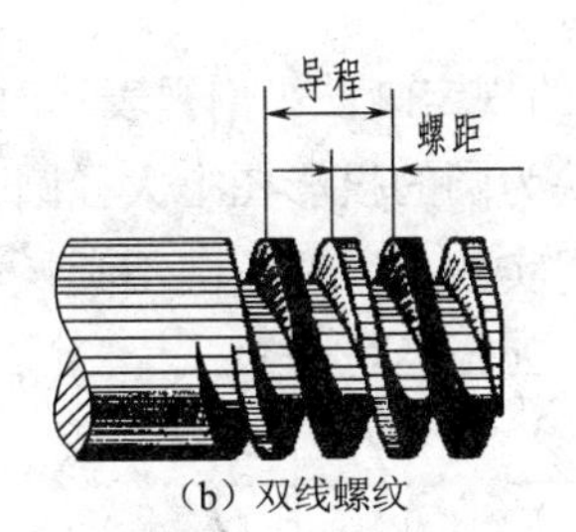

(b) 双线螺纹

图 6-5　螺纹的线数、导程与螺距

（4）导程 *Ph* 与螺距 *P*。同一条螺旋线上的相邻两牙在中径线上对应两点间的轴向距离称为导程，以 *Ph* 表示。相邻两牙在中径线上对应两点间的轴向距离称为螺距，以 *P* 表示。单线螺纹的导程等于螺距，即 $Ph=P$，如图 6-5（a）所示；多线螺纹的导程等于线数乘以螺距，即 $Ph=nP$。对于图 6-5（b）的双线螺纹，则 $Ph=2P$。

（5）旋向。螺纹分右旋和左旋两种，如图 6-6 所示。

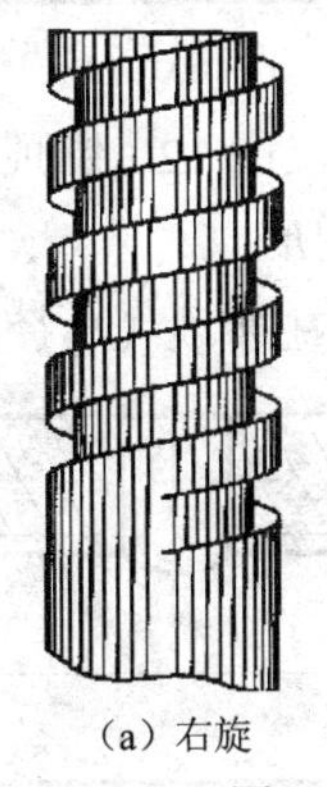
(a) 右旋

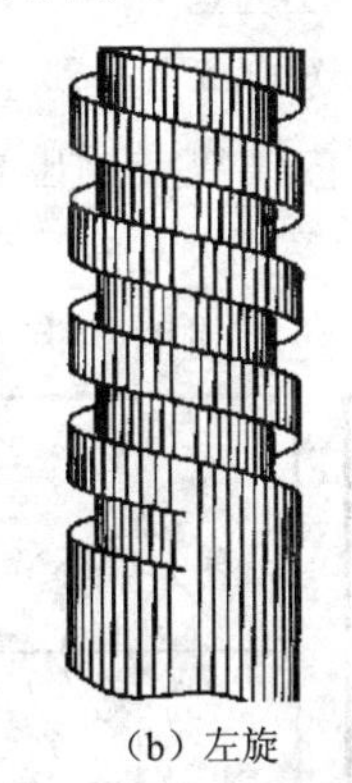
(b) 左旋

图 6-6　螺纹的旋向

顺时针旋转时旋入的螺纹，称为右旋螺纹；逆时钟旋转时旋入的螺纹，称为左旋螺纹。工程上常用右旋螺纹，但一些比较重要的安全场合如液化汽罐就可能用到左旋螺纹。

当内外螺纹旋合时，只有螺纹的五要素完全相同时才能互相旋合。改变上述五要数中的任何一项，就会得到不同规格和尺寸的螺纹。国家标准对有些螺纹（如普通螺纹、梯形螺纹）的牙型、直径和螺距都做了规定，凡是这三项符合标准的，称为标准螺纹。而牙型符合标准，直径或螺距不符合标准的螺纹称为特殊螺纹。牙型不符合标准的螺纹称为非标准螺纹，如方牙螺纹。

6.1.3　螺纹的规定画法和标注

螺纹若按真实投影作图，比较麻烦。为了简化作图，国家标准《机械制图　螺纹及螺纹紧固件表示法》GB/T 4459.1—1995 规定了螺纹的表示法。按此表示法作图并加以标注，就能清楚地表示螺纹的类型、规格和尺寸。

（1）外螺纹的规定画法：螺纹终止线画粗实线。螺纹顶径（大径）画粗实线，在反映为圆的投影上，底径只画约 3/4 圈细实线，且原来的倒角在该视图上的投影圆不画。在与轴线平行的投影面上，表示底径的细实线应画入倒角部分，小径通常画成大径的 0.85 倍。

外螺纹的剖视画法：在剖视部分，螺纹终止线只画到底径处。剖面线应画到顶径粗实线处，如图 6-7 所示。

（2）内螺纹的规定画法：剖视表示时，顶径（小径）用粗实线表示，底径（大径）用细实线表示，在反映为圆的投影图上大径圆只画约 3/4 圈细实线，并且细实线不能画入倒角，剖面线画到小径粗实线止，倒角圆不画，如图 6-8 所示。

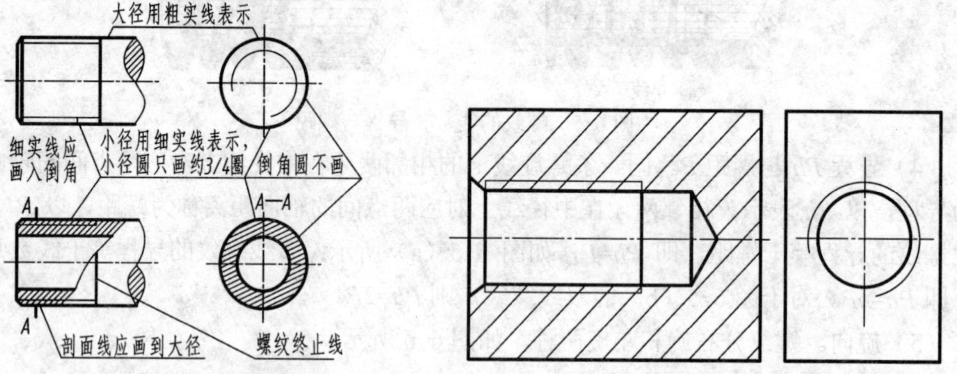

图 6-7　外螺纹的规定画法

图 6-8　内螺纹的规定画法

在不剖表示时，不通孔内螺纹要画出有钻头形成的 120°锥顶角，但尺寸标注时该角度不用标注，钻孔深度应比螺孔深度大 0.5d，如图 6-9 所示。

螺孔与螺孔、螺孔与光孔相贯时，其交线应画在牙顶（小径）处，如图 6-10 所示。

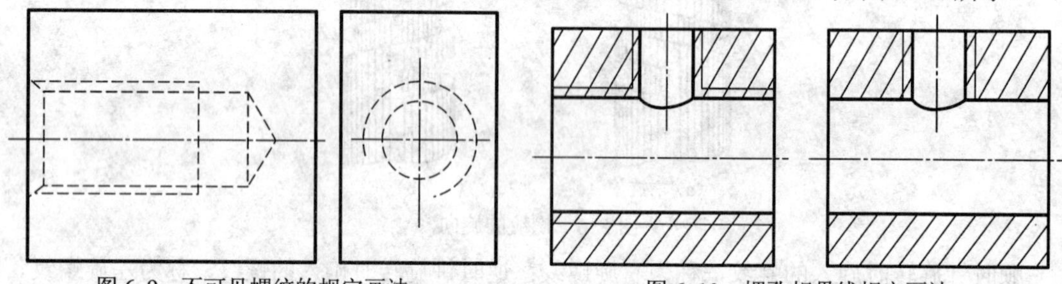

图 6-9　不可见螺纹的规定画法

图 6-10　螺孔相贯线规定画法

（3）螺纹连接的规定画法：如图 6-11 所示，以剖视图表达内、外螺纹连接时，其旋合部分应按外螺纹绘制，其余仍按各自的画法表示。应该注意的是：表示大、小径的粗实线和细实线应分别对齐，而与倒角的大小无关。

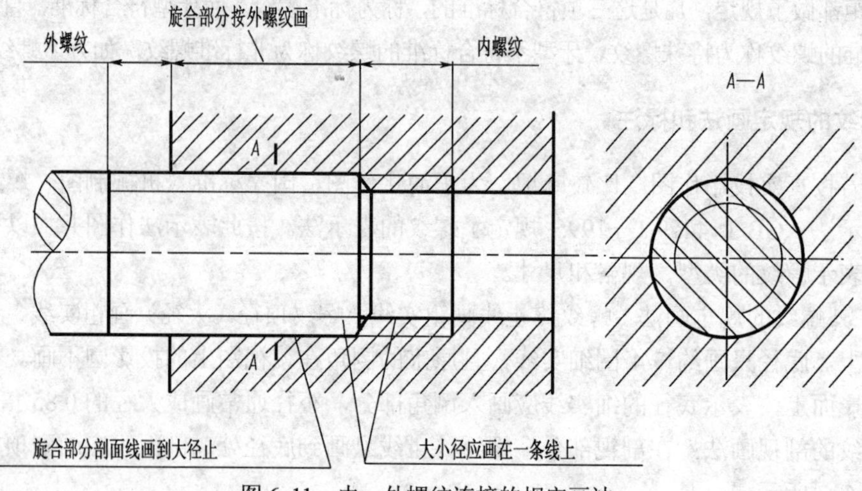

图 6-11　内、外螺纹连接的规定画法

6.1.4　常用螺纹的类型及标注

国家标准规定了各种螺纹的标记及标注方法，从螺纹的标记可了解该螺纹的种类、公称直径、螺距、线数、旋向、螺纹公差等方面的内容。下面分别介绍几种标准螺纹的标记及标注方法。

1. 普通螺纹的标注

普通螺纹的完整标记，由螺纹代号、螺纹公差带代号和螺纹旋合长度代号三部分组成。具体的标记格式：

[螺纹代号] [公称直径]×[螺距] [旋向]－[中径公差带代号] [顶径公差带代号]－[旋合长度代号]

普通螺纹标记的内容和格式如表 6-2 所示。

表 6-2　普通螺纹标注示例

用　途	螺纹种类	牙型及符号	类　型	标 注 示 例	说　　明
连接螺纹	普通螺纹	 60° 符号：M	粗牙	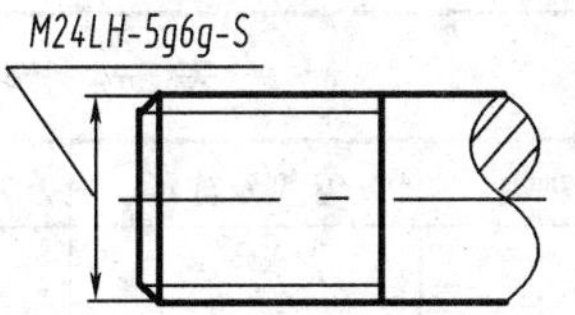 M24LH-5g6g-S	M24LH-5g6g-S S：旋合长度代号 6g：顶径公差带代号 5g：中径公差带代号 LH：左旋（注：右旋螺纹不标注旋向） 24：公称直径 M：螺纹特征代号
			细牙	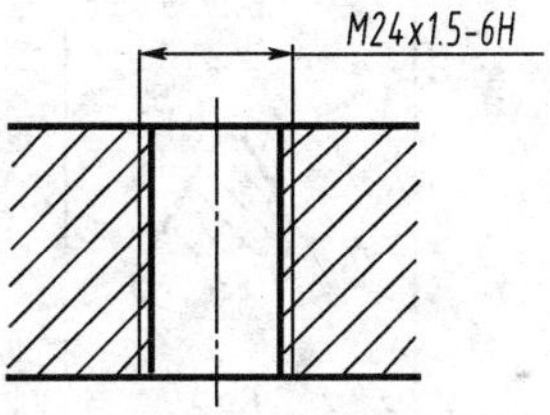 M24x1.5-6H	

上述标记中的公差带代号是由数字表示的螺纹公差等级和拉丁字母（内螺纹用大写字母，外螺纹用小写字母）表示的基本偏差代号组成，公差等级在前，基本偏差代号在后。先写中径公差带代号，后写顶径公差带代号，如果中径和顶径的公差带代号一样，则只注写一次。旋合长度是指两个相互旋合的螺纹，沿轴线方向相互结合的长度。对于普通螺纹，旋合长度代号有 S、N、L，分别表示短、中、长三种旋合长度。一般情况下均采用中等旋合长度，故在标记中 N 不写出。必要时才注出 S 或 L。各种旋合长度所对应的具体值可根据螺纹直径和螺距在有关标准中查出。

2. 管螺纹的标注

管螺纹分为 55°密封管螺纹和 55°非密封管螺纹，具记的内容和格式如表 6-3 和表 6-4 所示。

55°密封管螺纹：

[螺纹特征代号] [尺寸代号] × [旋向代号]

55°非密封管螺纹：

[螺纹特征代号] [尺寸代号] [公差等级代号] － [旋向代号]

表 6-3　55°非密封管螺纹标注示例

用　途	螺纹种类	牙型及符号	标 注 示 例	说　　明
连接螺纹	管螺纹	 55° 符号：G	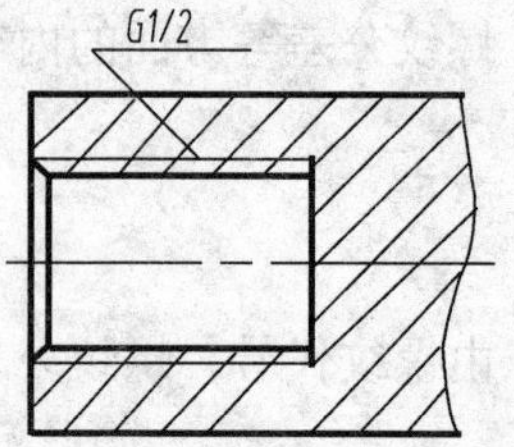 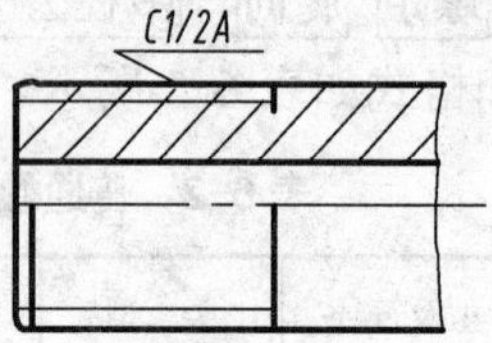 G1/2 C1/2A	G1/2A A：公差等级代号 1/2：尺寸代号 （管子通孔直径） G：螺纹特征代号 （1）外螺纹公差等级分 A、B 两级标记， 内螺纹公差等级只有一种 （2）右旋螺纹不标注，左选螺纹要加注 LH，如：G1/2B-LH

表 6-4　55°密封管螺纹标注示例

用　途	螺纹种类	牙型及符号	标 注 示 例	说　　明
连接螺纹	管螺纹	 55° Rp Rc R_1 R_2	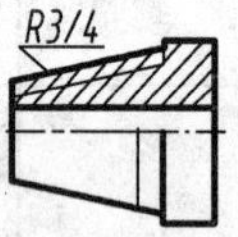 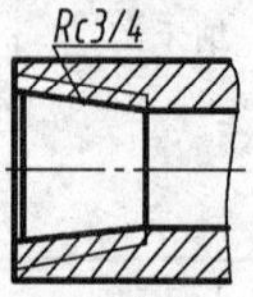 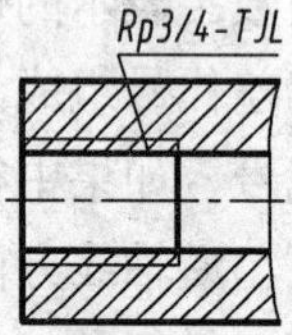 R3/4 Rc3/4 Rp3/4-TJL	圆锥内螺纹：Rc3/4 圆锥外螺纹：R3/4 圆柱内螺纹：Rp3/4-LH （1）内外螺纹均只有一种公差带 （2）右旋螺纹步需要标注，左旋螺纹要加注 LH

3. 梯形螺纹和锯齿形螺纹的标注

传动螺纹主要指梯形螺纹和锯齿形螺纹，梯形螺纹的螺纹代号用字母 T_r 表示，锯齿形螺纹的特征代号用字母 B 表示。其标记的内容和格式如表 6-5 所示。

梯形和锯齿形螺纹也用尺寸标注形式，注在内外螺纹的大径上，其标注的具体项目及格式如下：

螺纹代号 公称直径×导程（*P* 螺距） 旋向－中径公差带代号－旋合长度代号

多线螺纹标注导程与螺距，单线螺纹只标注螺距。

右旋螺纹不标注代号，左旋螺纹标注字母 LH。

传动螺纹只注中径公差带代号。

旋合长度只注 S（短）、L（长），中等旋合长度代号 N 省略标注。

表 6-5 梯形螺纹和锯齿形螺纹标注示例

用 途	螺纹种类	牙型及符号	标 注 示 例	说 明
传动螺纹	梯形螺纹	 30°	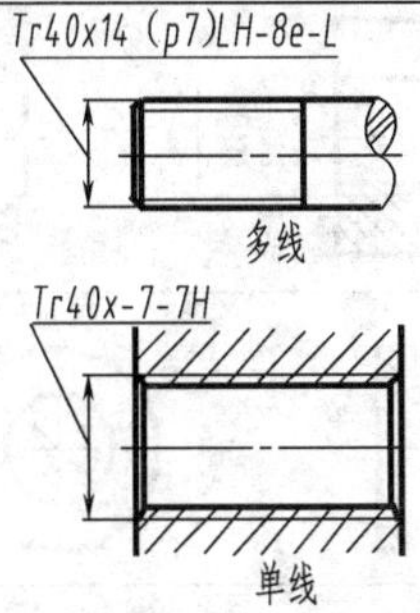 Tr40x14（p7）LH-8e-L 多线 Tr40x-7-7H 单线	Tr40x14（p7）LJH-8e-L Tr：螺纹特征代号 40：公称直径 14：导程 p7：螺距 LH：旋向（左旋） 8e：中径公差带代号 L：旋合长度代号
	锯齿形螺纹	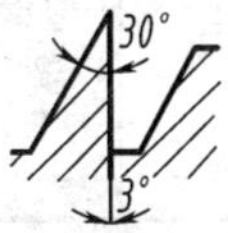 30° 3°	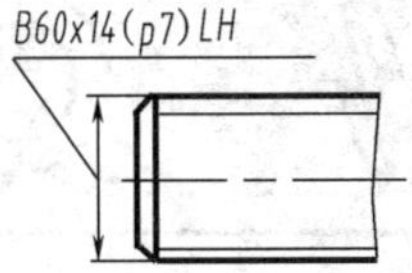 B60x14（p7）LH	B60x14（p7）LH B：螺纹特征代号 60：公称直径 14：导程 p7（螺距） LH：旋向

6.2 螺纹紧固件的画法及标注

6.2.1 常见螺纹紧固件

螺纹紧固件包括螺栓、双头螺柱、螺钉、螺母和垫圈等。它们的种类很多，其结构、形式、尺寸和技术要求都可以根据标记从国家标准中查得。常用的螺纹紧固件简图及其标记示例如表 6-6 所示。

表 6-6 常用的螺纹紧固件简图及其标记示例

种类及标注格式	图 例	标注格式及说明
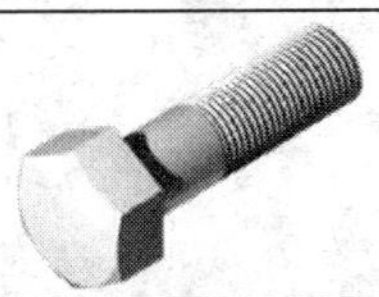	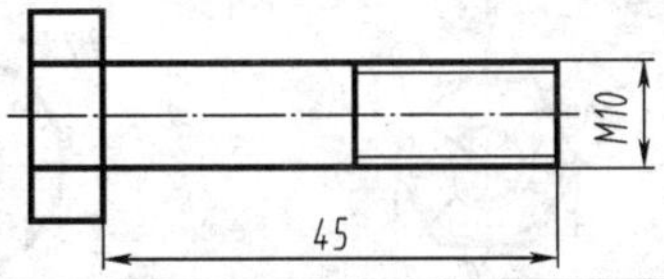 M10 45	螺栓 GB/T 5782 M10×45 名称：六角头螺栓 螺纹规格 d： M10 公称长度 l：45 mm
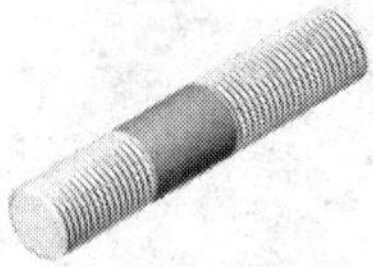	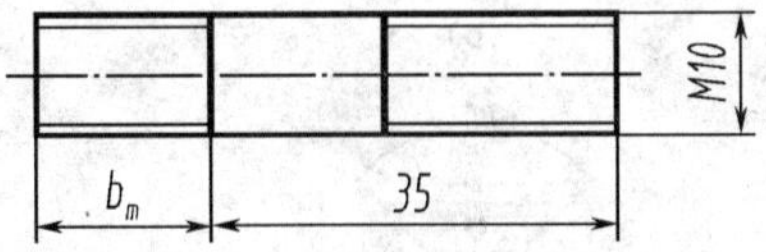 M10 b_m 35	螺柱 GB/T 899 M10×45 名称：双头螺栓 螺纹规格 d：M10 公称长度 l：35 mm 旋入端长度：b_m=1.5d
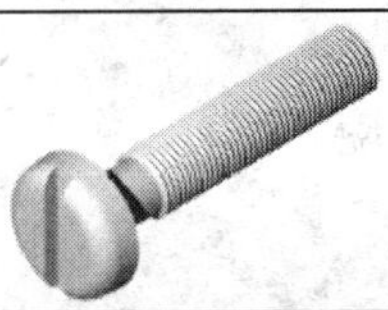	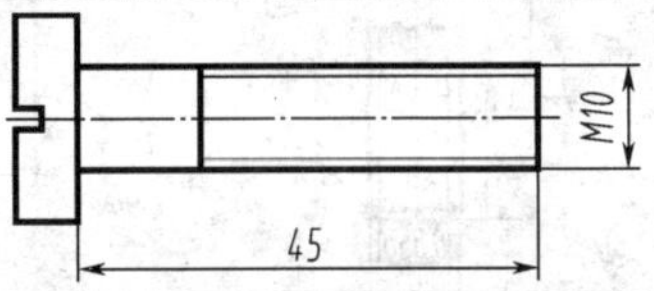 M10 45	螺钉 GB/ T67 M10×45 名称：开槽盘头螺钉 螺纹规格 d： M10 公称长度 l：45 mm
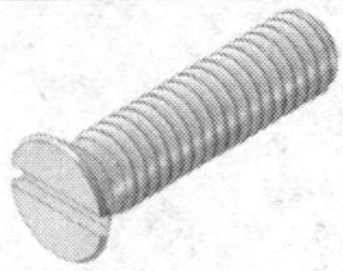	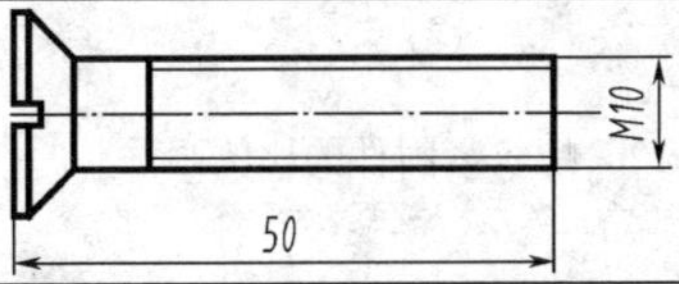 M10 50	螺钉 GB/T 68 M10×50 名称：开槽沉头螺钉 螺纹规格 d：M10 公称长度 l：50 mm

续表

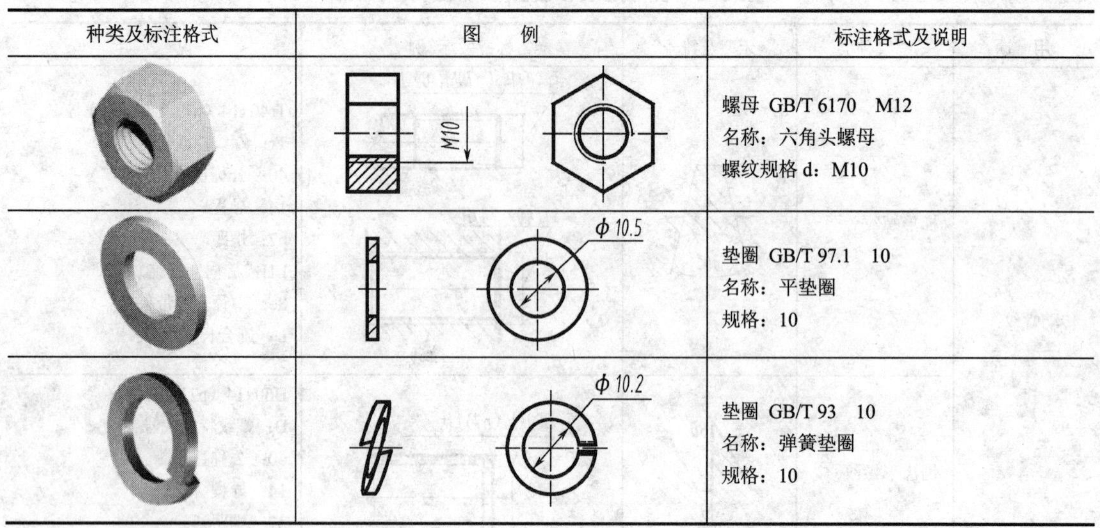

种类及标注格式	图　例	标注格式及说明
		螺母 GB/T 6170　M12 名称：六角头螺母 螺纹规格 d：M10
		垫圈 GB/T 97.1　10 名称：平垫圈 规格：10
		垫圈 GB/T 93　10 名称：弹簧垫圈 规格：10

6.2.2　螺纹紧固件的画法

画螺纹紧固件的画法有两种：

（1）按标准数据画图。紧固件各部分可根据规定标记在国家标准中查出有关尺寸画出，按标准规定的数据画图，附表中列出了常用螺纹紧固件的有关数据。

（2）按比例画图。为提高画图速度，螺纹紧固件各部分的尺寸（有效长度除外）都可按螺纹的公称直径或 D 的一定比例关系画图，称为比例画法。工程实践中一般采用比例画法，常用螺纹紧固件的比例画法如图 6-12 所示。

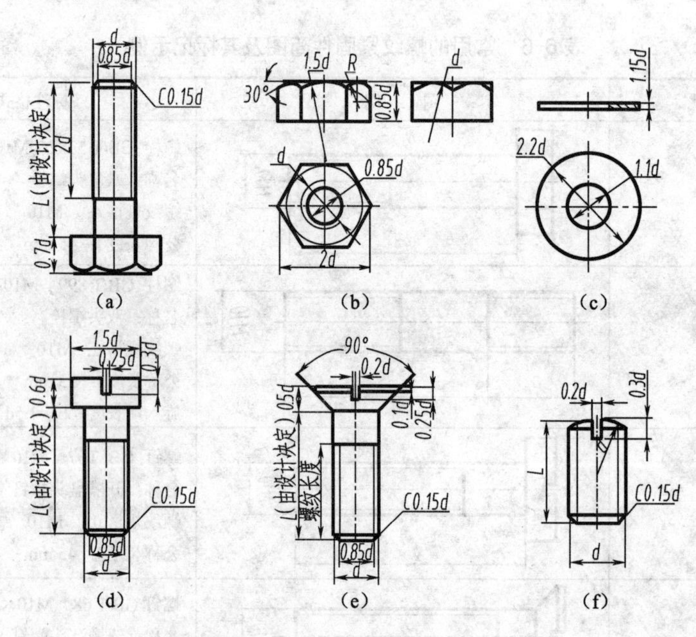

图 6-12　螺纹紧固件的比例画法

6.2.3　常用螺纹紧固件的装配画法

螺纹紧固件的连接，通常有螺栓连接、螺钉连接和螺柱连接三种。画螺纹紧固件连接图时必须遵守如下基本规定：

（1）两零件的接触表面只画一条线，不接触表面无论间隔多小都要画成两条线。

（2）在剖视图中，相邻两零件的剖面线方向应相反或间隔不同，而同一零件在不同的剖视图中，剖面线的方向和间隔应相同。

（3）当剖切平面沿实心零件和紧固件（如螺钉、螺栓、螺母、垫圈、键、销、球及轴等）的轴线剖切时，这些零件均按不剖绘制，即仍画其外形。但如果垂直其轴线剖切，则按剖视要求画出。

螺栓连接、双头螺柱连接和螺钉连接的装配画法分别介绍如下。

1. 螺栓连接

螺栓连接中，应用最广的是六角头螺栓连接，它是用六角头螺栓、螺母和垫圈来紧固被连接零件的。垫圈的作用是防止拧紧螺母时损伤被连接零件的表面，并使螺母的压力均匀分布到零件表面上。被连接零件都加工出无螺纹的通孔，通孔直径稍大于螺纹直径，具体大小可查标准。画螺栓连接时先要计算螺栓的公称长度 l。螺栓长度 $l \approx k+t_1+t_2+h+m+a$，计算出长度后查国家标准，根据螺栓长度系列取标准长度 l。

图 6-13 所示为螺栓连接的装配画法。螺栓连接件的尺寸规格可由国家标准查表获得。但在画螺纹紧固件时可用近似尺寸，其中：

$a \approx$（0.2～0.3）d；$m \approx 0.8d$；$h \approx 0.15d$；　$k \approx 0.7d$；　$e \approx 2d$；　$d_0 \approx 1.1d$；　$b \approx 2d$

2. 双头螺柱连接

双头螺柱连接是用双头螺柱、垫圈、螺母来紧固被连接零件的，如图 16-14 所示。双头螺柱连接用于被连接零件太厚或由于结构上的限制不宜用螺栓连接的场合。被连接零件中的一个加工出螺孔，其余零件都加工出通孔。此处选用弹簧垫圈，起防松作用。

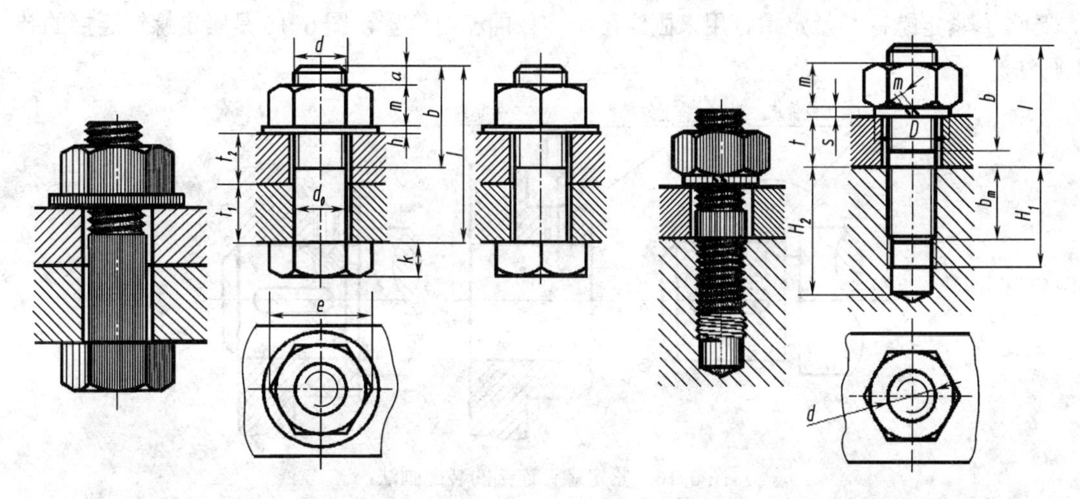

图 6-13　螺栓联接的近似画法　　　　图 6-14　双头螺柱联接的近似画法

双头螺柱两端都有螺纹，一端必须全部旋入被连接零件的螺孔内，称为旋入端；另一端用以拧紧螺母，称为紧固端。画螺栓连接的装配图同样应先计算出双头螺柱的公称长度，并取标准值。其中：$b_m=d$（一般钢件，GB/T 897—1988）；$b_m=1.25d$（一般铸件，GB/T 898—1988）；$b_m=d$（一般铸件，GB/T 899—1988）；$b_m=d$（一般铝合金件，GB/T 900—1988）。

图 6-15 所示为双头螺柱连接的装配画法。在画螺纹紧固件时可用近似尺寸，其中：

$s=0.2d$；$D=1.5d$；　$m'=0.1d$ ；$H_1=b_m+0.5d$；　$H_2=b_m+0.5d$

螺钉的种类很多，按其用途可分为连接螺钉和紧定螺钉两类。各种螺钉的形式、尺寸及其规定标记，可查阅国家标准。

（1）连接螺钉。连接螺钉不用螺母，一般用于受力较小而又不需经常拆卸的场合，被连接零件中一个加工出通孔或盲孔，另一个加工出螺孔。图 6-15 螺钉连接的装配画法。

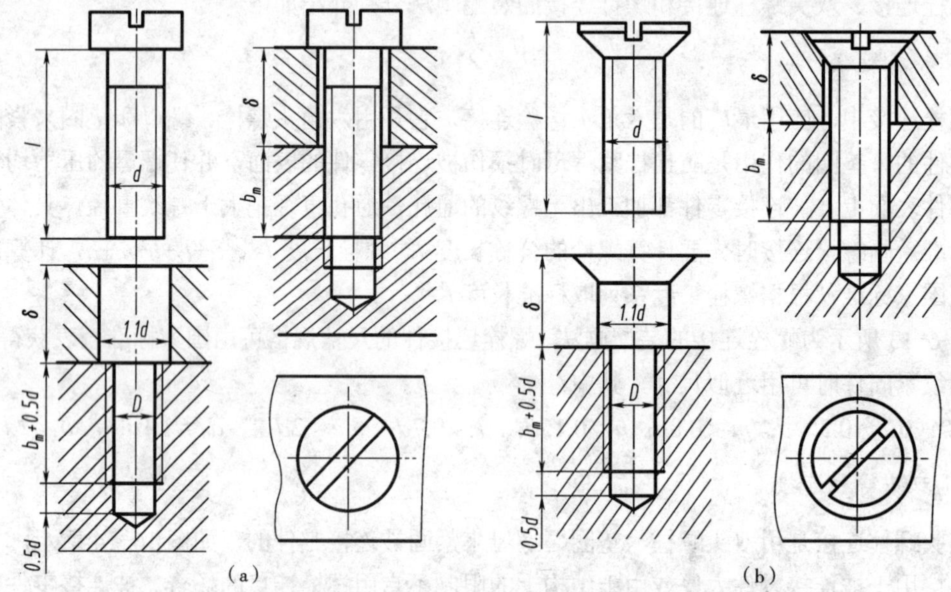

图 6-15　螺钉连接的装配画法

（2）紧定螺钉。紧定螺钉用来固定两个零件的相对位置，图 6-16 是紧定螺钉连接的装配画法。

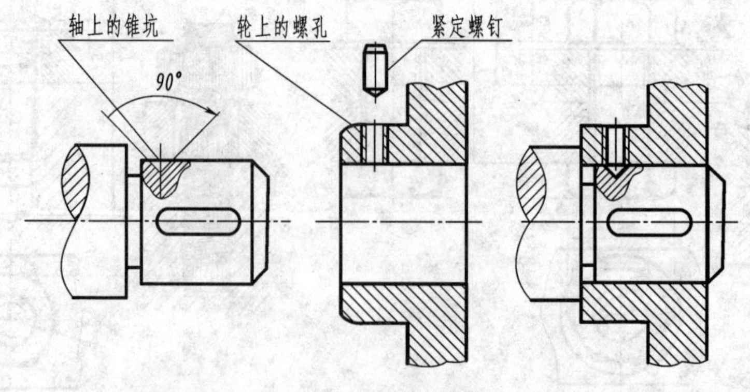

图 6-16　紧定螺钉连接的装配画法

工程上实践中常用简化作图，螺纹紧固件连接图一般采用简化画法，如图 6-17 所示。

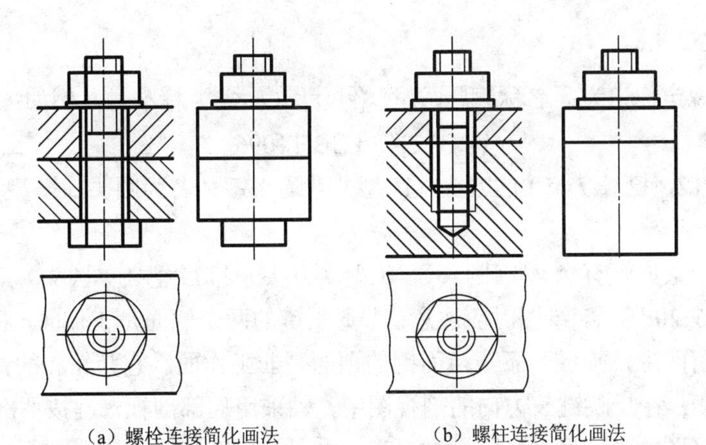

（a）螺栓连接简化画法　　（b）螺柱连接简化画法

图 6-17　简化画法

6.3　键连接和销连接

6.3.1　常用键连接

键属于标准件，与螺纹连接相同，键连接也是常用的可拆卸连接。图 6-18 为键连接图。

图 6-19 为常用键的类型，分为普通平键、半圆键和钩头楔键三类。

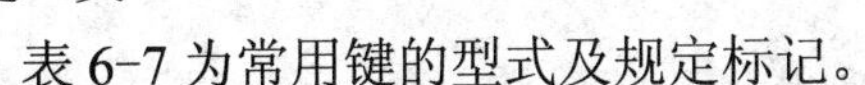

表 6-7 为常用键的型式及规定标记。

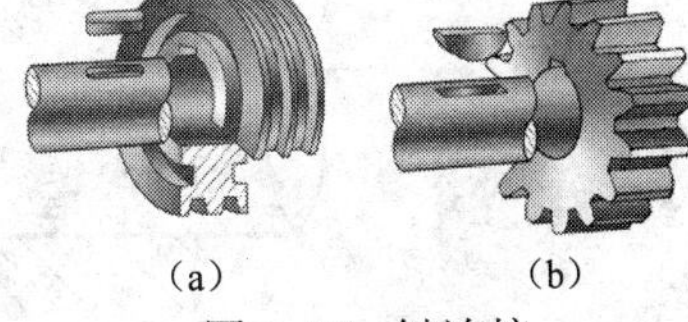

（a）　（b）

图 6-18　键连接

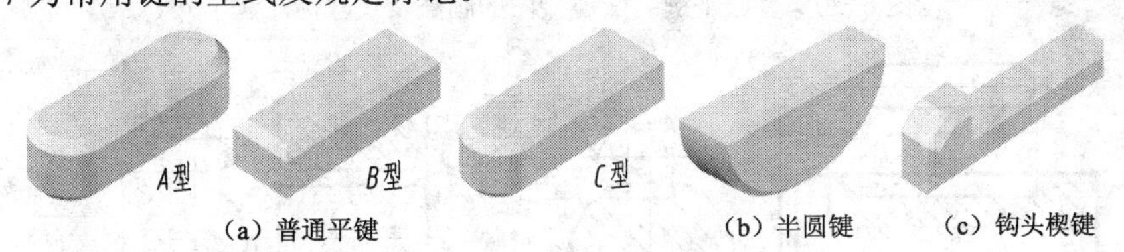

（a）普通平键　（b）半圆键　（c）钩头楔键

图 6-19 键连接

表 6-7　常用键的型式及规定标记

名　称	立 体 图	图　例	规 定 标 记
普通平键			键 *b*x*L* GB/T 1096
半圆键			键 *b*x*L* GB/T 1099
钩头楔键		L h b	键 *b*x*L* GB/T 1565

1. 普通平键连接

普通平键的规定标记为：名称 型式及规格尺寸（b×L）标准号，例如：

键 B12×50 GB/T1096

表示键宽 b=12，键长 L=50 的方头（B 型）普通平键。若为圆头（A 型）普通平键，A 字省略不注。

普通平键应用最广，有 A 型（圆头）、B 型（方头）和 C 型（单圆头）三种。普通平键的连接画法如图 6-20 所示。绘图时应注意：普通平键的两个侧面是工作面，在装配图中键与键槽侧面之间不留间隙，画成一条线；而键的顶面是非工作面，它与轮毂的键槽顶面之间有间隙，应画两条线；在反映键长方向的剖视图中，轴采用局部剖视，键按不剖处理。图 6-20 普通平键装配连接图的画法及尺寸标注法。

键在轴上的键槽和在轮毂上的键槽的画法与尺寸标注，如图 6-21 所示。

图 6-20 普通平键装配连接图的画法及尺寸标注法

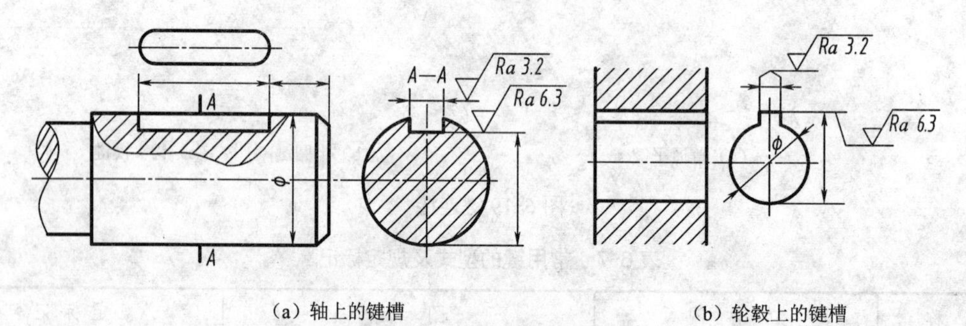

（a）轴上的键槽　　（b）轮毂上的键槽

图 6-21 键槽的画法与尺寸标注

2. 半圆键连接

半圆键常用在载荷不大的传动轴上（见下左图）。半圆键连接情况与普通平键相似。半圆键的规定标记为：

名称 键宽×直径 标准号

例如：

键 6×25 GB/T 1099—2003

表示键宽 b=6，直径 d_1=25 的半圆键。

半圆键装配连接图的画法及尺寸标注法，如图 6-22 所示。

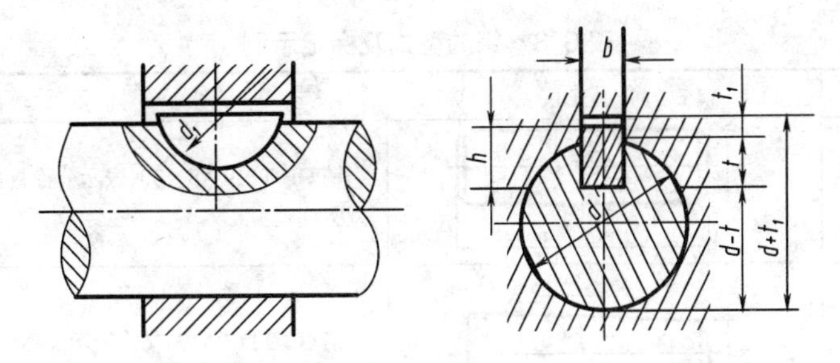

图 6-22 半圆键装配连接图的画法及尺寸标注法

3. 钩头楔键

钩头楔键装配时打入键槽，依靠键的顶面和底面与轮和轴之间的挤压产生静摩擦力而连接。绘图时应注意：键与槽在顶面、底面接触；侧面留有间隙。

钩头楔键的规定标记为：

名称 键宽×键长 标准号

例如：

键 16×100 GB/T1565—2003

表示键宽 b=16，键长 L=100 的钩头楔键。

图 6-23 钩头楔键装配连接图的画法及尺寸标注法。

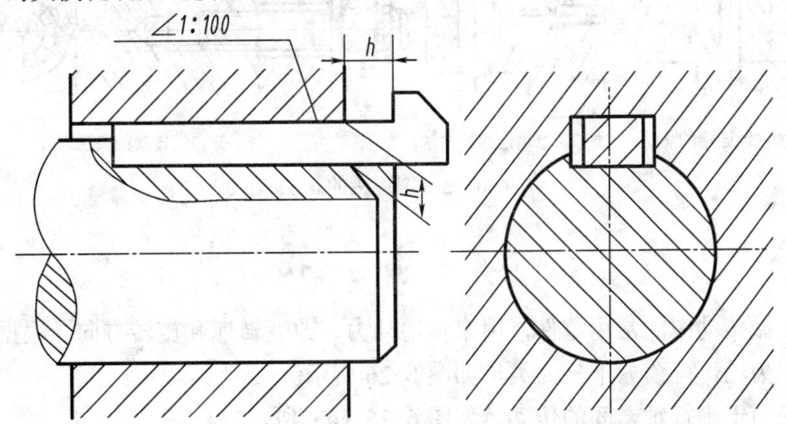

图 6-23 钩头楔键装配连接图的画法及尺寸标注法

6.3.2 销连接

销是标准件，常用于零件间的连接、定位或防松。常用的有圆柱销、圆锥销和开口销，如表 6-8 所示。图 6-24 是常见销的简图。

（a）圆柱销 （b）圆锥销 （c）开口销

图 6-24 常见销的简图

表 6-8　销的型式及标记示例

名　称	简　图	标记示例
圆柱销 GB/T119—2000		销 GB/T119 A8×30 表示公称直径 d=8，长度 l=30 的 A 型圆柱销
圆锥销 GB/T117—2000		销 GB/T117 A12×60 表示公称直径 d=12，长度 l=60 的 A 型圆锥销
开口销 GB/T91—2000		销 GB/T91 5×50 表示公称直径 d=5，长度 l=50 的开口销

在销连接中，圆柱销和圆锥销主要用于定位和连接。在使用时，圆柱销和圆锥销的销孔必须经铰制。装配时要把被连接的两个零件装在一起钻孔和铰孔，以保证两个零件的销孔严格对中，这一点应在零件图上加以说明；开口销连接主要用来防止松脱。注意：当剖切平面通过销孔的轴线剖开时，销按不剖画出，如图 6-25 所示。

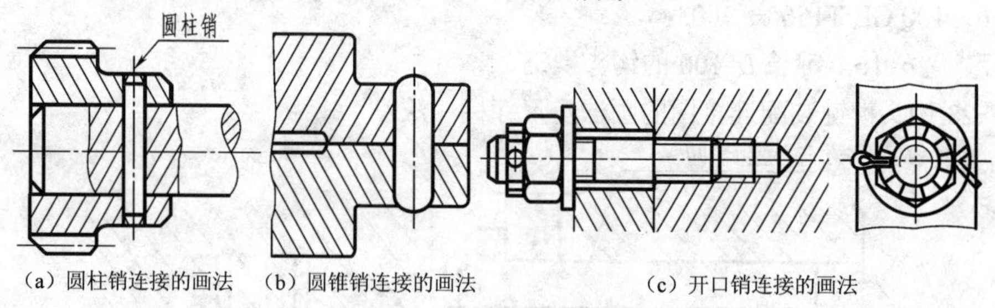

（a）圆柱销连接的画法　（b）圆锥销连接的画法　（c）开口销连接的画法

图 6-25　销连接的画法

6.4　齿　　轮

齿轮是机械传动中的常用零件，用来传递动力、改变转速和旋转方向。根据传动轴的相对位置不同，齿轮可分为如下三大类，如图 6-26 所示。

圆柱齿轮用于平行轴之间的传动，如图 6-26（a）所示。

锥齿轮用于相交轴之间的传动。如图 6-26（b）所示。

蜗轮蜗杆用于交叉轴之间的传动。如图 6-26（c）所示。

（a）圆柱齿轮传动

（b）锥齿轮传动

（c）蜗轮蜗杆传动

图 6-26　齿轮传动

齿轮上的齿称为轮齿，当圆柱齿轮的轮齿方向与圆柱的素线方向一致时，称为直齿圆柱齿轮。直齿圆柱齿轮的基本知识及画法，如图 6-27 所示。

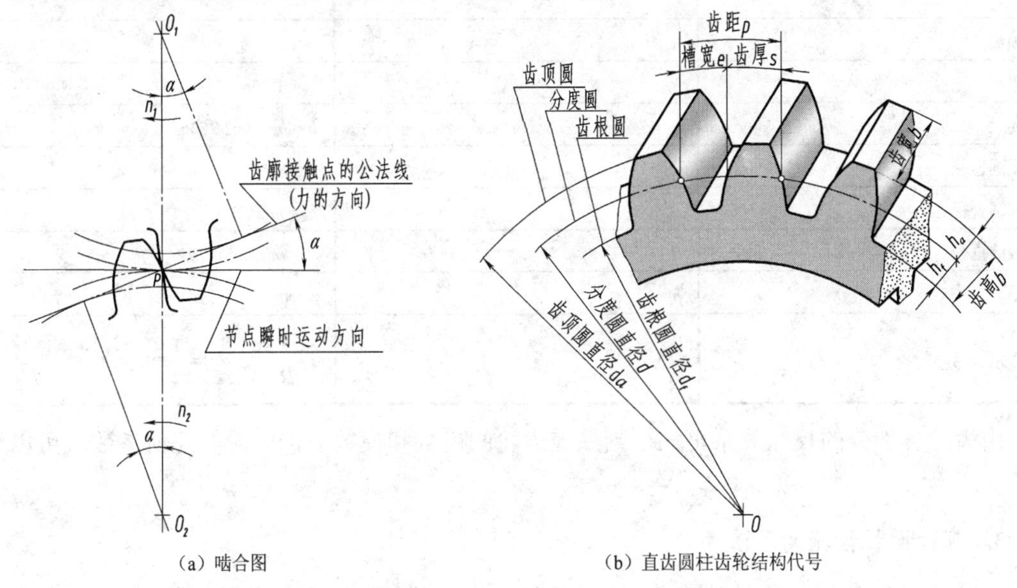

（a）啮合图　　（b）直齿圆柱齿轮结构代号

图 6-27　直齿圆柱齿轮的各部分名称及代号

1. 直齿圆柱齿轮的基本参数和齿轮各部分名称

（1）齿数（z）齿轮上轮齿的个数。

（2）齿顶圆（直径 d_a）通过轮齿齿顶的圆。

（3）齿根圆（直径 d_f）通过轮齿齿根的圆。

（4）分度圆（直径 d）标准齿轮的齿厚（某圆上齿部的弧长）与西槽宽 e（某圆上空槽的弧长）相等的圆称为分度圆，其直径以 d 表示。

（5）齿顶高（h_a）分度圆到齿顶圆的径向距离。

（6）齿根高（h_f）分度圆到齿根圆的径向距离。

（7）齿高（h）齿顶圆到齿根圆的径向距离。

（8）齿距（p）在分度圆上，相邻两齿对应点的弧长。

（9）齿厚（s）在分度圆上，同一齿齿廓之间的弧长。

（10）模数（m）设计、制造齿轮用的标准参数，其数值可以从国家标准中查阅，如表 6-9 所示。

表 6-9　圆柱齿轮模数系列（GB 1357—1987）

第一系列	1	1.25	1.5	2	2.5	3	4	5	6	8	10	12	16	20	25	32	40	50
第二系列	2.25	(3.25)	3.5	(3.75)	4.5	5.5	(6.5)	7	9	(11)	14	18	22	28	(30)	36	45	

注：选用模数时，应优先选用第一系列，括号内的模数尽可能不用。

2. 直齿圆柱齿轮的基本参数间的尺寸关系

直齿圆柱齿轮的基本参数间的尺寸关系如表 6-10 所示。

表 6-10　标准直齿圆柱齿轮的计算公式

名　称	代　号	计 算 公 式
齿顶高	h_a	$h_a = m$
齿根高	h_f	$h_f = 1.25m$
齿高	h	$h = h_a + h_f = 2.25\,m$
分度圆直径	d	$d = mz$
齿顶圆直径	d_a	$d_a = m(z+2)$
齿根圆直径	d_f	$d_f = m(z-2.5)$
齿距	p	$p = \pi m$
中心距	a	$a = \frac{1}{2}(d_1 + d_2) = \frac{1}{2}\mathrm{m}(z_1 + z_2)$

由齿轮各部分的尺寸关系可知，当知道齿轮的齿数和模数后，齿轮的几何参数就可以确定了。

3. 直齿圆柱齿轮的画法

（1）单个直齿圆柱齿轮的画法。齿轮的轮齿是在专用的机床上加工出来的，一般不必画出其真实投影。国家标准规定了齿轮的画法，如图 6-28 为单个直齿圆柱齿轮的规定画法。

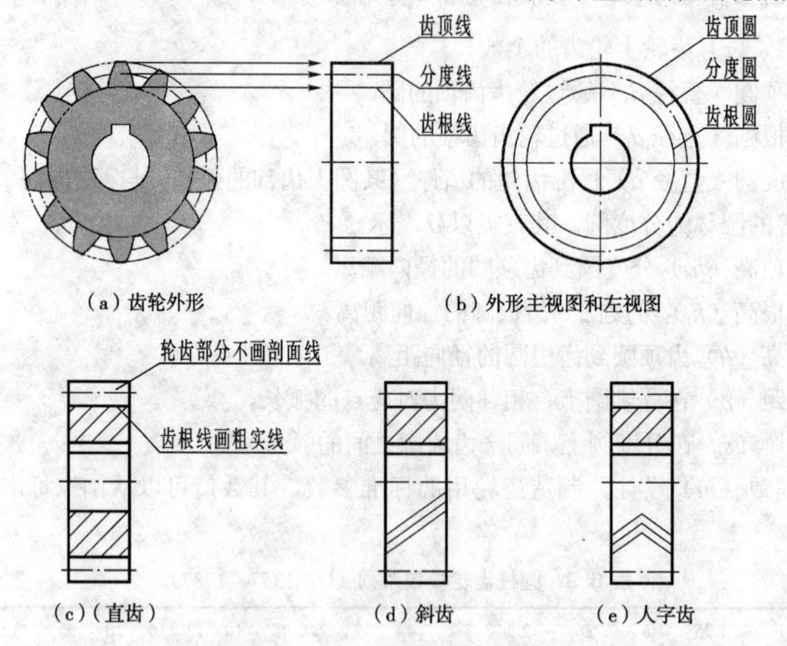

图 6-28　单个直齿圆柱齿轮的规定画法

齿顶圆和齿顶线用粗实线绘制，分度圆和分度线用点画线绘制，齿根圆和齿根线用细实线绘制，也可省略不画。

在剖视图中，当剖切平面通过齿轮的轴线时，轮齿一律按不剖处理，齿根线用粗实线绘制。

如斜齿轮或人字齿轮，当需要表示齿线的特征时，可用三条与齿线方向一致的细实线表示。

注意：在剖视图中，当剖切平面通过轮齿的轴线时，轮齿一律按不剖绘制。

图 6-29 为圆柱齿轮的零件图，用两个视图表达齿轮的结构形状：主视图画成全剖视图及用局部视图表达齿轮的轮孔。

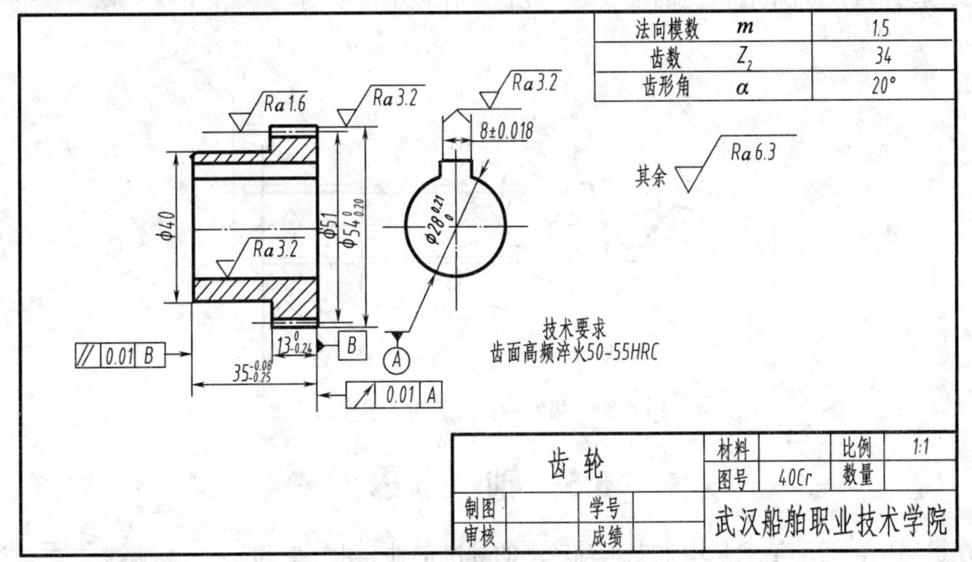

图 6-29　单个圆柱齿轮的零件图

（2）啮合圆柱齿轮的画法，如图 6-30 所示。

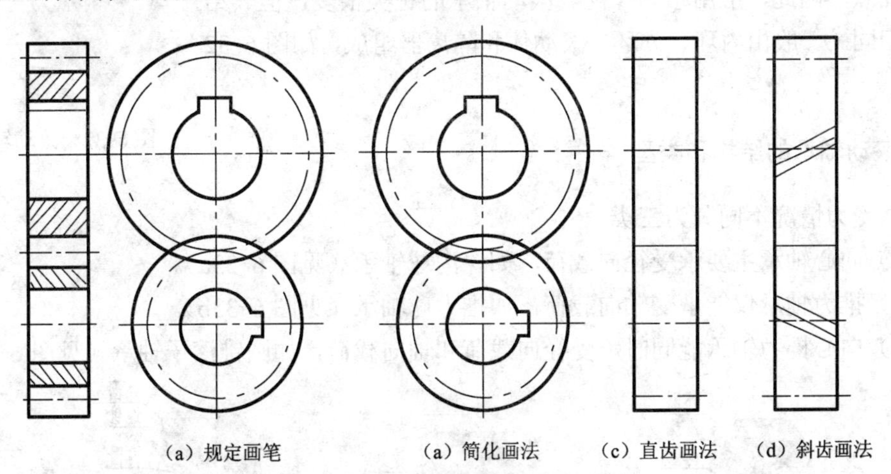

（a）规定画笔　（a）简化画法　（c）直齿画法　（d）斜齿画法

图 6-30　齿轮啮合的画法

两个相互啮合的圆柱齿轮的规定画法如图 6-31 所示。绘图时要注意：

两标准齿轮相互啮合时，它们的分度圆处于相切位置，其中心距 $a=m(z_1+z_2)/2$ 此时分度圆又称节圆。啮合部分的规定画法如下：

① 在垂直于圆柱齿轮轴线的投影面的视图中，两分度圆相切；啮合区的齿顶圆用粗实线绘制，也可省略不画；齿根圆全部不画。

② 在平行于圆柱齿轮轴线的投影面的视图中，啮合区内的齿顶线不画；分度线画成粗实线。

③ 在剖视图中，当剖切平面通过两啮合齿轮的轴线时，在啮合区内，两齿轮的分度线重合，用点画线表示。齿根线用粗实线表示。齿顶线的画法是将一个齿轮的轮齿作为可见用粗实线表示，另一个齿轮的轮齿被遮挡，齿顶线画虚线，也可以省略不画。

一个齿轮的齿顶与另一个齿轮的齿根之间应有 0.25 m 的间隙。

当剖切平面通过啮合齿轮的轴线时，轮齿一律按不剖绘制。

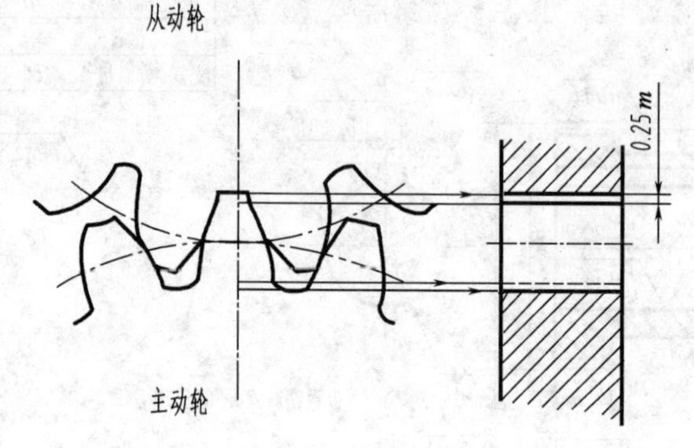

图 6-31　齿轮啮合投影的表示方法

6.5 轴　　承

在机器中，滚动轴承是用来支承轴转动的标准部件。由于它可以极大地减少轴与孔相对旋转时的摩擦力，具有机械效率高，结构紧凑等优点，因此，应用极为广泛。滚动轴承的种类很多，但其结构大体相同。一般由内环、外环、滚动体和隔离器组成，如图 6-32 所示。

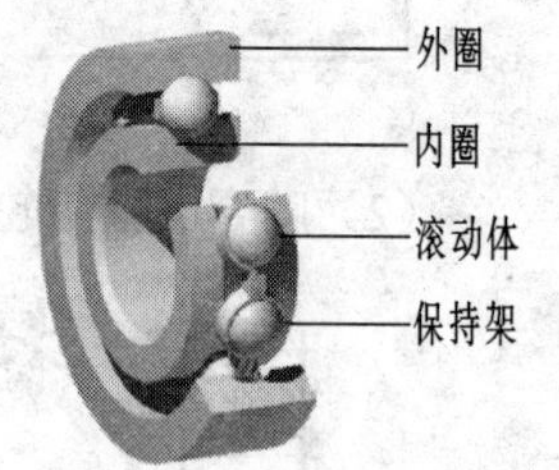

图 6-32　滚动轴承结构

6.5.1　滚动轴承的结构和类型

根据受力情况不同分为三类：

（1）向心轴承主要承受径向载荷，如深沟球轴承（见图 6-33a）。

（2）推力轴承仅能承受轴向载荷，如推力球轴承（见图 6-33b）。

（3）向心推力轴承能同时承受径向载荷和轴向载荷，如圆锥滚子轴承（见图 6-33c）。

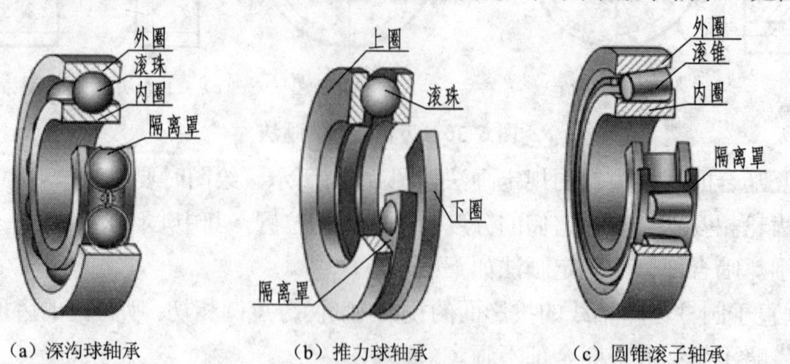

（a）深沟球轴承　　（b）推力球轴承　　（c）圆锥滚子轴承

图 6-33　常用的滚动轴承滚动轴承

6.5.2 滚动轴承的画法和标注

轴承属于标准件，国家标准对轴承的简化画法和规定画法都做了规定。

1. 滚动轴承的代号

按照 GB/T 272—1993 规定，滚动轴承的代号由前置代号、基本代号和后置代号构成。前置、后置代号是当轴承结构形状、尺寸和技术要求等有改变时，在其基本代号前后添加的补充代号。补充代号的规定可由国家标准中查知。

轴承的基本代号由类型代号、尺寸系列代号和内径代号组成。基本代号最左边的一位数字（或字母）为类型代号（见表 6-11）；接着是尺寸系列代号，它由宽度和直径系列代号组成，具体可在 GB/T 272—1993 中查取；最后是内径代号，当内径≥20 mm 时，内径代号数字为轴承公称内径除以 5 的商数，当商数为个位数时，需在左边加“0”，使之成为两位数，当内径<20 mm 时，内径代号另有规定。

表 6-11 轴承的类型代号（摘自 GB/T 272—1993）

代 号	轴 承 类 型	代 号	轴 承 类 型
0	双列角接触球轴承	6	深沟球轴承
1	调心球轴承	7	角接触球轴承
2	调心滚子轴承和推力调心滚子轴承	8	推力圆柱滚子轴承
3	圆锥滚子轴承	N	圆柱滚子轴承双列或多列用字母 NN 表示
4	双列深沟球轴承	U	外球面球轴承
5	推力球轴承	QJ	四点接触球轴承

注：表中代号后或前加字母或数字表示该类轴承中的不同结构。

例如滚动轴承代号 6204 中各数字表示的意义：

6——类型代号，表示深沟球轴承；

2——尺寸系列代号“02”，“0”为宽度系列代号，按规定省略未写，“2”为直径系列代号，故两者组合时注写成“2”。

04——内径代号，表示该轴承内径为 4×5=20 mm，即注出的内径代号是由公称内径 20 mm 除以 5 所得的商数 4 和在 4 前加“0”组成。

轴承代号中的类型代号或尺寸系列代号有时可省略不写。具体的省略规定需由 GB/T 272—1993 中查知。

2. 滚动轴承的画法

滚动轴承的画法包括三种，即：通用画法、特征画法和规定画法，前两种画法又称简化画法。各种画法的示例如表 6-12 所示。

3. 滚动轴承的标记

滚动轴承的标记由三部分组成，即：轴承名称、轴承代号、标准编号。

标记示例：滚动轴承 6210 GB/T 276—1994

表 6-12　常用滚动轴承的画法

轴承名称	规定画法	特征画法
深沟球轴承 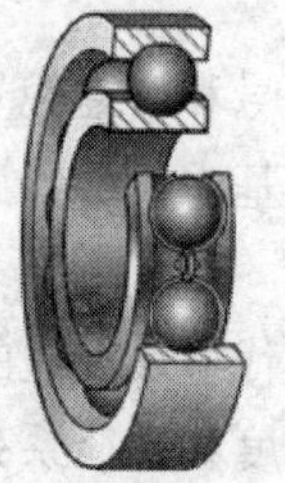	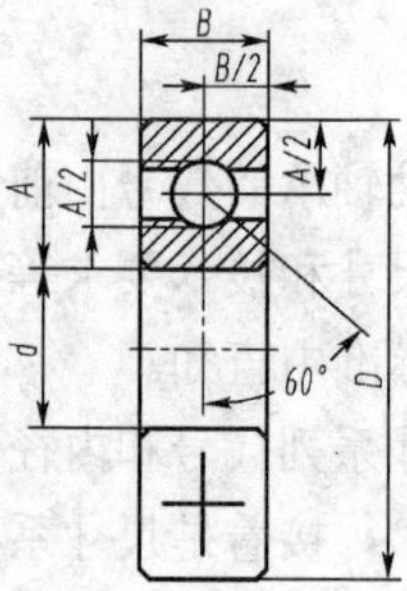 B　B/2　A　A/2　A/2　d　D　60°	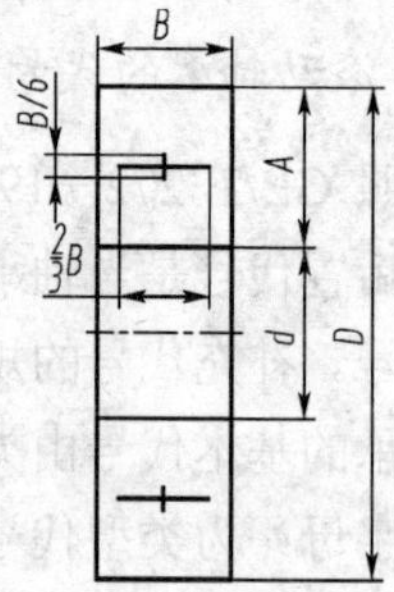 B　B/6　2/3 B　A　d　D
推力球轴承 	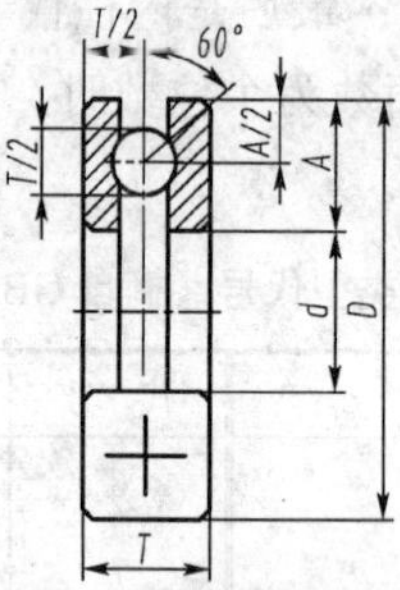 T/2　60°　T/2　A/2　A　d　D　T	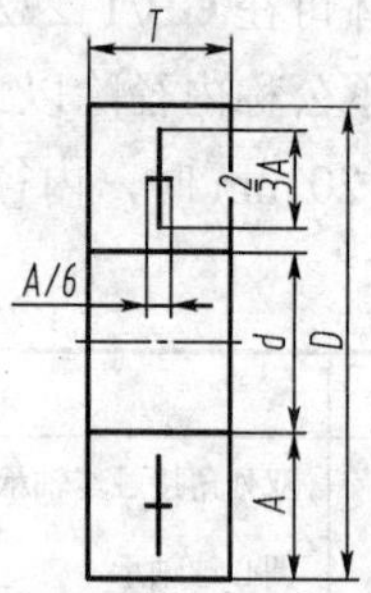 T　2/3 A　A/6　d　D　A
圆锥滚子轴承 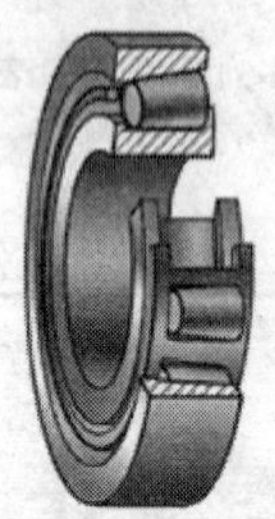	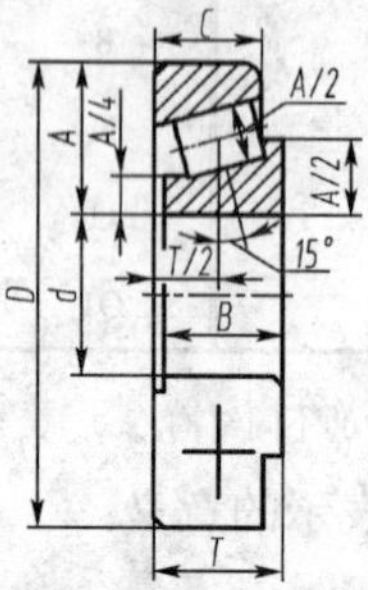 C　A　A/4　A/2　A/2　T/2　15°　B　D　d　T	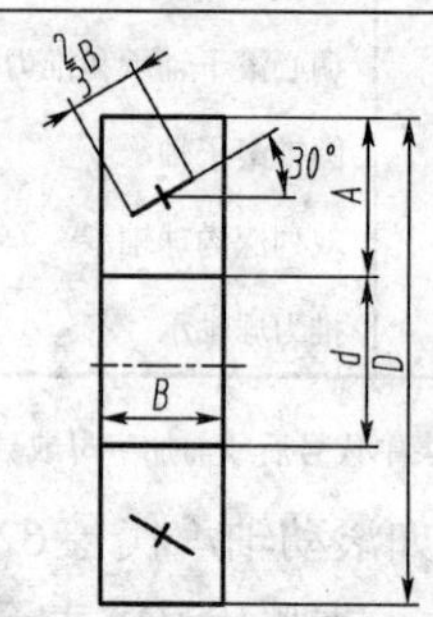 2/3 B　30°　A　B　d　D

6.6　弹　　簧

弹簧也是一种标准零件，在机器或仪器中起减震、复位、测力、储能等作用，其特点是外力除去后能立即恢复原形。

弹簧的种类和形式很多，最常用的有螺旋弹簧和蜗卷弹簧。根据受力的不同，螺旋弹簧又可分为压缩弹簧、拉伸弹簧和扭转弹簧三种，如图 6-34 所示。下面以圆柱螺旋压缩弹簧为例，介绍国家标准关于弹簧的一些规定画法。

1. 圆柱螺旋压缩弹簧各部分的名称及尺寸关系

为使弹簧各圈受力均匀，多数弹簧的两端都并紧磨平，工作时起支承作用，称为支承圈，除支承圈外，其余保持节距相等参加工作的圈称为有效圈。有效圈与支承圈之和称为总圈数。圆柱螺旋压缩弹簧的画法如图 6-35 所示。

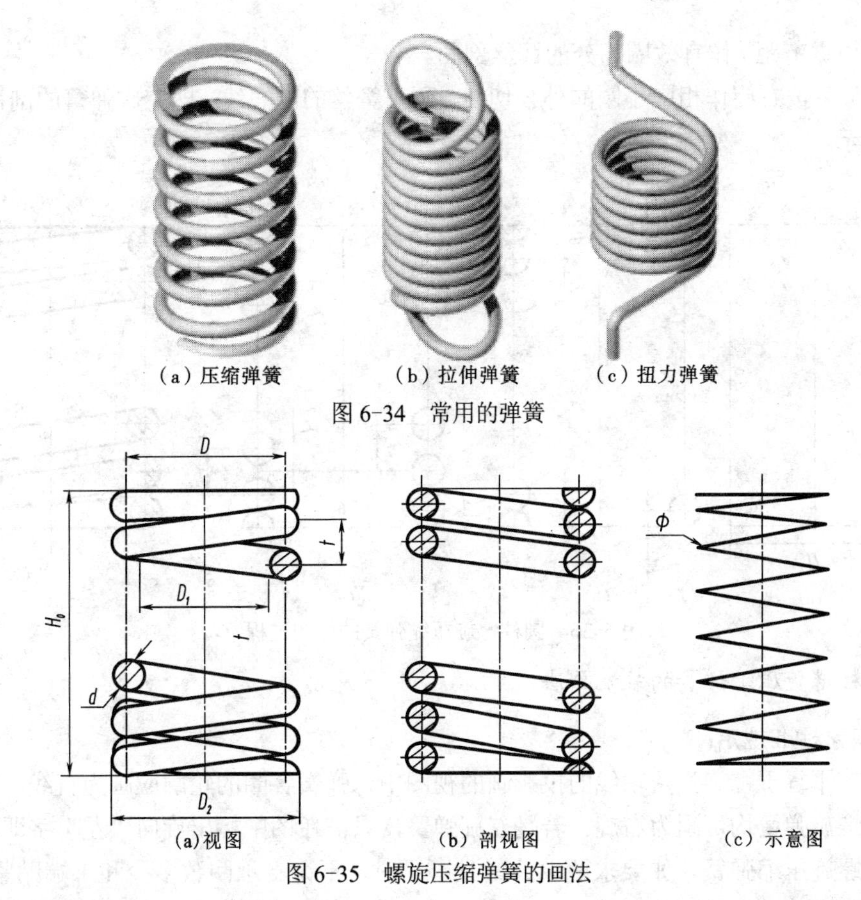

（a）压缩弹簧　（b）拉伸弹簧　（c）扭力弹簧

图 6-34　常用的弹簧

（a）视图　（b）剖视图　（c）示意图

图 6-35　螺旋压缩弹簧的画法

下面介绍弹簧的有关参数：

（1）线径 d_0：制造弹簧钢丝的直径。

（2）弹簧中径 D：弹簧的平均直径，按标准选取。

（3）弹簧内径 D_1：弹簧内圈的直径，$D_1=D-d$；

（4）弹簧外径 D_2：弹簧外圈的直径，$D_2=D+d$。

（5）有效圈数 n、支承圈数 n_2 和总圈数 n_1，关系如下：

$$n_1=n+n_2$$

有效圈数按标准选取。

（6）节距 t：相邻两有效圈截面中心线的轴向距离，按标准选取。

（7）自由高度 H_0：弹簧在不受外力时的高度。当 $n_2=2.5$ 时：

$$H_0=nt+2d$$

计算后按相近值选取。

国家标准规定了圆柱螺旋压缩弹簧的尺寸及参数，可供设计的绘图时参考。

2. 圆柱螺旋压缩弹簧画法

下面以圆柱螺旋压缩弹簧采用剖视图画法为例来说明弹簧的画图步骤：

（1）算出弹簧自由高度 H_0，根据弹簧中径 D、自由高度 H_0 和簧丝直径 d 等参数，画出两端支承圈的小圆。

（2）根据节距 t 作有效圈部分的簧丝剖面。

（3）最后按右旋作相应小圆的外公切线，画出簧丝的剖面线，即完成弹簧的剖视图，如图 6-36 所示。

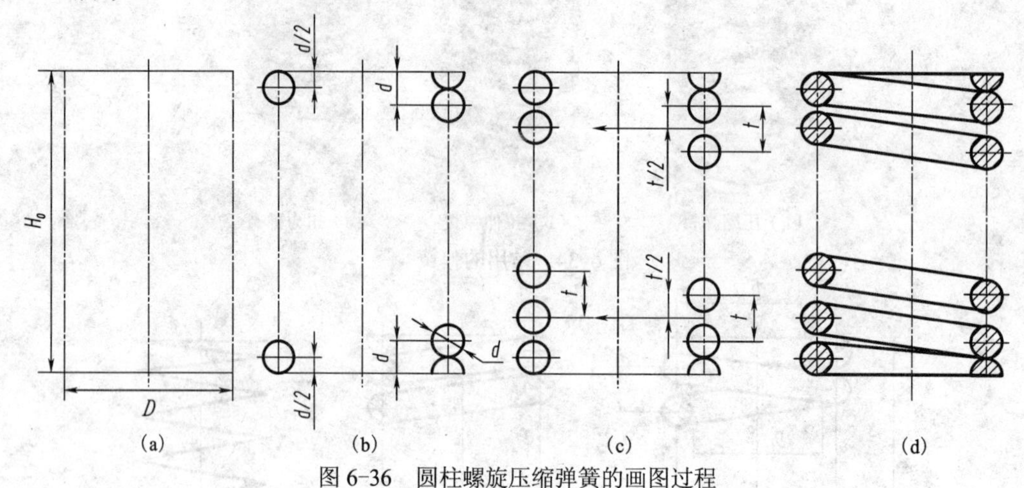

图 6-36 圆柱螺旋压缩弹簧的画图过程

3. 圆柱螺旋压缩弹簧的装配画法

根据国家标准规定：

（1）在平行于螺旋弹簧轴线的投影画的视图中，弹簧各圈的轮廓应画为直线。

（2）螺旋弹簧均可画为右旋。若是左旋弹簧，只需在图中标出旋向“左”字即可。

（3）螺旋压缩弹簧，如要求两端并紧且磨平时，不论支承圈数多少和末端贴紧情况如何，均按支承圈为 2.5 圈的形式绘制，必要时才按实际结构绘制。

（4）有效圈数在 4 圈以上的螺旋弹簧，无论是否采用剖视画法，都只需画出两端的 1～2 圈（支承圈除外），中间部分可省略不画，而用通过弹簧丝中心的两条细点画线表示。圆柱螺旋弹簧中间部分省略后，允许适当缩短图形的长度。

（5）在装配图中，当弹簧型材直径或厚度在图样上等于或小于 2 mm，簧丝断面可用涂黑表示；若簧丝直径不足 1 mm 时，允许用示意图绘制，如图 6-37 所示。

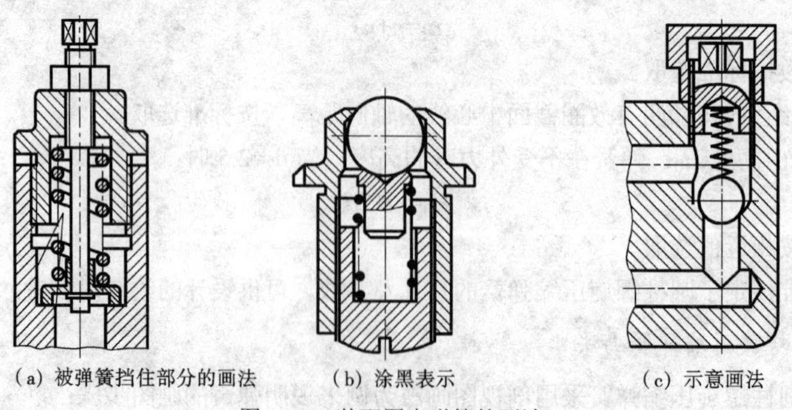

（a）被弹簧挡住部分的画法　（b）涂黑表示　（c）示意画法

图 6-37 装配图中弹簧的画法

项目七 零件图

【能力目标】 培养学生阅读和绘制简单零件图的能力；掌握零件的常用工艺结构；初步掌握零件图上的技术要求；要求了解零件图的作用和内容；掌握简单零件的表达方案和尺寸标注；掌握读零件图的方法和步骤。

【重点难点】 重点是零件的表达方案和尺寸标注；难点是零件图的尺寸标注和技术要求。

【学习指导】 在学习本项目过程中，要结合所学内容，联系生产实际，了解所表达零件的功能和制造工艺过程；学习技术要求时，要结合生产实习和其他课程来学习，了解一些典型加工方法所能达到的技术要求。

一台机器是由若干个零件按一定的装配关系和技术要求装配而成，我们把构成机器的最小单元称为零件。在生产中，零件图是指导零件的加工制造、检验的技术文件。

图 7-1 所示的装配体齿轮泵的组成零件，除了螺钉、螺母、弹簧等标准件和常用件外，还有泵体、泵盖、主动齿轮轴等专门为齿轮泵设计的一般零件，它们是零件设计的主要内容，也是零件表达重点考虑的内容。项目七主要介绍一般零件的零件图。

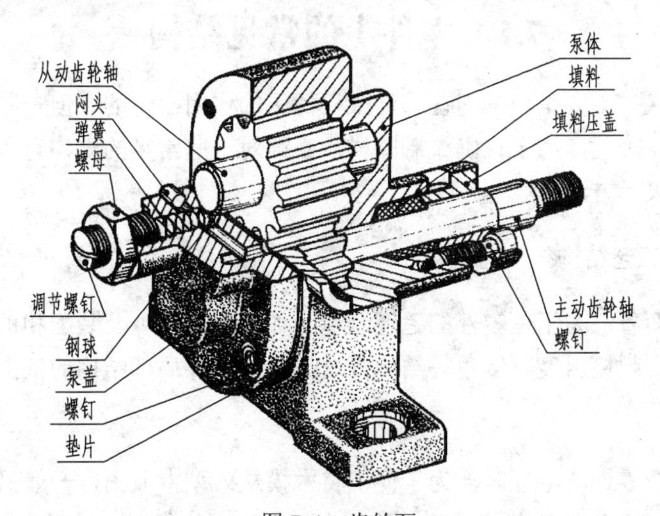

图 7-1　齿轮泵

表达零件的图样称为零件工作图，简称零件图，如图 7-2 所示。它是制造和检验零件的重要技术文件。一张完整的零件图应包括下列基本内容：

（1）一组图形。用视图、剖视、断面及其他规定画法来正确、完整、清晰地表达零件的各部分形状和结构。

（2）尺寸。正确、完整、清晰、合理地标注零件的全部尺寸。

（3）技术要求。用符号或文字来说明零件在制造、检验等过程中应达到的一些技术要求，如表面粗糙度、尺寸公差、形状和位置公差、热处理要求等。技术要求的文字一般注写在标题栏上方图纸空白处。

（4）标题栏。标题栏位于图纸的右下角，应填写零件的名称、材料、数量、图的比例以及设计、描图、审核人的签字、日期等各项内容。

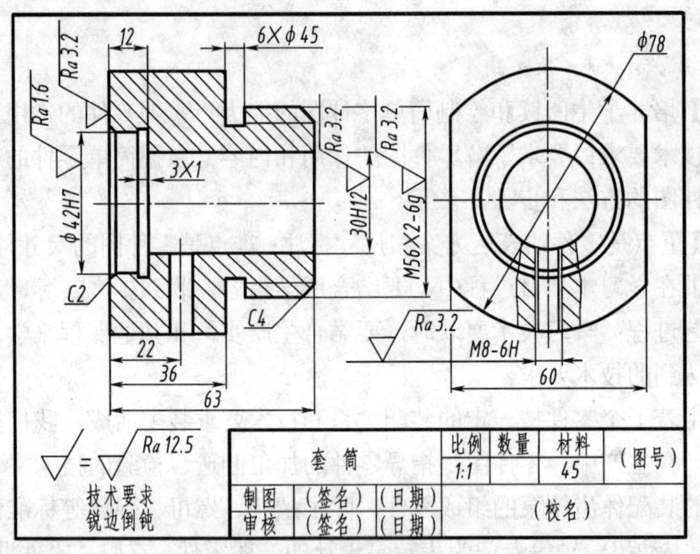

图 7-2　零件图

7.1　零件上的常见结构

零件的结构形状，主要是根据它在部件或机器中的作用决定的。但是制造工艺对零件的结构也有某些要求。因此，为了正确绘制图样，必须对一些常见的结构有所了解，下面介绍它们的基本知识和表示方法。

7.1.1　铸造零件的工艺结构

从工艺要求方面看，为了使零件的毛坯制造、加工、测量以及装配和调整工作能顺利进行，应设计出圆角、起模斜度、倒角等结构，这是决定零件局部结构的依据。

1. 拔模斜度

用铸造方法制造零件的毛坯时，为了便于将木模从砂型中取出，一般沿木模拔模的方向作成约 1:20 的斜度，称为拔模斜度。因而铸件上也有相应的斜度，如图 7-3 所示。这种斜度在图上可以不标注，也可不画出。必要时，可在技术要求中注明。

2. 铸造圆角

在铸件毛坯各表面的相交处，都有铸造圆角（见图 7-4)。这样既便于起模，又能防止在浇铸时铁水将砂型转角处冲坏，还可避免铸件在冷却时产生裂纹或缩孔。铸造圆角半径在图上一般不注出，而写在技术要求中。

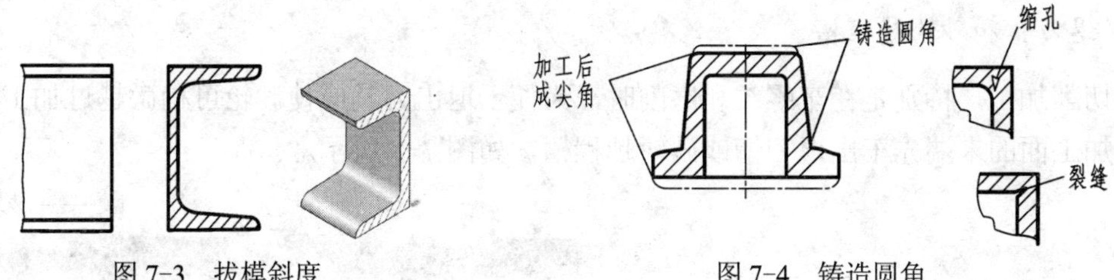

图 7-3　拔模斜度　　　　图 7-4　铸造圆角

图 7-4 所示的铸件毛坯底面（作安装面）常需经切削加工，这时铸造圆角被削平。

铸件表面由于圆角的存在，使铸件表面的交线变得不很明显，这种不明显的交线称为过渡线。

过渡线的画法与交线画法基本相同，只是过渡线的两端与圆角轮廓线之间应留有空隙，如图 7-5 所示。

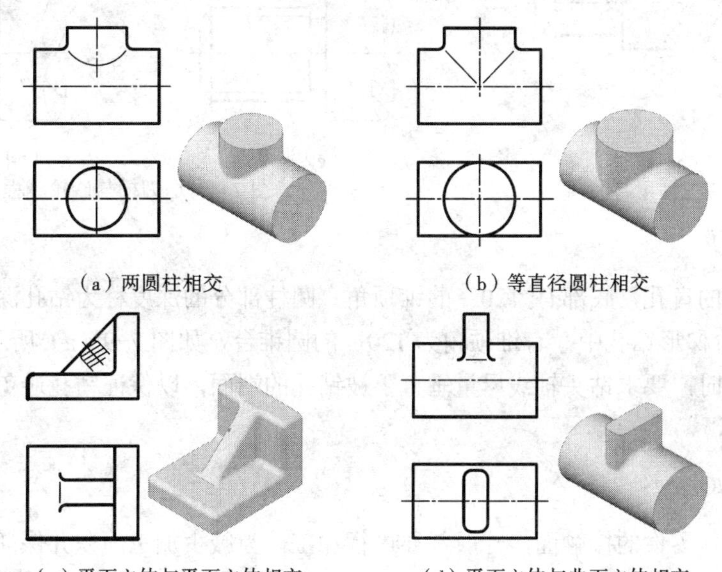

（a）两圆柱相交　（b）等直径圆柱相交

（c）平面立体与平面立体相交　（d）平面立体与曲面立体相交

图 7-5　过渡线及其画法

3. 铸件壁厚

在浇铸零件时，为了避免各部分因冷却速度不同而产生缩孔或裂纹，铸件的壁厚应保持大致均匀，或采用渐变的方法，并尽量保持壁厚均匀，如图 7-6 所示。

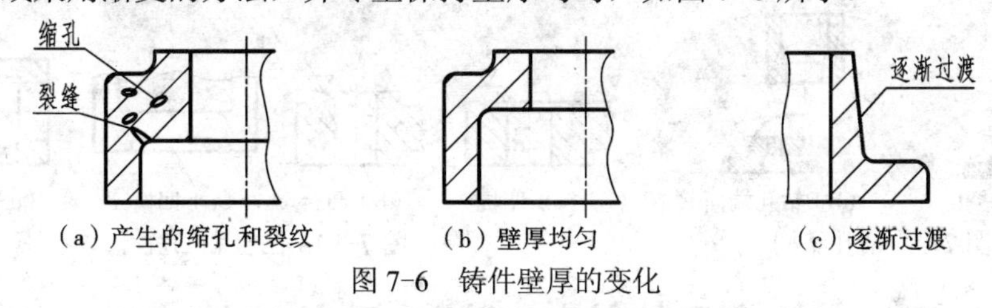

（a）产生的缩孔和裂纹　（b）壁厚均匀　（c）逐渐过渡

图 7-6　铸件壁厚的变化

7.1.2　零件加工的工艺结构

1. 倒角与倒圆

为了便于零件的装配并消除毛刺或锐边，在轴和孔的端部都作出倒角。为减少应力集中，有轴肩处往往制成圆角过渡形式，称为倒圆。两者的画法和标注方法见图 7-7 所示。

2. 退刀槽和砂轮越程槽

在切削加工，特别是在车螺纹和磨削时，为便于退出刀具或使砂轮可稍微越过加工面，常在待加工面的末端先车出退刀槽或砂轮越程槽，如图 7-8 所示。

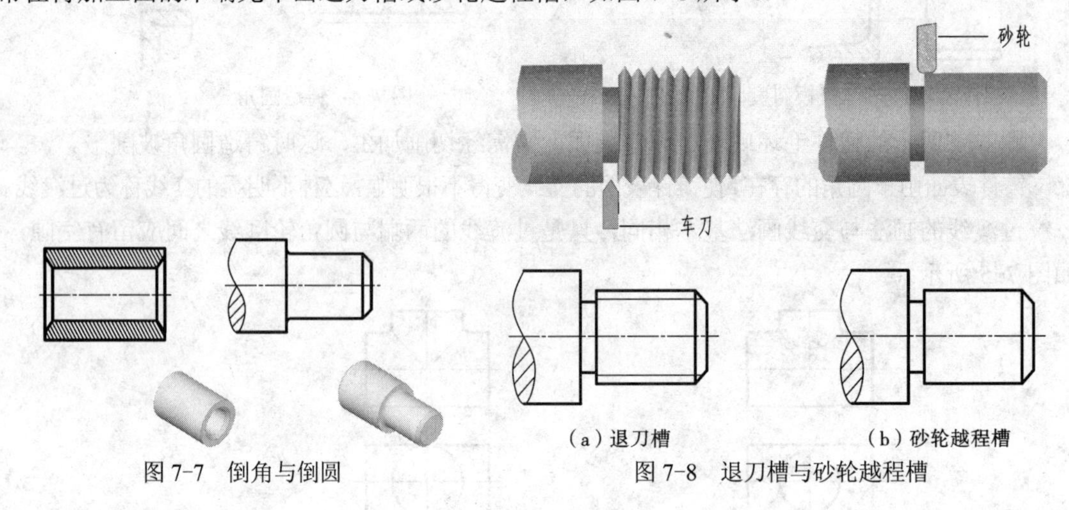

图 7-7 倒角与倒圆

(a) 退刀槽　(b) 砂轮越程槽

图 7-8 退刀槽与砂轮越程槽

3. 钻孔结构

用钻头钻出的盲孔，底部有 120° 的锥顶角。圆柱部分的深度称为钻孔深度，如图 7-9（a）所示。在阶梯形钻孔中，有锥顶角为 120° 的圆锥台，如图 7-9（a）所示。

用钻头钻孔时，要求钻头轴线尽量垂直于被钻孔的端面，以保证钻孔避免钻头折断，如图 7-9（b）所示。

4. 凸台和凹坑

零件上与其他零件的接触面，一般都要进行加工。为减少加工面积并保证零件表面之间有良好的接触，常在铸件上设计出凸台和凹坑。图 7-10（a）、（b）表示螺栓连接的支承面做成凸台和凹坑形式，图 7-10（c）、（d）表示为减少加工面积而做成凹槽和凹腔结构。

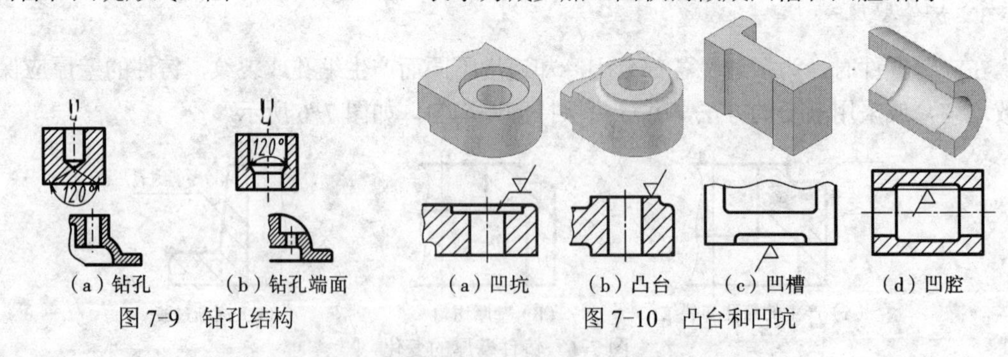

(a) 钻孔　(b) 钻孔端面

图 7-9 钻孔结构

(a) 凹坑　(b) 凸台　(c) 凹槽　(d) 凹腔

图 7-10 凸台和凹坑

7.2 零件的加工精度及其注法

现代化的机械工业，要求机械零件具有互换性，这就必须合理地保证零件的表面粗糙度、尺寸精度以及形状和位置精度。为此，我国已经制定了相应的国家标准，在生产中必须严格执行和遵守。下面分别介绍国家标准《表面粗糙度》、《极限与配合》、《几何公差》的基本内容。

7.2.1 表面粗糙度

1. 表面粗糙度的概念

零件的各个表面，不管加工得多么光滑，置于显微镜下观察，都可以看到峰谷不平的情况，如图 7-11 所示。加工表面上具有较小间距的峰谷所组成的微观几何形状特征称为表面粗糙度。一般来说，不同的表面粗糙度是由不同的加工方法形成的。

2. 表面粗糙的评定参数

表面粗糙度是衡量零件质量的标志之一，它对零件的配合、耐磨性、抗腐蚀性、接触刚度、抗疲劳强度、密封性和外观都有影响。评定参数有 *Ra*、*Rz*，轮廓算术平均偏差 *Ra* 是指在一个取样长度 *L* 内，轮廓偏距绝对值的算术平均值。轮廓最大高度 *Rz* 是指在一个取样长度 *L* 内，轮廓峰顶线与轮廓谷底线之间的距离。

图 7-11 表面粗糙度的微观几何形状特征

目前在生产中评定零件表面质量的主要参数是轮廓算术平均偏差。它是在取样长度 l 内，轮廓偏距 *y* 绝对值的算术平均值，用 *Ra* 表示，如图 7-12 所示。用公式可表示为：

$$Ra=\frac{1}{l}\int_0^l |y(x)|\,\mathrm{d}x \quad 或 \quad Ra\approx\frac{1}{n}\sum_{i=l}^{n}|y_i|$$

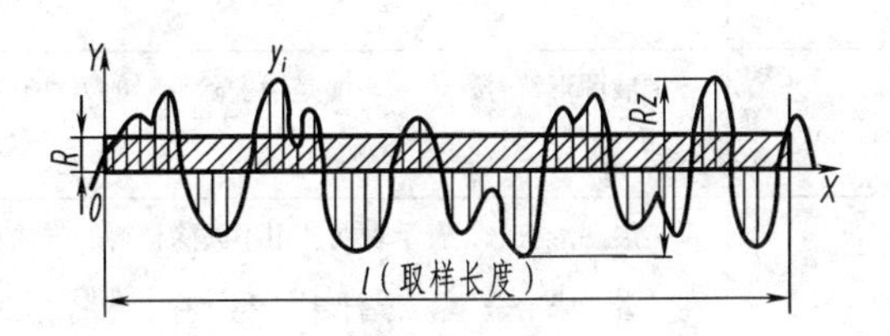

图 7-12 表面粗糙度的主要参数

Ra 用电动轮廓仪测量，运算过程由仪器自动完成的。

3. 表面粗糙度的选用

要满足功用要求，又要考虑经济合理性。在满足功用的前提下，尽量选用较大的表面粗糙度数值，以降低生产成本。表 7-1 为 *Ra* 的数值与应用。

表 7-1 表面的粗糙度值（第一系列）及其应用

Ra（μm）	表面特征	应用举例
50	明显可见刀痕	粗加工表面，一般很少使用
25	可见刀痕	
12.5	微见刀痕	非接触面、不重要接触面，如螺钉孔、倒角、机座表面等。
6.3	可见加工痕迹	没有相对运动的零件接触面，如箱、盖、套筒要求紧贴的表面、键和键槽工作表面；相对运动速度不高的接触面，如支架孔、衬套、带轮轴孔的工作表面等
3.2	微见加工痕迹	
1.6	看不见加工痕迹	

续表

Ra（μm）	表面特征	应用举例
0.8	可辨加工痕迹的方向	要求很好密合的接触面，如与滚动轴承配合的表面、锥销孔等；相对运动速度较高的接触面，如滑动轴承的配合表面、齿轮轮齿的工作表面等
0.4	微辨加工痕迹的方向	
0.2	不可辨加工痕迹的方向	
0.1	暗光泽面	精密量具的表面、极重要零件的摩擦面，如气缸的内表面、精密机床的主轴颈、坐标镗床的主轴颈等
0.05	亮光泽面	
0.025	镜状光泽面	
0.012	雾状镜面	
0.006	镜面	

4. 表面粗糙度符号及其参数值的标注方法

（1）表面粗糙度符号及其意义，如表 7-2 所示。

表 7-2　表面粗糙度符号

符　　号	含义及说明
	基本图形符号，表示表面未指定工艺方法，没有补充说明时不能单独使用
	扩展图形符号，表示表面是用去除材料的方法获得，如：车、钻、铣、刨、磨、剪切、抛光、气割等
	扩展图形符号，表示表面是用不去除材料的方法获得，如：铸、锻、冲压、热轧、冷轧、粉末冶金等；或者保持上道工序的状况或原供应状况
	完整图形符号，在上述三个图形符号的长边加一横线，用于标注表面结构的补充信息
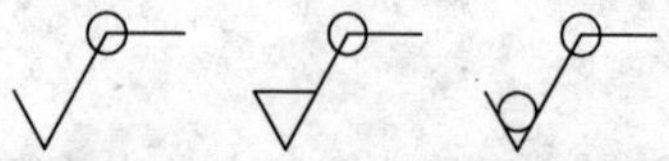	带有补充注释的完整图形符号。在完整图形符号上加一圆圈，表示在某个视图上构成封闭轮廓的各表面有相同的表面粗糙度要求

（2）表面结构符号画法和附加标注的尺寸，如表 7-3 所示。

表 7-3　表面结构符号画法和附加标注的尺寸 mm

符号画法	数字和字母的高度 h	2.5	3.5	5	7	10	14	20
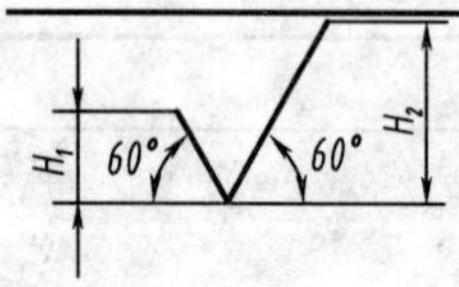	符号线宽 d'	0.25	0.35	0.5	0.7	1	1.4	2
	高度 H_1,	3.5	5	7	10	14	20	28
	高度 H_2（最小值）	7.5	10.5	15	21	30	42	60

（3）表面粗糙度代[符]号在图样上的标注方法，如图 7-13、图 7-14 所示。

① 表面粗糙度代[符]号应注在可见轮廓线、尺寸线、尺寸界线或其延长线上，表面粗糙度符号及数字的注写方向如图 7-13 所示，符号的尖端必须从材料外指向表面。

② 在同一图样上，每一表面一般只标注一次代[符]号。

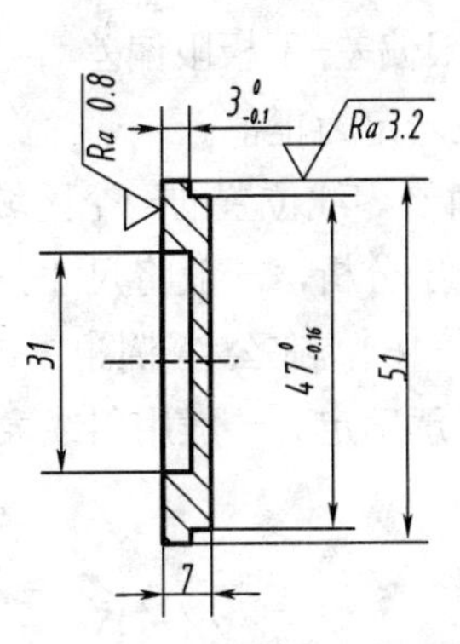

图 7-13 符号及数字的注写方向

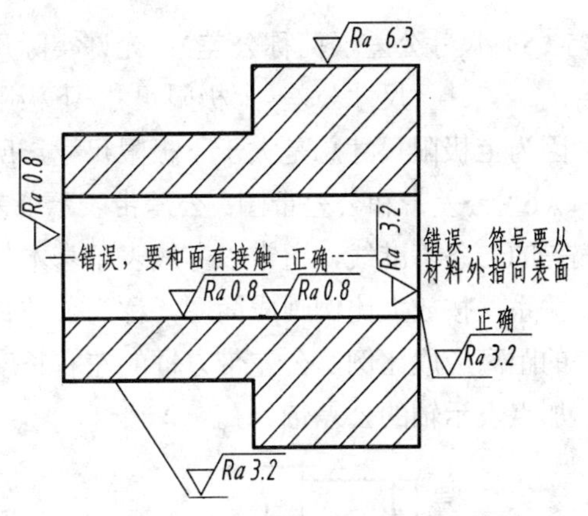

图 7-14 粗糙度标注常见的错误

7.2.2 极限与配合

1. 零件的互换性

在日常生活中，自行车或汽车的零件坏了，也可买个新的换上，并能很好地满足使用要求。之所以能这样方便，就因为这些零件具有互换性。

所谓零件的互换性是指：同一规格的任一零件在装配时不经选择或修配，就达到预期的配合性质，满足使用要求。要满足零件的互换性，就要求有配合关系的尺寸在一个允许的范围内变动，并且在制造上又是经济合理的。零件具有互换性，不但给装配、修理机器带来方便，还可用专用设备生产，提高产品数量和质量，同时降低产品的成本。

2. 公差有关术语

在加工过程中，不可能把零件的尺寸做得绝对准确。为了保证互换性，必须将零件尺寸的加工误差限制在一定的范围内，规定出加工尺寸的可变动量。

下面用图 7-15 来说明极限尺寸的有关术语。

（1）公称尺寸：根据零件强度、结构和工艺性要求，设计确定的尺寸。

（2）实际尺寸：通过测量所得到的尺寸。

（3）极限尺寸：允许尺寸变化的两个界限值。它以公称尺寸为基数来确定。两个界限值中较大的一个称为最大极限尺寸；较小的一个称为最小极限尺寸。

零件合格的条件：

最大极限尺寸≥实际尺寸≥最小极限尺寸

（4）极限偏差（简称偏差）：某一尺寸减其相应的公称尺寸所得的代数差。尺寸偏差有：

上极限偏差=最大极限尺寸-公称尺寸

下极限偏差=最小极限尺寸-公称尺寸

上、下极限偏差可以是正值、负值或零。

国家标准规定：孔的上极限偏差代号为 ES，孔的下极限偏差代号为 EI；轴的上极限偏差代号为 es，轴的下极限偏差代号为 ei。

（5）尺寸公差（简称公差）：允许实际尺寸的变动量。

尺寸公差=上极限尺寸-下极限尺寸=上极限偏差-下极限偏差

因为上极限尺寸总是大于下极限尺寸，所以尺寸公差一定为正值。

（6）公差带和公差带图：公差带表示公差大小和相对于零线位置的一个区域。零线是确定偏差的一条基准线，通常以零线表示基本尺寸。为了便于分析，一般将尺寸公差与基本尺寸的关系，按放大比例画成简图，称为公差带图（见图 7-16）。在公差带图中，上、下极限偏差的距离应成比例，公差带方框的左右长度根据需要任意确定。一般用斜线表示孔的公差带；加点表示轴的公差带。

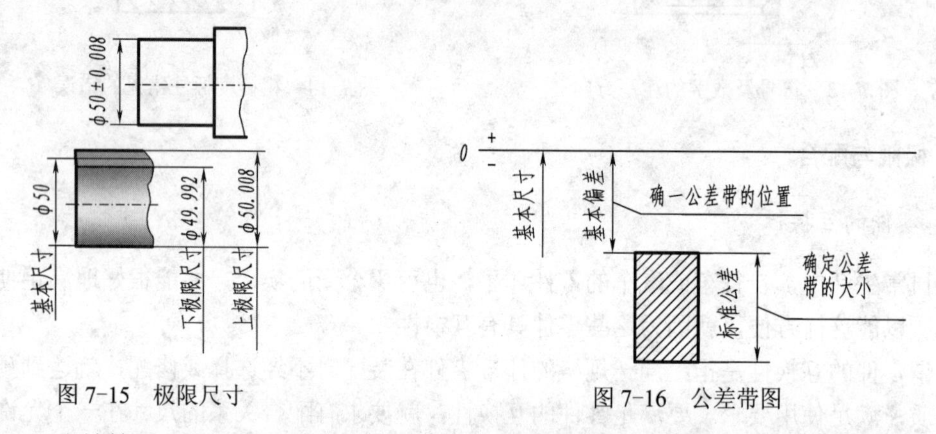

图 7-15　极限尺寸

图 7-16　公差带图

（7）公差等级：确定尺寸精确程度的等级。国家标准将公差等级分为 20 级：IT01、IT0、IT1~IT18。“IT”表示标准公差，公差等级的代号用阿拉伯数字表示。IT01~IT18，精度等级依次降低。

（8）标准公差：用以确定公差带大小的任一公差（见图 7-17）。标准公差是基本尺寸的函数。对于一定的基本尺寸，公差等级愈高，标准公差值愈小，尺寸的精确程度愈高。基本尺寸和公差等级相同的孔与轴，它们的标准公差值相等。

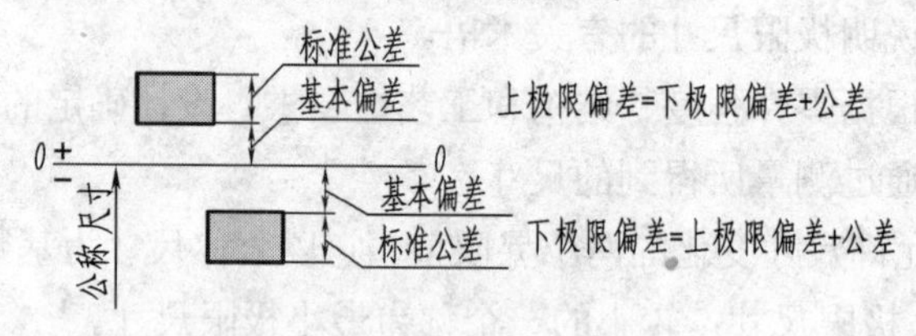

图 7-17　标准公差

（9）基本偏差：用以确定公差带相对于零线位置的上偏差或下偏差。一般是指靠近零线的那个偏差，如图 7-18 所示。

代号：孔用大写字母，轴用小字母表示。

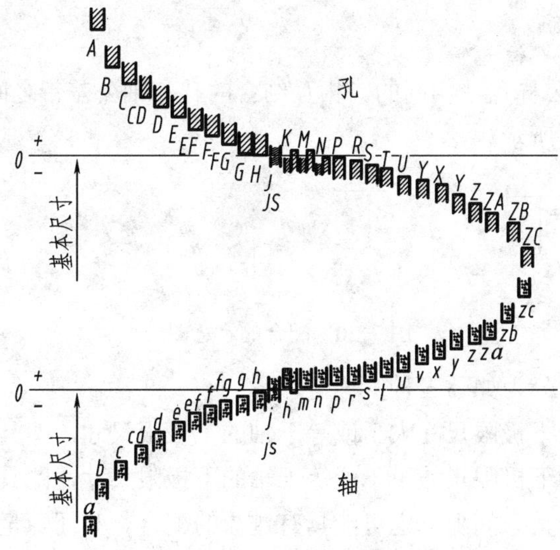

图 7-18　基本偏差系列图

（10）孔、轴的公差带代号：由基本偏差与公差等级代号组成，并且要用同一号字母书写。例如 ϕ50H8 的含义是：

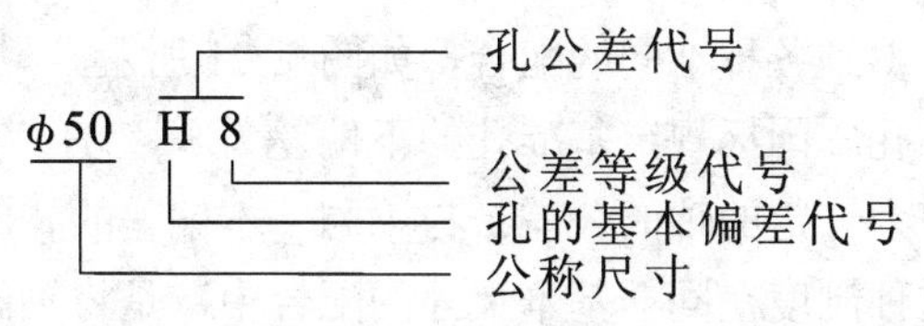

此公差带的全称是：公称尺寸为 ϕ50，公差等级为 8 级，基本偏差为 H 的孔的公差带。又如 ϕ50f7 的含义是：

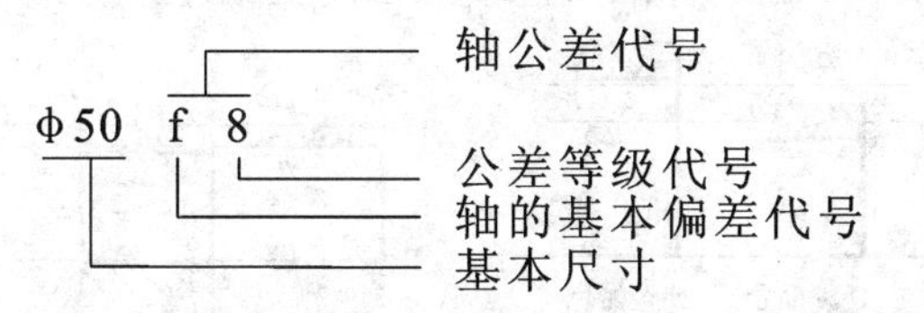

此公差带的全称是：公称尺寸为 ϕ50，公差等级为 8 级，基本偏差为 f 的轴的公差带。

（11）公差的标注。零件图中尺寸公差的标注如图 7-19 所示。

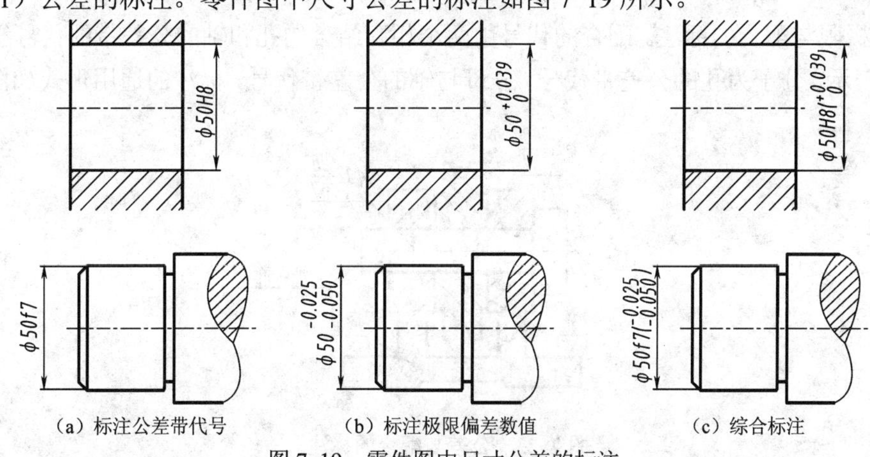

（a）标注公差带代号　（b）标注极限偏差数值　（c）综合标注

图 7-19　零件图中尺寸公差的标注

3. 配合的有关术语

在机器装配中，将公称尺寸相同的、相互结合的孔和轴公差带之间的关系，称为配合。配合的示意图如图 7-20 所示。

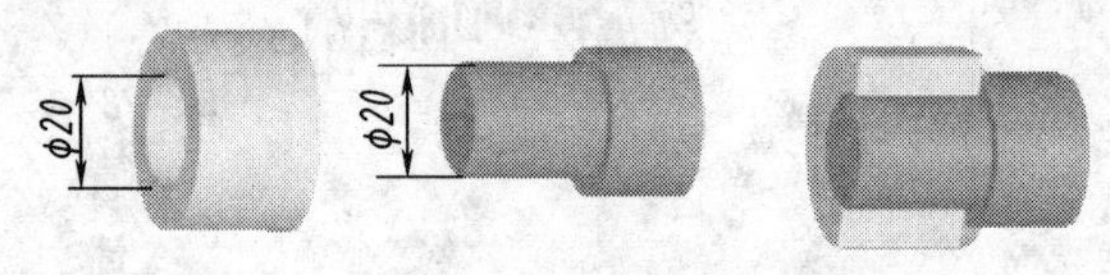

图 7-20 配合的示意图

（1）配合的种类可分为如下三种：

① 间隙配合：孔的下极限尺寸大于或等于轴的上极限尺寸，即具有间隙的配合。

② 过盈配合：孔的下极限尺寸小于或等于轴的下极限尺寸，即具有过盈的配合。

③ 过渡配合：可能具有间隙，也可能具有过盈的配合。其间隙量、过盈量都很小。

（2）配合的基准制。国家标准规定了两种基准制：

① 基孔制：基本偏差为一定的孔的公差带，与不同基本偏差的轴的公差带构成各种配合的一种制度称为基孔制。这种制度在同一基本尺寸的配合中，是将孔的公差带位置固定，通过变动轴的公差带位置，得到各种不同的配合，如图 7-21 所示。

基孔制的孔称为基准孔。国标规定基准孔的下偏差为零，"H"为基准孔的基本偏差。

② 基轴制：基本偏差为一定的轴的公差带与不同基本偏差的孔的公差带构成各种配合的一种制度称为基轴制。这种制度在同一基本尺寸的配合中，是将轴的公差带位置固定，通过变动孔的公差带位置，得到各种不同的配合，如图 7-22 所示。

基轴制的轴称为基准轴。国家标准规定基准轴的上偏差为零，"h" 为基轴制的基本偏差。

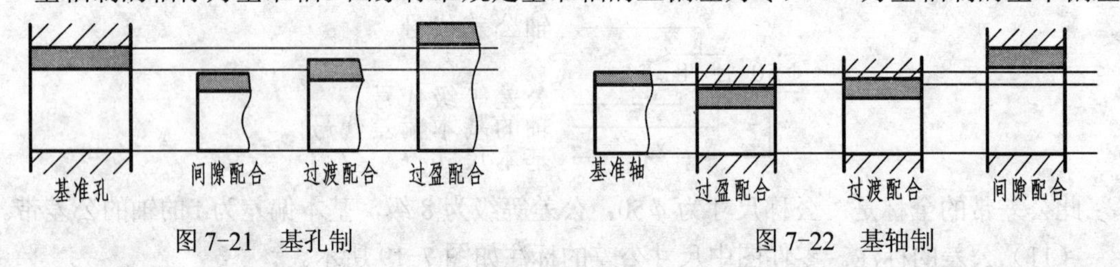

图 7-21 基孔制　　图 7-22 基轴制

（3）极限与配合的标注。配合的代号由两个相互结合的孔和轴的公差带的代号组成，用分数形式表示，分子为孔的公差带代号，分母与轴的公差带代号，标注的通用形式如图 7-23。

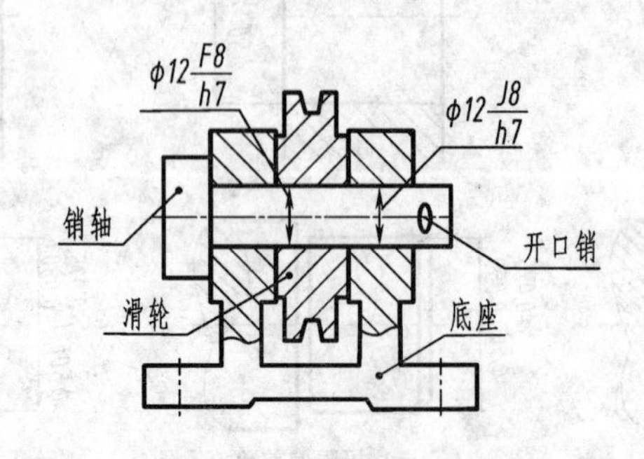

图 7-23 公差与配合的标注

7.2.3 几何公差

机械零件在加工中的尺寸误差，根据使用要求用尺寸公差加以限制。而加工中对零件的几何形状和相对几何要素的位置误差则由形状和位置公差加以限制。因此，它和表面粗糙度、极限与配合共同成为评定产品质量的重要技术指标。

1. 几何公差的一般概念

表面形状和位置公差示意图，如图 7-24 所示。

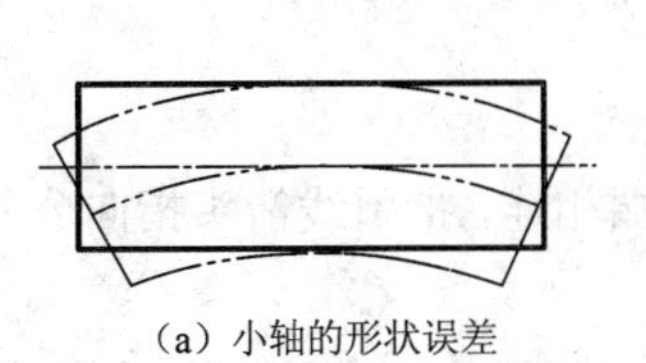
（a）小轴的形状误差

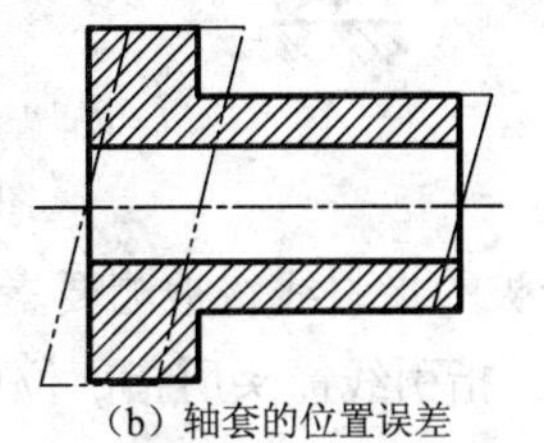
（b）轴套的位置误差

图 7-24 表面形状和位置公差示意图

（1）形状误差和公差。形状误差是指实际形状对理想形状的变动量。测量时，理想形状相对于实际形状的位置，应按最小条件来确定。形状公差是指实际要素的形状所允许的变动全量。

（2）位置误差和公差。位置误差是指实际位置对理想位置的变动量。理想位置是指相对于基准的理想形状的位置而言。测量时，确定基准的理想形状的位置应符合最小条件。位置公差是指实际要素的位置对基准所允许的变动全量。

形状公差和位置公差的符号如表 7-4 所示。

表 7-4 几何公差的几何特征符号

类 型	几何特征	符 号	有无基准	类 型	几何特征	符 号	有无基准
形状公差	直线度	—	无	位置公差	同心度（用于中心点）	◎	有
	平面度	▱			同轴度（用于轴线）	◎	
	圆度	○			对称度	⌯	
	圆柱度	⌭			位置度	⌖	
	线轮廓度	⌒			线轮廓度	⌒	
	面轮廓度	⌓			面轮廓度	⌓	
方向公差	平行度	//	有	跳动公差			
	垂直度	⊥					
	倾斜度	∠			圆跳动	↗	有
	线轮廓度	⌒			全跳动	⌰	
	面轮廓度	⌓					

2. 标注形状公差和位置公差的方法

标注形状公差和位置公差时，标准中规定应用框格标注。

（1）公差框格用细实线画出，可画成水平的或垂直的，框格高度是图样中尺寸数字高度的两倍，它的长度视需要而定。框格中的数字、字母、符号与图样中的数字等高。图 7-25 给出了形状公差和位置公差的框格形式。

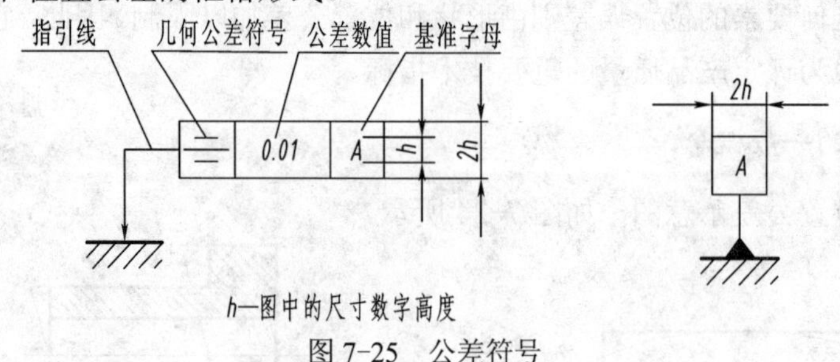

图 7-25　公差符号

（2）用带箭头的指引线将被测要素与公差框格一端相连，指引线箭头指向公差带的宽度方向或直径方面。指引线箭头所指部位可有：

① 当被测要素为整体轴线或公共中心平面时，指引线箭头可直接指在轴线或中心线上。

② 当被测要素为轴线、球心或中心平面时，指引线箭头应与该要素的尺寸线对齐。

③ 当被测要素为线或表面时，指引线箭头应指要该要素的轮廓线或其引出线上，并应明显地与尺寸线错开。

（3）用带基准符号的指引线将基准要素与公差框格的另一端相连。

① 当基准要素为素线或表面时，基准符号应靠近该要素的轮廓线或引出线标注，并应明显地与尺寸线箭头错开。

② 当基准要素为轴线、球心或中心平面时，基准符号应与该要素的尺寸线箭头对齐。

③ 当基准要素为整体轴线或公共中心面时，基准符号可直接靠近公共轴线（或公共中心线）标注。

图 7-26 所示为在一张零件图上标注形状公差和位置公差的实例。

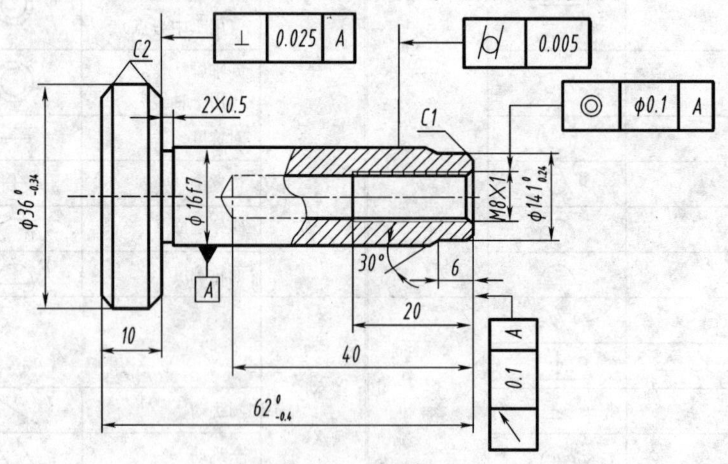

图 7-26　公差标注

A 基准指的是 ϕ16f7 的中心轴线；

⌭ 0.005　表示 ϕ16f7 圆柱面的圆柱度公差为 0.005 mm；

◎ ϕ0.1 A　M8×1 的轴线对基准 A 的同轴度公差为 0.1 mm；

↗	0.1	A	即：$\phi 14_{-0.24}^{\ 0}$ 的端面对基准 A 的端面圆跳动公差为 0.1 mm；
⊥	0.025	A	$\phi 36_{-0.34}^{\ 0}$ 的右端面对基准 A 的垂直度公差为 0.025 mm。

7.3　零件图的绘制的方法和步骤

本节中，将结合若干具体零件，讨论零件的视图选择和尺寸标注问题。

7.3.1　画图前的准备

（1）了解零件的用途、结构特点、材料及相应的加工方法。

（2）分析零件的结构形状，确定零件的视图表达方案。

选择视图时，要结合零件的工作位置和加工位置，选择最能反映零件形状特征的视图作为主视图，包括运用各种表达方法，如剖视、断面等，并选好其他视图。选择视图的原则是：在完整、清晰地表达零件内外形状和结构的前提下，尽量减少视图数量。

如图 7-27 所示的端盖，绘制其零件图时通常采用主、左或主、俯视图为基本视图，主视图采用以轴线为水平的加工或工作位置，将反映厚度的方向作为主视投影方向。

常用剖视图反映内部结构和相对位置，用断面图、局部剖视图、局部放大图等表达细小结构。

图 7-27　端盖

7.3.2　画图方法和步骤

（1）定图幅。根据视图数量和大小，选择适当的绘图比例，确定图幅大小。

（2）画出图框和标题栏。

（3）布置视图。根据各视图的轮廓尺寸，画出确定各视图位置的基线。图 7-28 所示为画基线。

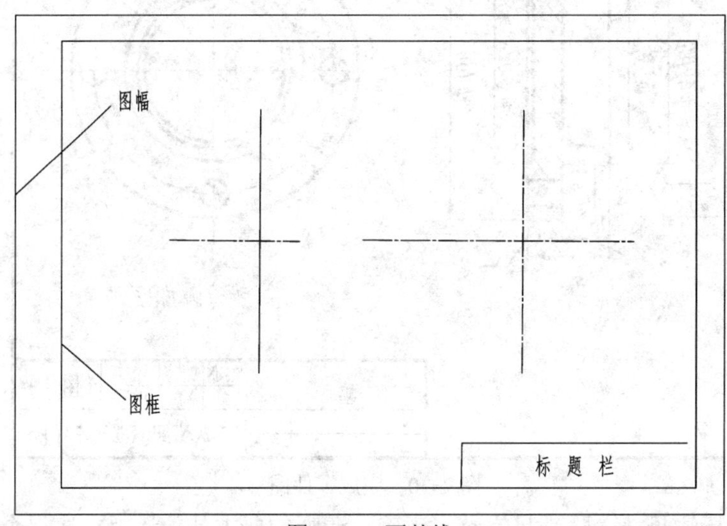

图 7-28　画基线

基线包括：对称线、轴线、某一基面的投影线。

注意：各视图之间要留出标注尺寸的位置。

（4）画底稿。按投影关系，逐个画出各个形体。

步骤：先画主要形体，后画次要形体；先定位置，后定形状；先画主要轮廓，后画细节。

（5）加深。检查无误后，加深并画剖面线，如图 7-29 所示。

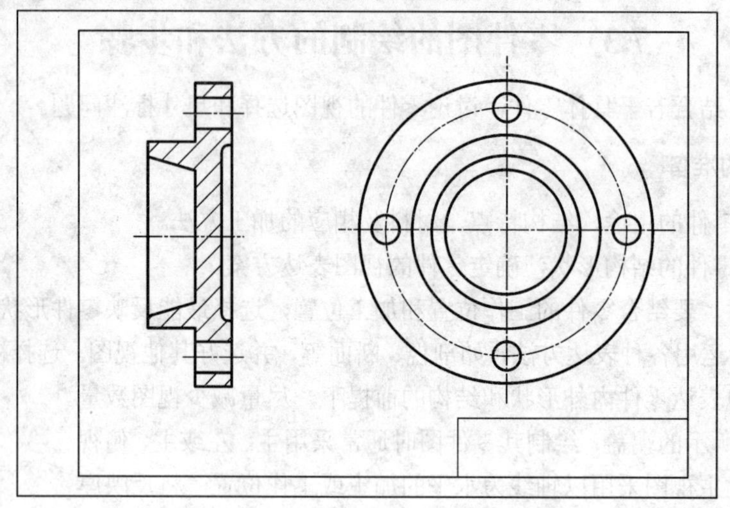

图 7-29 画底稿、加粗

（6）完成零件图。标注尺寸、表面粗糙度、尺寸公差等，填写技术要求和标题栏，如图 7-30 所示。

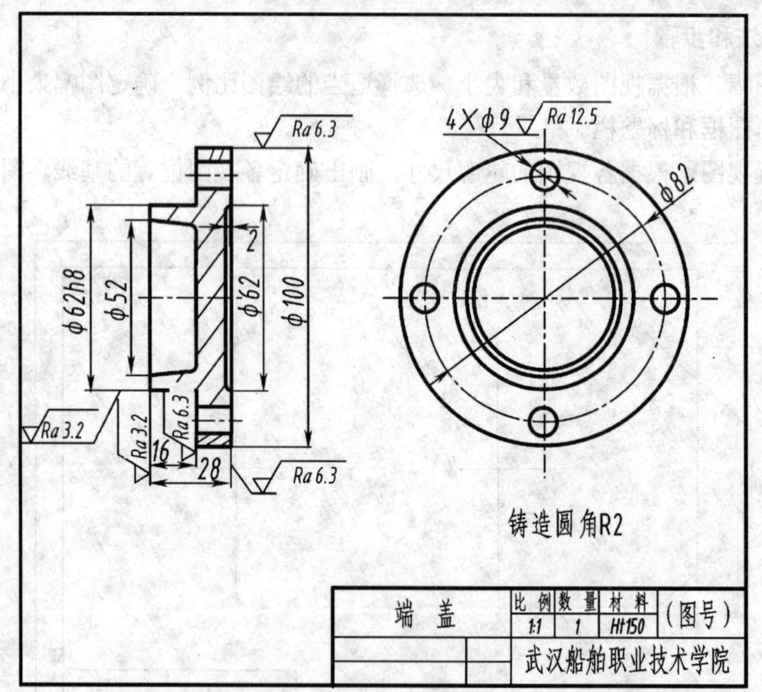

图 7-30 完成零件图

在零件图上标注尺寸，除满足完整、正确、清晰的要求外，还要求注得合理，即所注尺寸能满足设计和加工要求，使零件有满意的工作性能又便于加工、测量和检验。

尺寸注得合理，需要较多的机械设计与加工方面的知识，这里只能作一些的分析。

所谓合理，指的是：

① 正确选择长、宽、高方向的基准，影响零件在机器中的使用性能和安装精度的重要尺寸必须从基准出发进行标注，以保证精度；

② 在同一方向上的成组尺寸，要避免出现封闭的尺寸链 ；重要尺寸应直接注出，以避免受其余尺寸加工误差的影响；

③ 考虑加工看图方便；考虑测量方便。

④ 表面粗糙度、尺寸公差等技术要求的注写。技术要求不仅影响零件的加工质量，而且将会直接影响机器的装配质量、运行效能和使用寿命。所以对零件上的重要部位（大的加工面、有相对运动和配合的表面等），重点考虑，给予较高的技术要求指标。

7.4 看零件图的方法和步骤

7.4.1 看零件图的要求

看零件图时，应达到如下要求：

（1）了解零件的名称、材料和用途。

（2）了解组成零件各部分结构形状的特点、功用，以及它们之间的相对位置。

（3）了解零件的制造方法和技术要求。

7.4.2 看零件图的方法

现以图 7-31 为例来说明看零件图的方法和步骤。

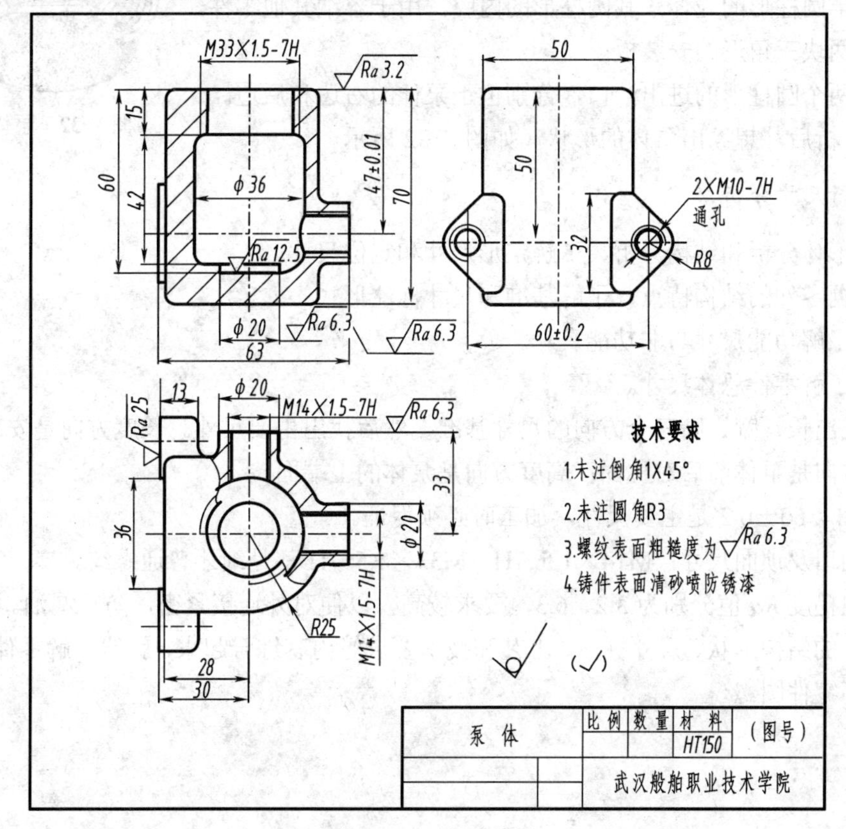

图 7-31 泵体零件图

1. 看标题栏

从图 7-31 可知：零件名称为泵体，材料是铸铁，绘图比例 1:1。

表达方案分析：

（1）找出主视图。

（2）用多少视图、剖视、断面等，找出它们的名称、相互位置和投影关系。

（3）凡有剖视、断面处要找到剖切平面位置。

（4）有局部视图和斜视图的地方必须找到表示投影部位的字母和表示投影方向的箭头。

（5）有无局部放大图及简化画法。

主视图是全剖视图，俯视图取了局部剖，左视图是外形图。

2. 进行形体分析和线面分析

（1）先看大致轮廓，再分几个较大的独立部分进行形体分析，逐一看懂。

（2）对外部结构逐个分析。

（3）对内部结构逐个分析。

（4）对不便于形体分析的部分进行线面分析。

从三个视图看，泵体由三部分组成：

（1）半圆柱形的壳体，其圆柱形的内腔，用于容纳其他零件。

（2）两块三角形的安装板。

（3）两个圆柱形的进出油口，分别位于泵体的右边和后边。

综合分析后，想象出泵体的形状，如图 7-32 所示。

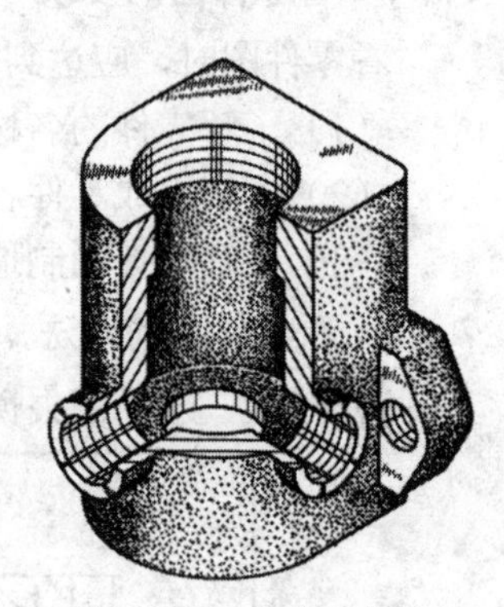

图 7-32　泵体立体图

3. 进行尺寸分析

（1）形体分析和结构分析，了解定形尺寸和定位尺寸。

（2）据零件的结构特点，了解基准和尺寸标注形式。

（3）了解功能尺寸与非功能尺寸。

（4）了解零件总体尺寸。

首先找出长、宽、高三个方向的尺寸基准，然后找出主要尺寸。长度方向是安装板的端面；宽度方向是泵体前后对称面；高度方向是泵体的上端面。

47±0.1、60±0.2 是主要尺寸，加工时必须保证。

进出油口及顶面尺寸：M14×1.5-7H、M33×1.5-7H 都是细牙普通螺纹。

端面粗糙度 *Ra* 值分别为 3.2、6.3，要求较高，以便对外连接紧密，防止漏油。

把零件的结构形状、尺寸标注、工艺和技术要求等内容综合起来，就能了解零件的全貌，也就看懂了零件图。

项目八 装配图

【能力目标】 培养学生正确掌握阅读和绘制简单装配图的能力；要求了解装配图的作用和内容；掌握简单装配图的视图表达方法和尺寸标注；了解装配图上零件的编号法则和常见的装配工艺机构。

【重点难点】 重点是是阅读和绘制简单装配图，以阅读装配图为重点。难点是装配图的视图表达方法和尺寸标注。

【学习指导】 结合所学内容，紧密联系生产实际，掌握视图表达方法。对零件精度要求要结合项目七的技术要求来学习，要结合生产实习和其他课程来学习。

8.1 装配图的作用和内容

表达装配体（机器或部件）的图样，称为装配图。在机器或部件的设计过程中，一般先根据设计要求画出装配图以表达机器或部件的工作原理、传动路线、零件之间的装配关系以及零件的主要结构形状，然后按照装配图设计零件并绘制零件图。在生产过程中，装配图又是制定机器或部件装配工艺规程、装配、检验、安装和维修的依据。因此，装配图是生产和技术交流中重要的技术文件。

图 8-1 所示为滑动轴承的轴测图，它是支承传动轴的一个部件，由 8 个零件所组成。图 8-2 所示为滑动轴承的装配图，它表达了滑动轴承的工作原理和装配关系。

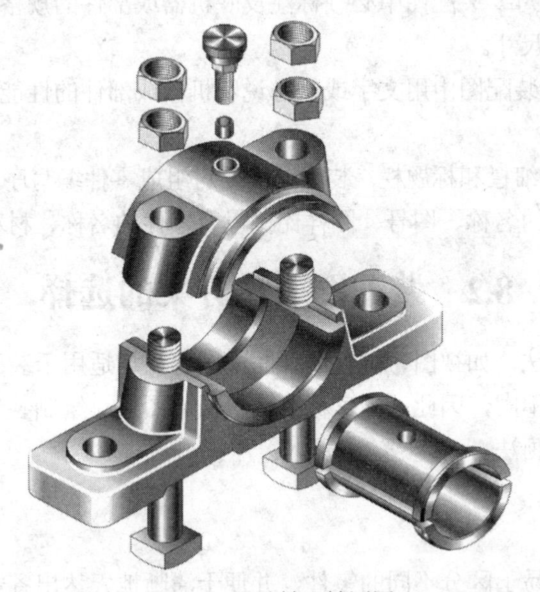

图 8-1　滑动轴承轴测图

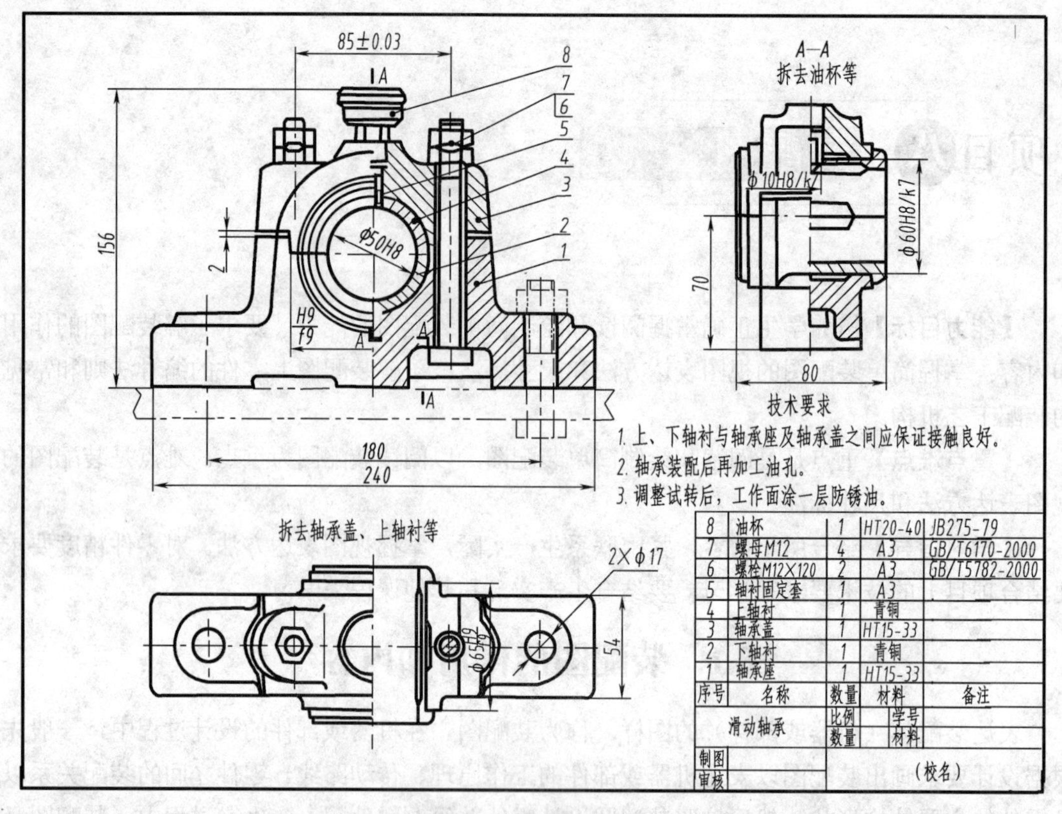

图 8-2 滑动轴承装配图

由图 8-2 可见，一张完整的装配图应具备以下几方面内容：

（1）一组视图。用来表达机器或部件的工作原理、零件间的装配关系、零件的连接方式以及零件的主要结构形状等。

（2）一组必要的尺寸。装配图中必须标注反映机器或部件的规格、性能以及装配、检验和安装时所必要的一些尺寸。

（3）技术要求。在装配图中用文字或符号说明机器或部件的性能、装配、检验和使用等方面的要求。

（4）零件序号、明细栏和标题栏。装配图需要对组成零件编写序号，并填写明细栏和标题栏，说明机器或部件的名称、图号、图样比例以及零件的名称、材料、数量等一般概况。

8.2 装配图表达方案的选择

机件的各种表达方法，如视图、剖视图、断面图等，均适用于装配图。由于装配图表达的侧重点与零件图有所不同，因此，国家标准《机械制图》对绘制装配图又制定了一些规定画法、特殊画法及简化画法。

8.2.1 规定画法

在装配图中，为了易于区分不同的零件，并便于清晰地表达出各零件之间的装配关系，在画法上有以下规定：

1. 接触面和配合面的画法

两相邻零件的接触面和配合面只画一条线，而基本尺寸不同的非配合面和非接触面，即使间隙很小，也必须画成两条线。如图 8-3 中轴和孔的配合面、图 8-3 中两个被连接件的接触面均画一条线；图 8-3 中螺杆和孔之间是非接触面应画两条线。

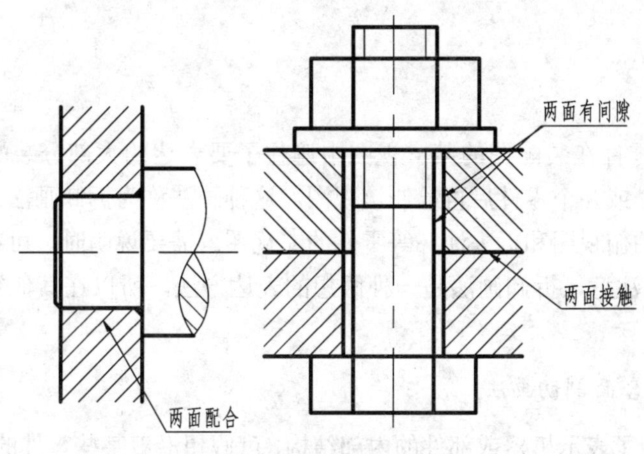

图 8-3 规定画法(一)

2. 剖面线的画法

在剖视图和断面图中，同一个零件的剖面线倾斜方向和间隔应保持一致；相邻两零件的剖面线方向应相反，或者方向一致、间隔不同。如图 8-2 中轴承座在主视图和左视图中的剖面线画成同方向、同间隔；而轴承盖与轴承座的剖面线方向相反；图 8-4 中的填料压盖与阀体的剖面线方向虽然一致，但间隔不同也能以此来区分不同的零件。当装配图中零件的剖面厚度小于 2 mm 时，允许将剖面涂黑代替剖面线。

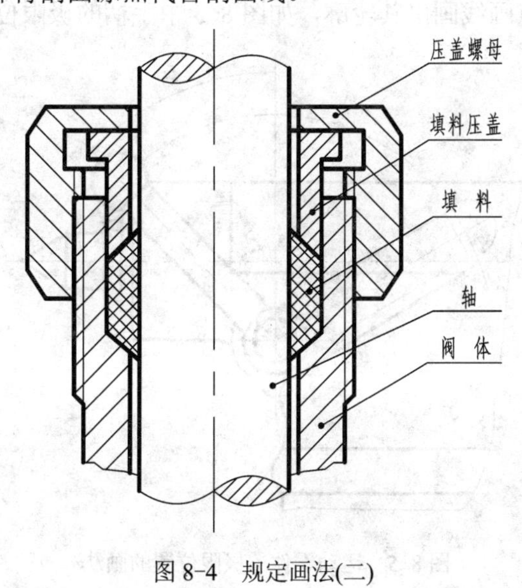

图 8-4 规定画法(二)

3. 实心零件和螺纹紧固件的画法

在剖视图中，当剖切平面通过实心零件（如轴、连杆等）和螺纹紧固件（如螺栓、螺母、垫圈等）的基本轴线时，这些零件按不剖绘制。如图 8-3 中螺栓、螺母及垫圈和图 8-4 中轴的投影均不画剖面线。若其上的孔、槽等结构需要表达时，可采用局部剖视。当剖切平面垂直其轴线剖切时，则应画出剖面线，如图 8-2 俯视图中螺栓的投影。

8.2.2 特殊画法

1. 拆卸画法

当一个或几个零件在装配图的某一视图中遮住了要表达的大部分装配关系或其他零件时，可假想拆去一个或几个零件后再绘制该视图，这种画法称为拆卸画法，如图 8-2 中拆去轴承盖、上轴衬等的俯视图和拆去油杯等零件的左视图。需要说明时，可在图上加注“拆去零件××等”，但应注意，拆卸画法是一种假想的表达方法，所以在其他视图上，仍需完整地画出它们的投影。

2. 沿零件的结合面剖切画法

在装配图中，为了表示机器或部件的内部结构，可假想沿着某些零件的结合面进行剖切。这时，零件的结合面不画剖面线，其他被剖切的零件则要画剖面线，如图 8-2 俯视图中右半部是沿轴承盖和轴承座的结合面剖切，结合面上不画剖面线，螺栓则要画出剖面线。

3. 假想画法

在装配图中，当需要表达该部件与其他相邻零、部件的装配关系时，可用双点画线画出相邻零、部件的轮廓，如图 8-2 中滑动轴承主视图下方的机体安装板。

当需要表明某些零件的运动范围和极限位置时，可以在一个极限位置上画出该零件，而在另一个极限位置用双点画线画出其轮廓，如图 8-5 中手柄的极限位置画法。

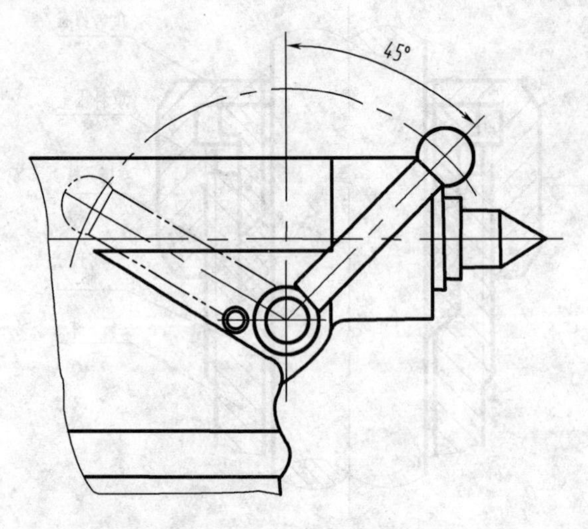

图 8-5 运动零件的极限位置的画法

4. 夸大画法

在装配图中，对于一些薄片零件、细丝弹簧、小的间隙和锥度等，可不按其实际尺寸作图，而适当地夸大画出以使图形清晰，如图 8-6 中垫片的画法。

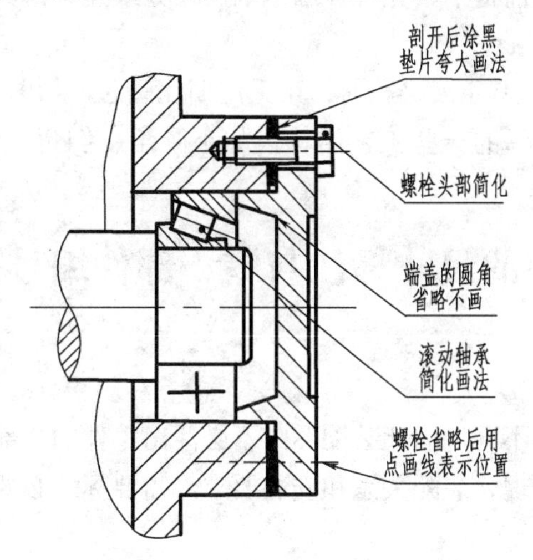

图 8-6　夸大画法和简化画法

5. 展开画法

为了表达某些重叠的装配关系，可假想将空间轴系按其传动顺序展开在一个平面上，然后沿轴线剖切画出剖视图，这种画法称为展开画法，如图 8-7 所示。

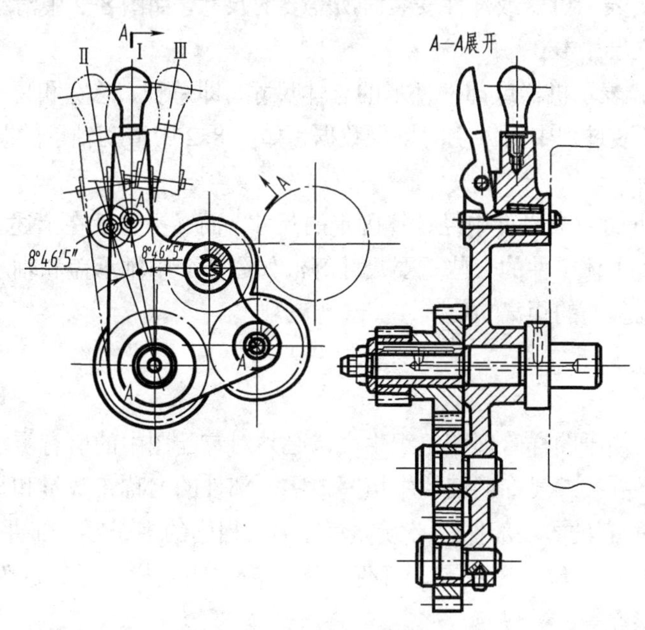

图 8-7　展开画法

8.2.3 简化画法

（1）在装配图中，螺栓头部和螺母允许采用简化画法。对若干相同的零件组如螺栓、螺钉连接等，在不影响理解的前提下，允许详细地画出一处或几处，其余只需用点画线表示其中心位置，如图 8-6 所示。

（2）滚动轴承只需表达其主要结构时，可采用简化画法，如图 8-6 所示。

（3）在装配图中，零件的一些工艺结构，如小圆角、倒角、退刀槽和砂轮越程槽等允许不画。

8.3 装配图的尺寸标注与零、部件编号及明细栏

8.3.1 尺寸标注

装配图的作用与零件图不同，因此装配图中不必注出零件的全部尺寸。为了进一步说明机器或部件的性能、工作原理、装配关系和安装要求，需要标注必要的尺寸，一般分为以下几类尺寸：

（1）性能和规格尺寸：表示机器或部件工作性能和规格的尺寸。它是设计、了解和选用该机器或部件的依据，如图 8-2 中的轴孔直径 ϕ50H8。

（2）装配尺寸：表示机器或部件中零件之间装配关系和工作精度的尺寸，有配合尺寸和相对位置尺寸两种。如图 8-2 中轴承盖与轴承座的配合尺寸 ϕ80H8/f8 27±0.03 等。

（3）安装尺寸：表示机器或部件安装时所需要的尺寸，如图 8-2 中滑动轴承的安装孔尺寸 2× ϕ17 及其定位尺寸 180。

（4）外形尺寸：表示机器或部件外形的总体尺寸，即总长、总宽和总高。它为机器或部件在包装、运输和安装过程中所占空间提供数据，如图 8-2 中滑动轴承的总体尺寸 240、156 和 80。

（5）其他重要尺寸：在设计中经计算确定的尺寸，而又不包括在上述几类尺寸中。如运动零件的极限尺寸，主体零件的一些重要尺寸等，如图 8-2 中轴承盖和轴承座之间的间隙尺寸 2 和轴承孔轴线到基面的距离 70。

8.3.2 零、部件编号

为了便于看图，便于图样管理和组织生产，必须对装配图中的所有零、部件进行编号，列出零件的明细栏，并按编号在明细栏中填写该零、部件的名称、数量和材料等。

（1）装配图中所有的零、部件都必须编写序号。相同的多个零、部件应采用一个序号，一个序号在图中只标注一次，图中零、部件的序号应与明细栏中零、部件的序号一致，如图 8-2 中的螺栓和螺母等。

（2）序号应注写在指引线一端用细实线绘制的水平线上方、圆内或在指引线端部附近，序号字高要比图中尺寸数字大一号或两号，如图 8-8（a）所示。序号编写时应按水平或垂直方向排列整齐，并按顺时针或逆时针方向顺序编号，如图 8-2 所示。

（3）指引线用细实线绘制，应自所指零件的可见轮廓内引出，并在其末端画一圆点，如图 8-8（a）所示。若所指的部分不宜画圆点，如很薄的零件或涂黑的剖面等，可在指引线的末端画出箭头，并指向该部分的轮廓，如图 8-8（b）所示。

如果是一组紧固件，以及装配关系清楚的零件组，可以采用公共指引线，如图 8-8（c）所示。

指引线应尽可能分布均匀且不要彼此相交，也不要过长。指引线通过有剖面线的区域时，要尽量不与剖面线平行，必要时可画成折线，但只允许折一次，如图 8-8（d）所示。

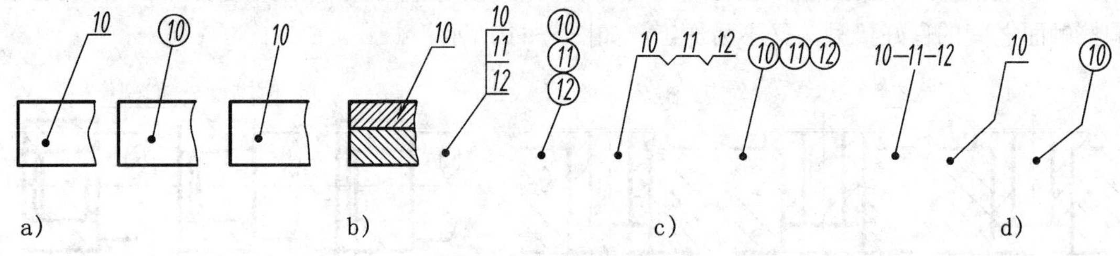

图 8-8　序号的编写形式

8.3.3　明细栏

明细栏是机器或部件中全部零、部件的详细目录。明细栏位于标题栏的上方，外框粗实线，内框细实线，零、部件的序号自下而上填写。如图幅受限制时，可移至标题栏的左边继续编写，标题栏及明细栏的格式见图 8-9 所示。

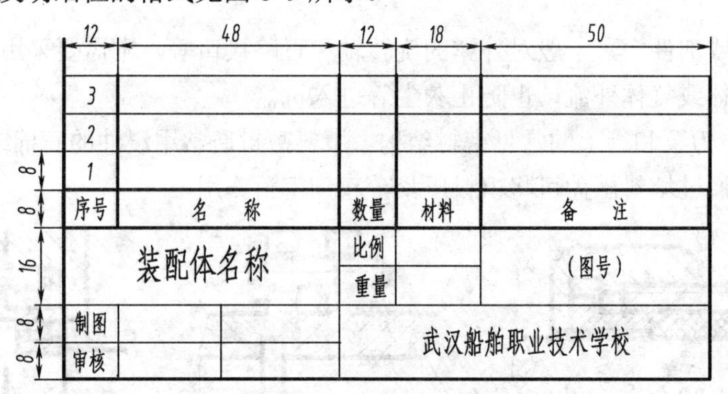

图 8-9　标题栏及明细栏的格式

8.4　常见装配工艺结构

在机器或部件的设计中，应该考虑装配结构的合理性，以保证机器或部件的工作性能可靠；安装和维修方便。下面介绍几种常见的装配工艺结构。

8.4.1　装配工艺结构

（1）接触面与配合面结构。两零件在同一方向上一般只宜有一个接触面，既保证了零件接触良好又降低了加工要求，否则就会给加工和装配带来困难，如图 8-10 所示。

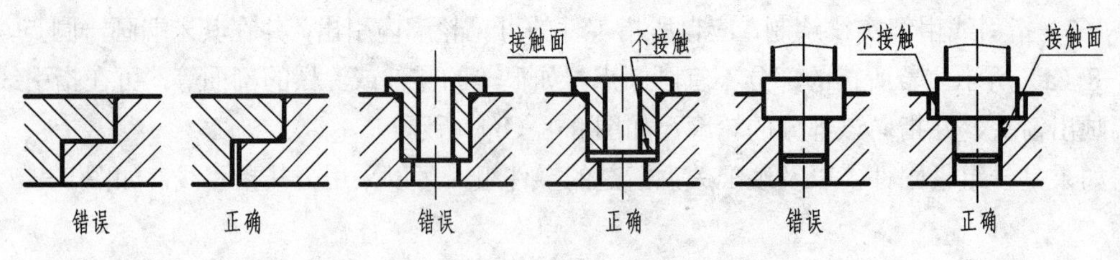

图 8-10　同一方向上一般只有一个接触面

（2）触面转角处的结构。两配合零件在转角处不应设计成相同的尖角或圆角，否则既影响接触面之间的良好接触，又不易加工，如图 8-11 所示。

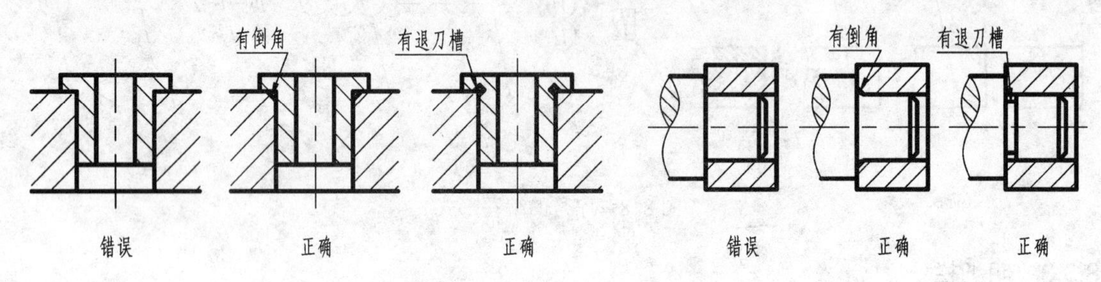

图 8-11　接触面转角处的结构

8.4.2　机器上的常见装置

1. 密封结构

在一些机器或部件中，一般对外露的旋转轴和管路接口等，常需要采用密封装置，以防止机器内部的液体或气体外流，也防止灰尘等进入机器。

图 8-12（a）为泵和阀上的常见密封结构。填料密封通常用浸油的石棉绳或橡胶作填料，拧紧压盖螺母，通过填料压盖可将填料压紧，起到密封作用。

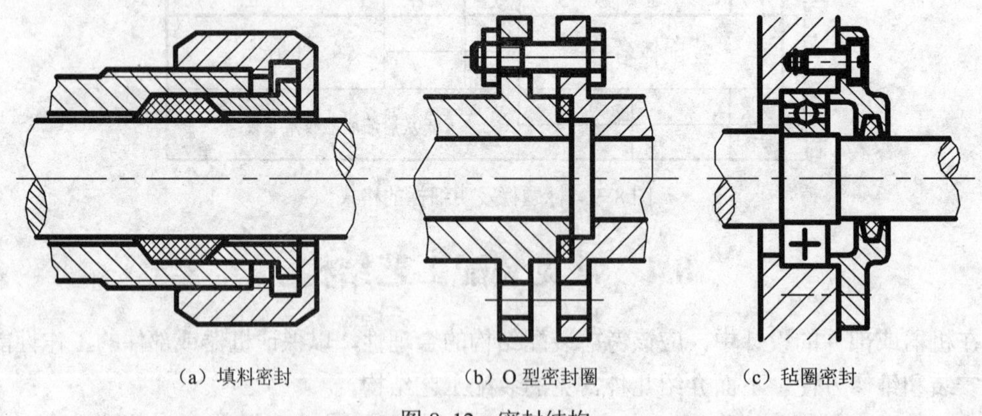

（a）填料密封　（b）O 型密封圈　（c）毡圈密封

图 8-12　密封结构

图 8-12（b）为管道中管接口的常见密封结构，采用 O 型密封圈密封。

图 8-12（c）为滚动轴承的常见密封结构，采用毡圈密封。

各种密封方法所用的零件，有些已经标准化，其尺寸要从有关手册中查取，如毡圈密封中的毡圈。

2. 安装与拆卸结构

（1）在滚动轴承的装配结构中，与轴承内圈结合的轴肩直径及与轴承外圈结合的孔径尺寸应设计合理，以便于轴承的拆卸，如图 8-13 所示。

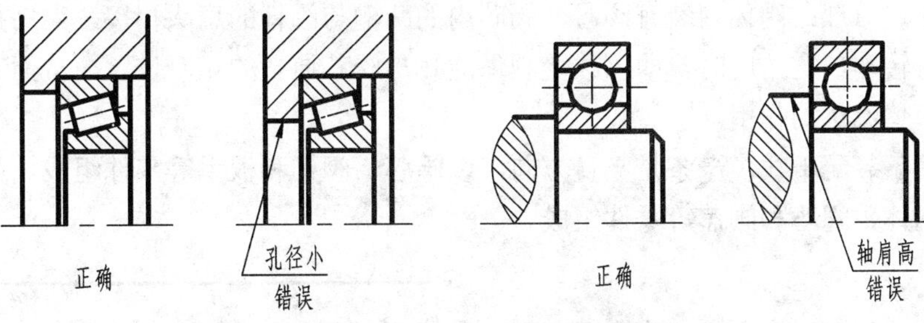

图 8-13 滚动轴承的装配结构

（2）螺栓和螺钉连接时，孔的位置与箱壁之间应留有足够空间，以保证安装的可能和方便，如图 8-14 所示。

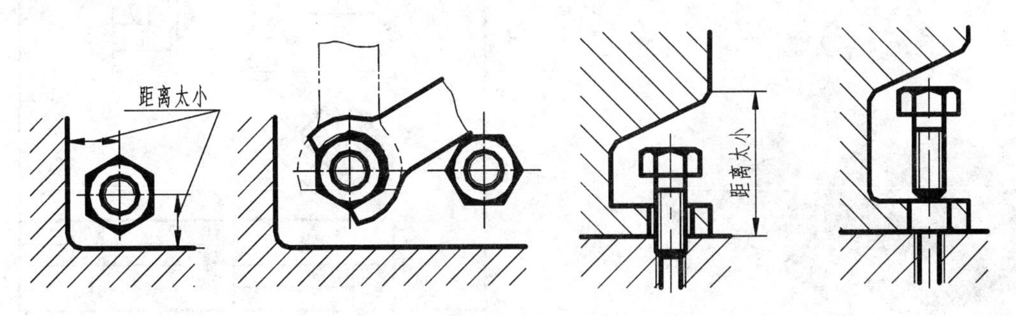

（a）留出扳手活动空间　　（b）留出螺钉装、卸空间

图 8-14 螺栓、螺钉连接的装配结构

（3）销定位时，在可能的情况下应将销孔做成通孔，以便于拆卸，如图 8-15 所示。

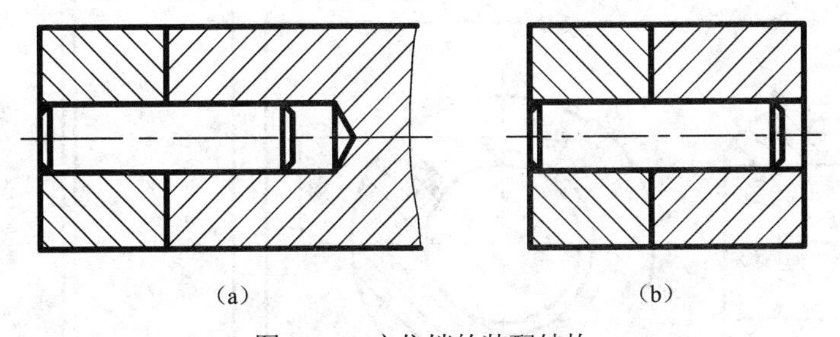

（a）　　（b）

图 8-15 定位销的装配结构

8.5 装配图的绘制

8.5.1 装配图绘制的基本方法

绘制装配图之前，应对所画的对象有全面的认识，即了解机器或部件的功用、性能、结构特点和各零件间的装配关系等。

现以球阀为例介绍绘制装配图的方法和步骤。

图 8-16 所示球阀是管路中用来启闭及调节流体流量的部件，它由阀体等零件和一些标准件所组成。球阀所包含零件的零件图如图 8-17～图 8-24 所示。

球阀的工作原理：阀体内装有阀芯，阀芯内的凹槽与阀杆的扁头相接，当用扳手旋转阀杆并带动阀芯转动一定角度时，即可改变阀体通孔与阀芯通孔的相对位置，从而起到启闭及调节管路内流体流量的作用。

球阀有两条装配干线，一条是竖直方向，以阀芯、阀杆和板手等零件组成。另一条是水平方向，以阀体、阀芯和阀盖等零件组成。

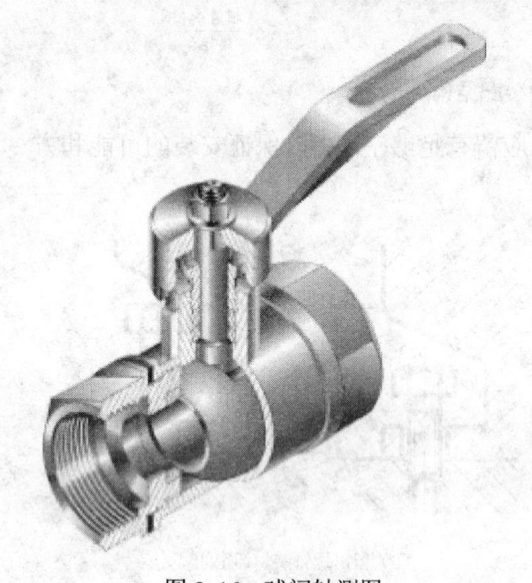

图 8-16　球阀轴测图

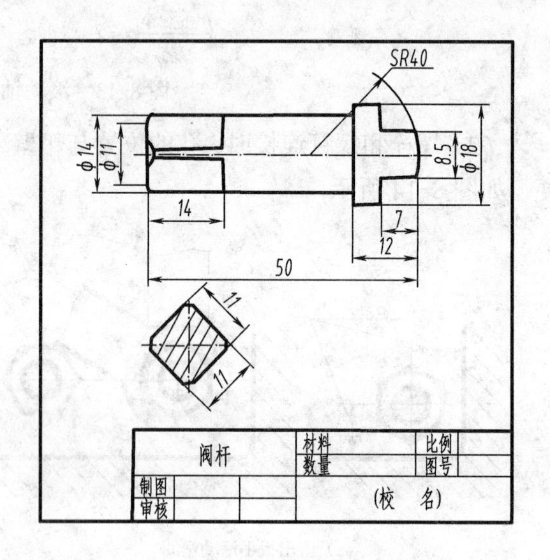

图 8-17 阀杆零件图

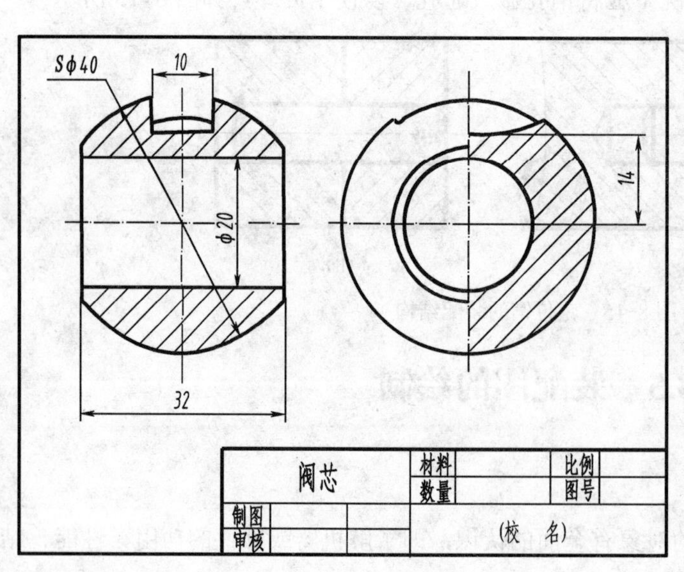

图 8-18　阀芯零件图

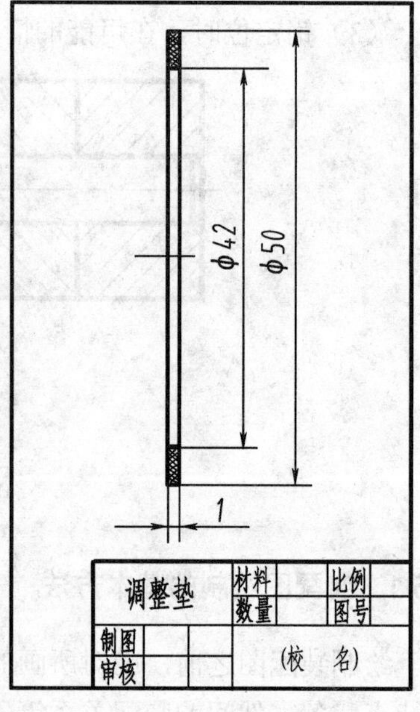

图 8-19　调整垫零件图

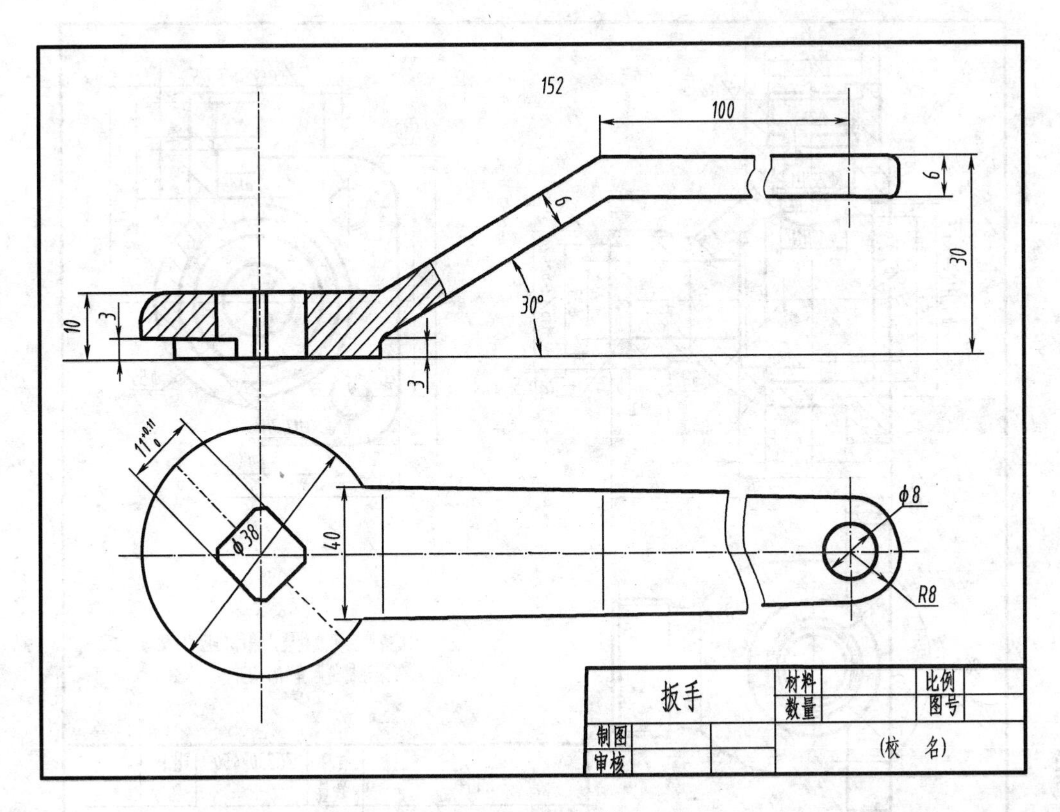

图 8-20 扳手零件图

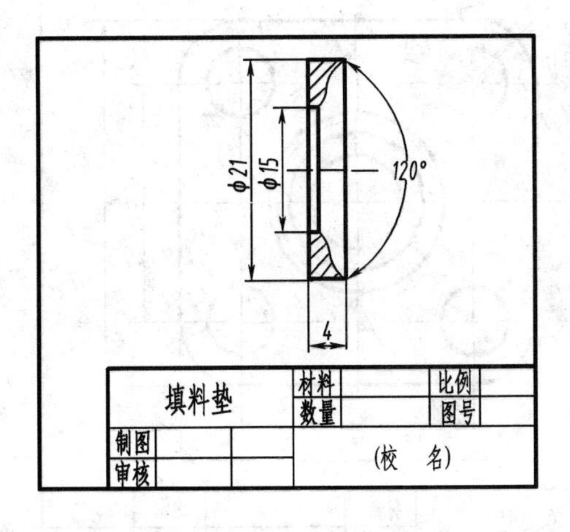

图 8-21 填料垫零件图

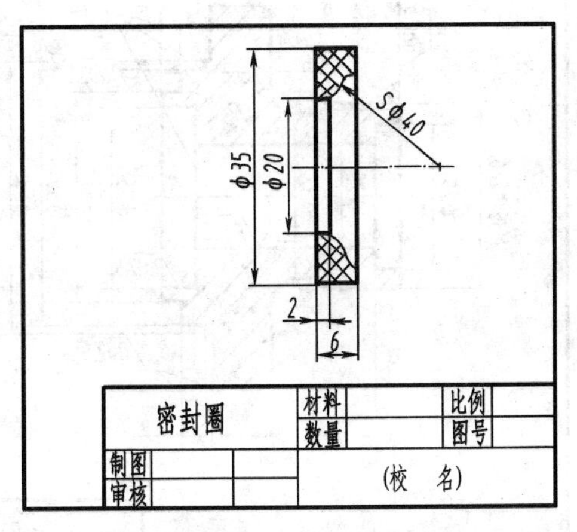

图 8-22 密封圈零件图

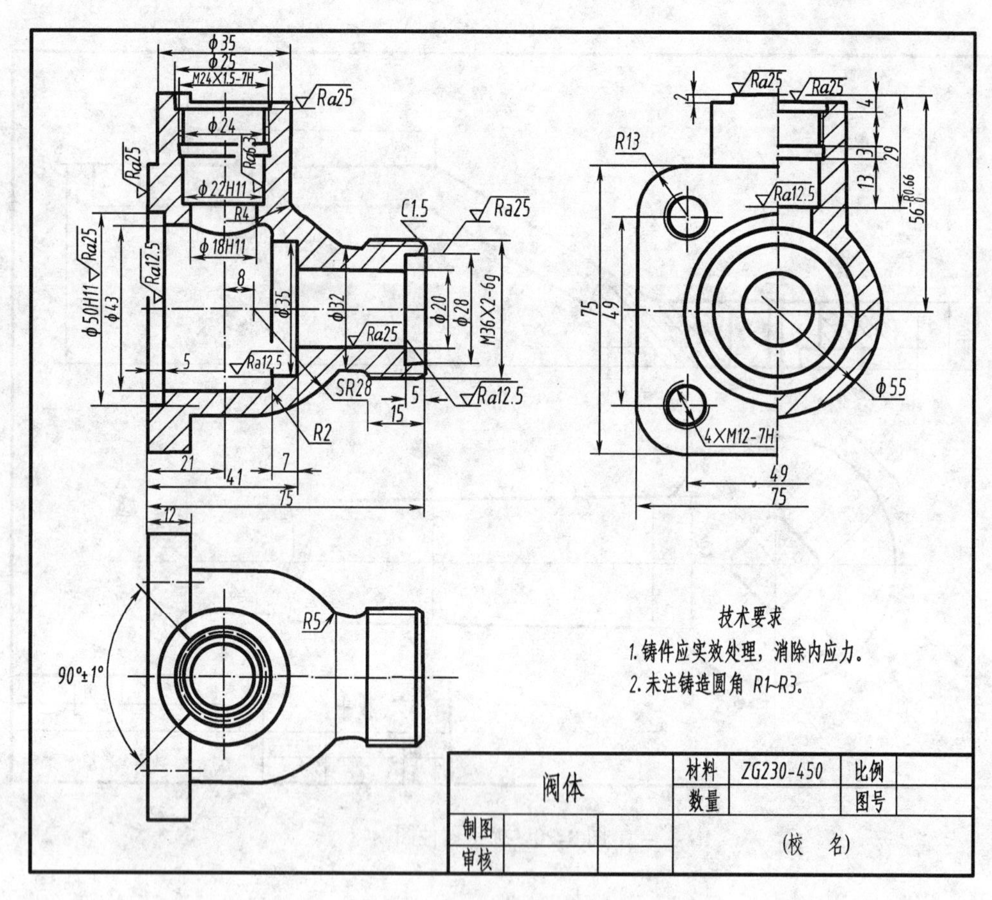

图 8-23　阀体零件图

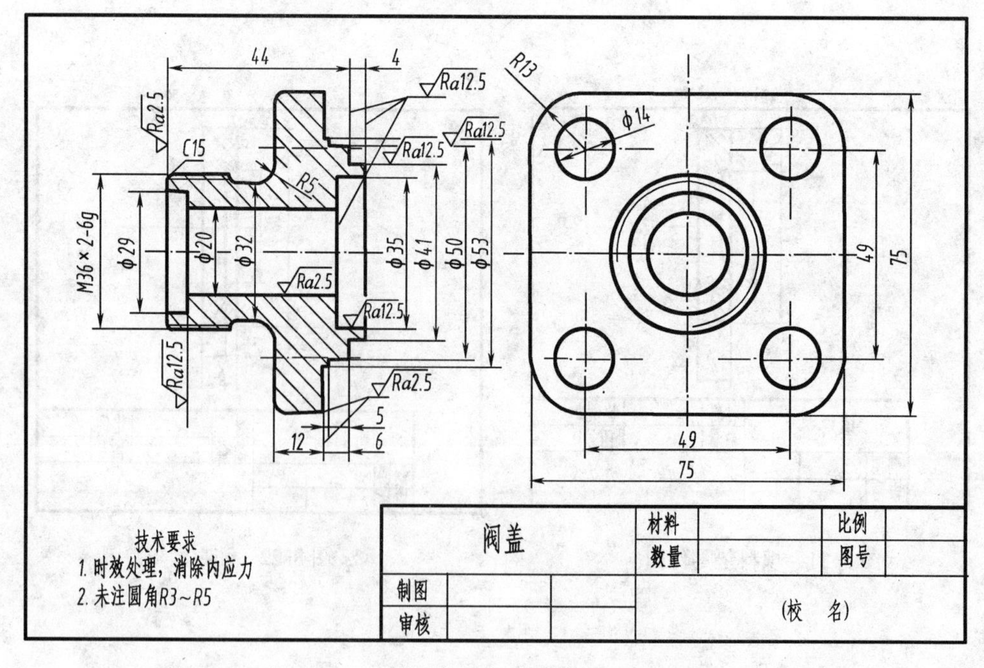

图 8-24　阀盖零件图

8.5.2 画装配图

1. 画装配示意图

装配示意图一般是用简图或符号画出机器或部件中各零件的大致轮廓，以表示其装配位置、装配关系和工作原理等。《机械制图》国家标准中《机构运动简图符号》(GB 4460—1984)规定了一些基本符号和可用符号，一般情况采用基本符号，必要时允许使用可用符号，画图时可以参考使用。

2. 确定装配图的表达方案

在对所画机器或部件全面了解和分析的基础上，运用装配图的表达方法，选择一组恰当的视图，清楚地表达机器或部件的工作原理、零件间的装配关系和主要零件的结构形状。在确定表达方案时，首先要合理选择主视图，再选择其他视图。

（1）选择主视图。主视图的选择应符合它的工作位置，尽可能反映机器或部件的结构特点、工作原理和装配关系，主视图通常采用剖视图以表达零件的主要装配干线。

按图 8-25 球阀装配示意图的放置位置和投影方向采用全剖视图表达球阀的两条装配干线。

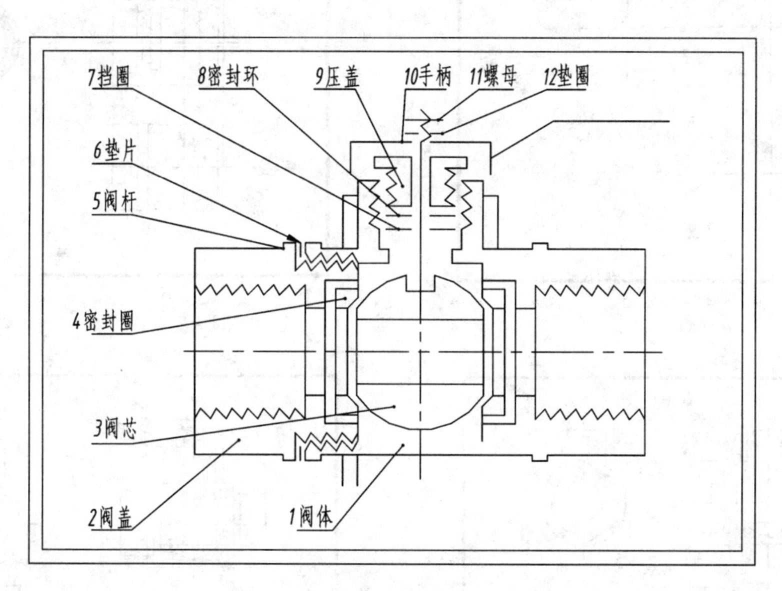

图 8-25 球阀装配示意图

（2）选择其他视图。分析主视图尚未表达清楚的机器或部件的工作原理、装配关系和其他主要零件的结构形状，再选择其他视图来补充主视图尚未表达清楚的结构。

俯视图采用假想画法表达扳手零件的极限位置，左视图采用半剖视表达阀体和阀盖的外形及阀杆和阀芯的连接关系。

3. 画装配图的步骤

根据所确定的装配图表达方案，选取适当的绘图比例，并考虑标注尺寸、编注零件序号、书写技术要求、画标题栏和明细栏的位置，选定图幅，然后按下列步骤绘图：

（1）画出图框、画出各视图的主要中心线、轴线、对称线及基准线等，如图 8-26（a）所示。

（2）画出主体零件的主要结构。通常先从主视图开始，先画基本视图，后画其他视图。画图同时应注意各视图间的投影关系。如果是画剖视图，则应从内向外画。这样被遮住的零件的轮廓线就可以不画，如图 8-26（b）所示。

（3）画其他零件及各部分的细节，如图 8-26（c）所示。

（4）检查底稿，绘制标题栏及明细栏并加深全图，如图 8-26（d）所示。

（5）标注尺寸，编写零件序号，填写明细栏和标题栏，注明技术要求等。

（6）仔细检查完成全图，如图 8-26（e）所示。

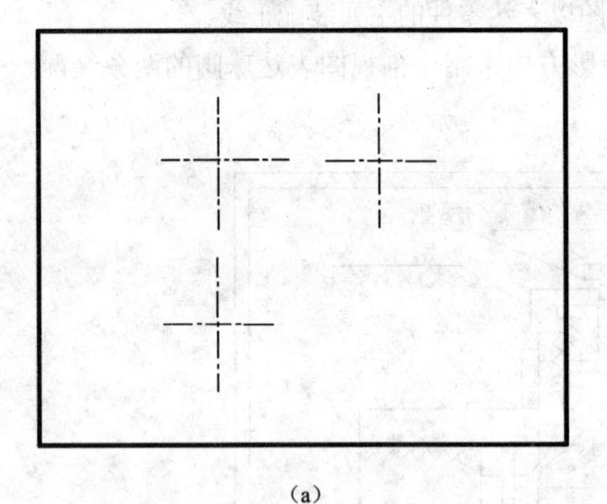

（a）

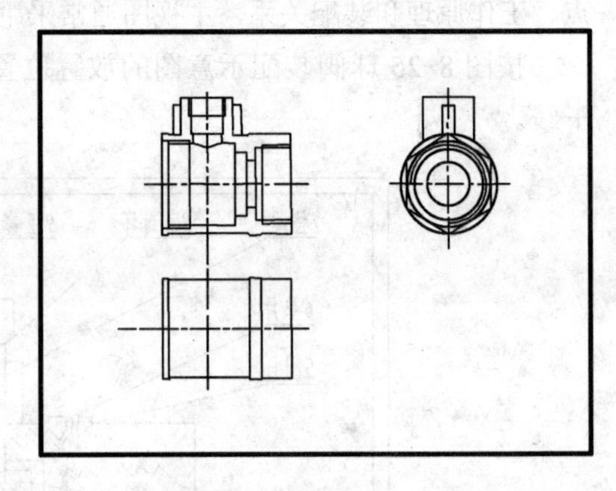

（b）

（c）

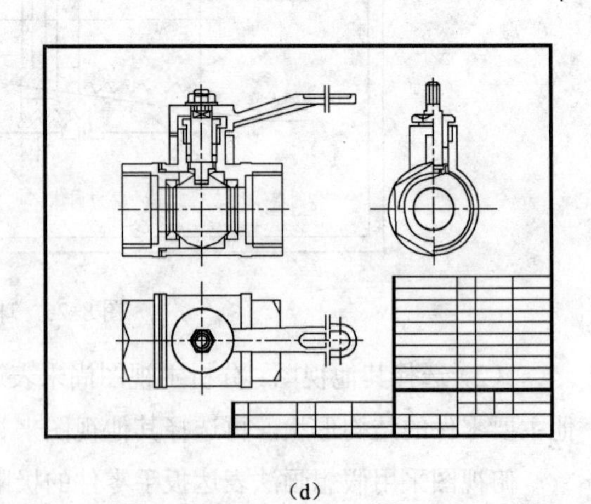

（d）

图 8-26　画球阀装配图的步骤

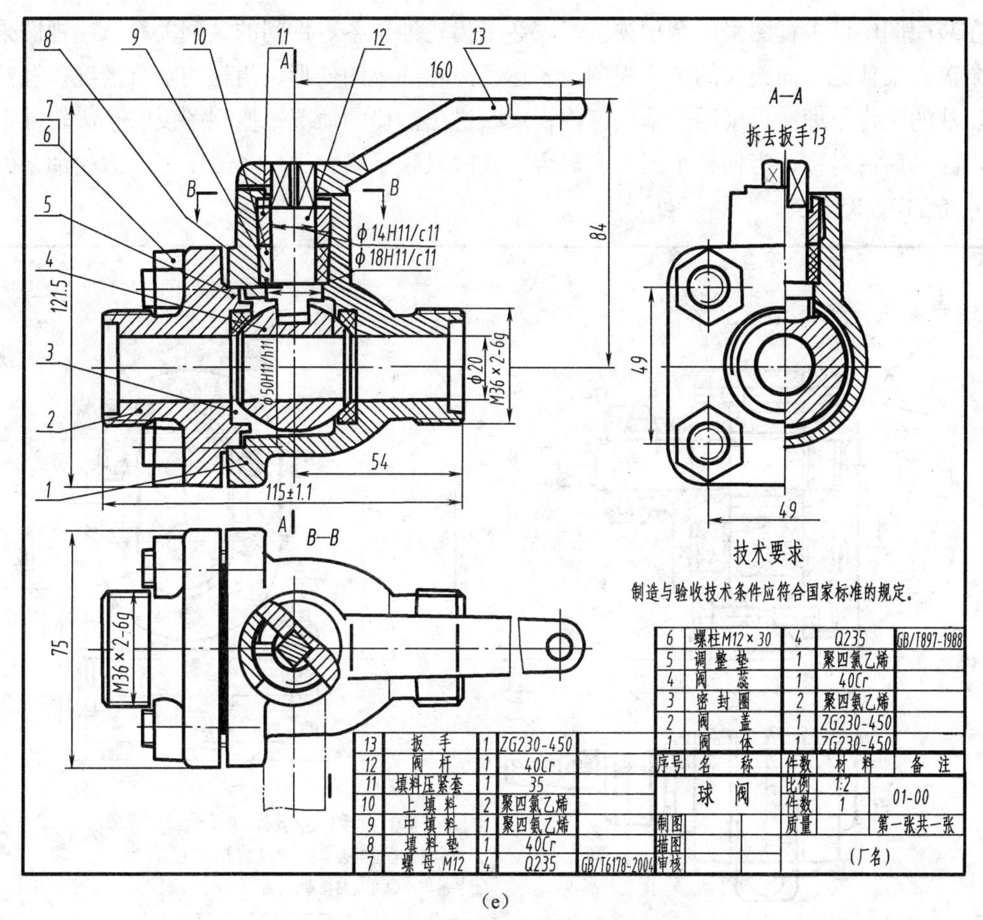

(e)

图 8-26　画球阀装配图的步骤（续）

8.6　读 装 配 图

在机器或部件的设计、制造、使用、维修和技术交流等实际工作中，经常要看装配图。通过看装配图可以了解机器或部件的工作原理、各零件间的装配关系和零件的主要结构形状及作用等。

现以图 8-27 所示齿轮油泵装配图为例来说明看装配图的方法和步骤。

1. 概括了解装配图的内容

（1）从标题栏中了解机器或部件的名称、用途及比例等。

（2）从零件序号及明细栏中，了解零件的名称、数量、材料及在机器或部件的中的位置。

（3）分析视图，了解各视图的作用及表达意图。

齿轮油泵是用于机器润滑系统中的部件。它是由泵体、泵盖、运动零件（传动齿轮、齿轮轴等）、密封零件以及标准件等组成，对照零件序号和明细栏可以看出齿轮油泵共由 10 种零件装配而成，装配图的比例为 1:1。

在装配图中，主视图采用全剖视图，表达了齿轮油泵各零件间的装配关系；左视图采用沿左泵盖与泵体结合面剖切的半剖视图，表达了齿轮油泵的外形、齿轮的啮合情况以及油泵吸、压油的工作原理；再采用一个局部剖视反映进出油口的情况；俯视图反映了齿轮油泵的外形，因其前后对称，为使整个图面布局合理，故只画了略大于一半的图形。齿轮油泵的外形尺寸是118、85、85。

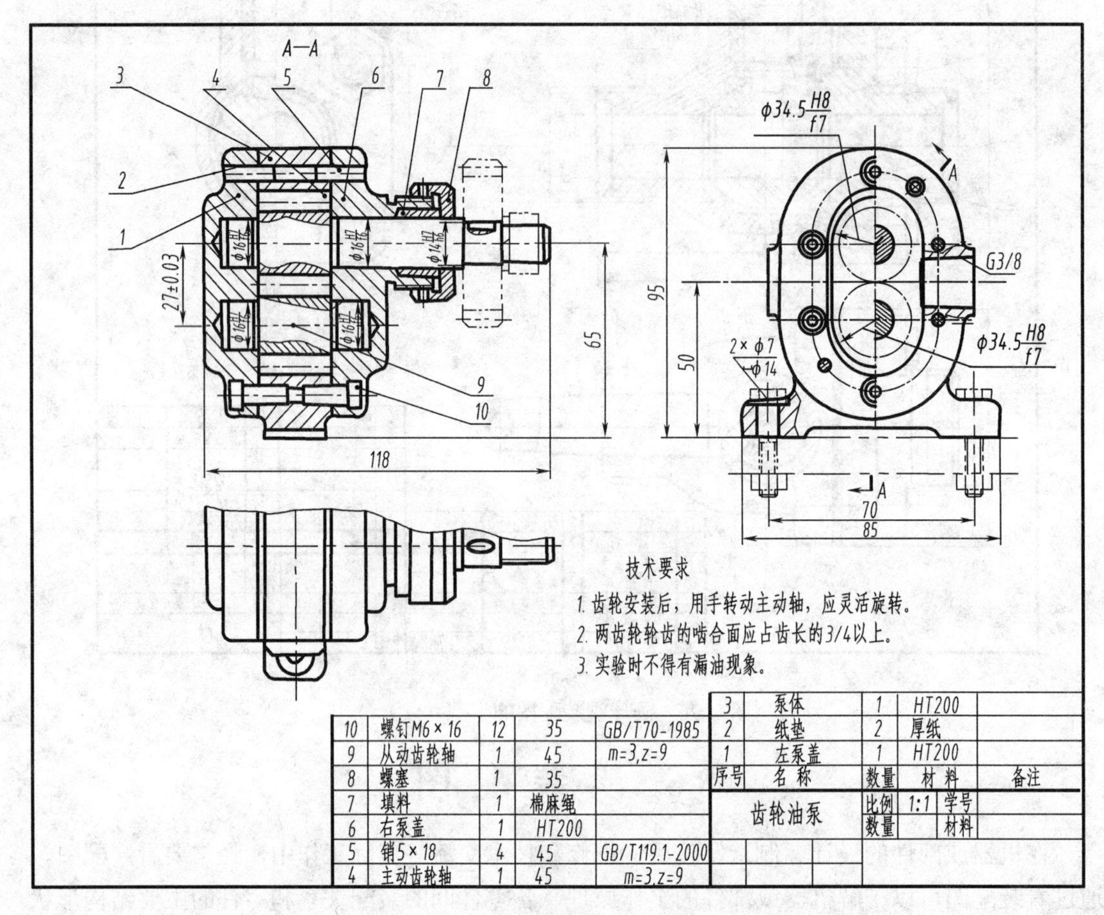

图 8-27　齿轮油泵装配图

2. 分析工作原理及传动关系

分析机器或部件的工作原理，一般应从分析传动关系入手。

例如齿轮油泵：当外部动力经传动齿轮（细双点画线所画零件）传至主动齿轮轴4时，即产生旋转运动。主动齿轮轴按逆时针方向旋转时，从动齿轮轴则按顺时针方向旋转。

当泵体中的一对齿轮啮合传动时，吸油腔一侧的轮齿逐步分离，齿间容积逐渐扩大形成局部真空，油压降低，因而油池中的油在外界大气压力的作用下，沿吸油口进入吸油腔，吸入到齿槽中的油随着齿轮的继续旋转被带到左侧压油腔，由于左侧的轮齿又重新啮合而使齿间容积逐渐缩小，使齿槽中不断挤出的油成为高压油，并由压油口压出，然后经管道被输送到需要供油的部位，图8-28是齿轮油泵的工作原理图。

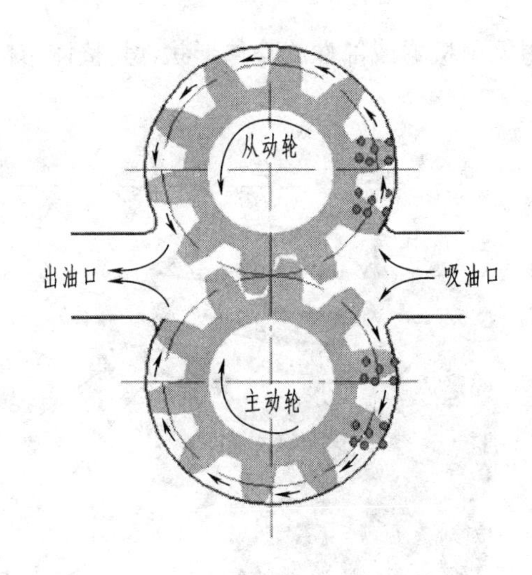

图 8-28 齿轮油泵工作原理

3. 分析装配关系

齿轮油泵的装配干线主要有两条线：一条是主动齿轮轴系统。它是由主动齿轮轴 4 装在泵体 3 和左泵盖 1 及右泵盖 6 的轴孔内，在主动齿轮轴右边伸出端，装有填料 7 及螺塞 8 等。另一条是从动齿轮轴系统。从动齿轮轴 8 也是装在泵体 3 和左泵盖 1 及右泵盖 6 的轴孔内，与主动齿轮啮合在一起。

为了防止泵体与泵盖的结合面和主动齿轮轴的外露处漏油，分别用垫片、填料、螺塞等组成密封装置。

零件的配合关系是两齿轮轴与两泵盖轴孔的配合为间隙配合ϕ16H7/f6，两齿轮与两齿轮腔的配合为间隙配合ϕ34.5 H8/f7 。

在齿轮油泵中，泵体和泵盖由圆柱销 5 定位，并用螺钉 10 紧固。填料 7 是由螺塞 8 将其拧压在右泵盖的相应的孔槽内。两齿轮轴向定位，是靠两泵盖端面及泵体两侧面分别与齿轮两端面接触。

4. 分析零件的结构及其作用

为深入了解机器或部件的结构特点，需要分析组成零件的结构形状和作用。对于装配图中的标准件如螺纹紧固件、键、销等和一些常用的简单零件，其作用和结构形状比较明确，无需细读，而对主要零件的结构形状必须仔细分析。

分析时一般从主要零件开始，再看次要零件。首先对照明细栏，在编写零件序号的视图上确定该零件的位置和投影轮廓，按视图的投影关系及根据同一零件在各视图中剖面线方向和间隔应一致的原则来确定该零件在各视图中的投影。然后分离其投影轮廓，先推想出因其他零件的遮挡或因表达方法的规定而未表达清楚的结构，再按形体分析和结构分析的方法，弄清零件的结构形状。

5. 总结归纳

在对工作原理、装配关系和主要零件结构分析的基础上，还需对技术要求和全部尺寸进行研究。最后，综合分析想象出机器或部件的整体形状，其整体结构如图 8-29 所示的齿轮油泵轴测图。

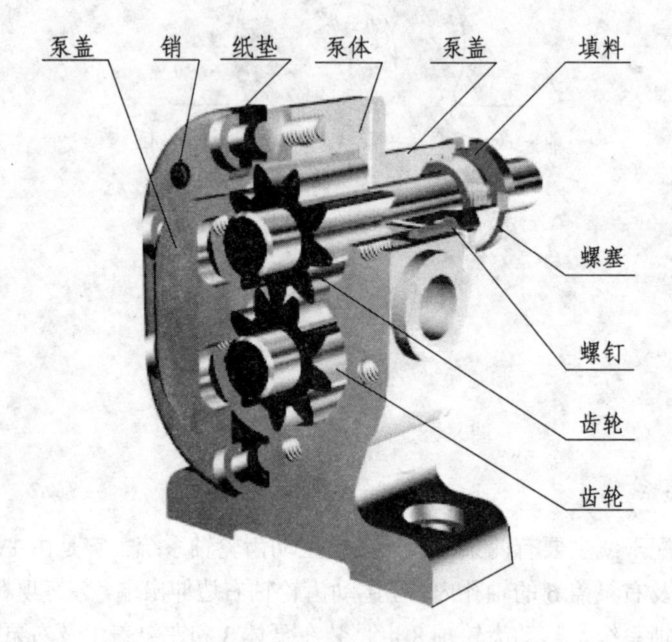

图 8-29　齿轮油泵轴测图